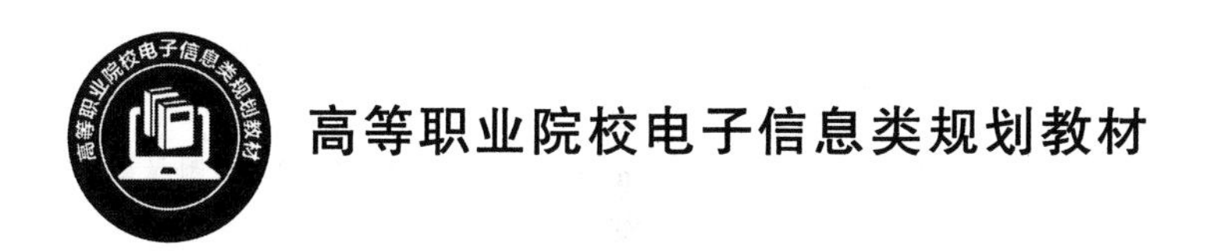

信息通信工程设计及概预算基础

孙青华　张志平　顾长青
曲文敬　刘保庆　牛建彬　编著

北京邮电大学出版社
www.buptpress.com

内容简介

本书全面地介绍通信工程设计及概预算的基础理论，系统地介绍通信工程设计、概预算的编制及CAD制图的方法。

本书共6章。第1章主要介绍通信工程的建设项目分类、建设程序与可行性研究；第2章从通信工程设计的专业划分入手，重点介绍通信工程设计的内容及流程；第3章介绍通信工程制图的相关知识；第4章在通信工程概预算的理论基础之上，重点介绍概预算的编制方法；第5章结合OLT机房设备安装工程和线路整改单项工程实例，介绍概预算编制的具体应用实务；第6章介绍概预算软件的使用。附录为通信建设工程定额及相关费用。

本书包含大量情境教学实例，可作为通信类核心专业课程的配套教材，也可作为通信系统、网络工程、通信工程设计与监理相关技术人员的参考书。

图书在版编目（CIP）数据

信息通信工程设计及概预算基础 / 孙青华等编著. -- 北京 ：北京邮电大学出版社，2022.8

ISBN 978-7-5635-6727-0

Ⅰ. ①信… Ⅱ. ①孙… Ⅲ. ①信息工程－通信工程－概算编制②信息工程－通信工程－预算编制
Ⅳ. ①TN91

中国版本图书馆CIP数据核字(2022)第142174号

策划编辑：彭　楠　　**责任编辑**：彭　楠　　**责任校对**：张会良　　**封面设计**：七星博纳

出版发行：北京邮电大学出版社
社　　址：北京市海淀区西土城路10号
邮政编码：100876
发 行 部：电话：010-62282185　传真：010-62283578
E-mail：publish@bupt.edu.cn
经　　销：各地新华书店
印　　刷：唐山玺诚印务有限公司
开　　本：787 mm×1 092 mm　1/16
印　　张：13
字　　数：340千字
版　　次：2022年8月第1版
印　　次：2022年8月第1次印刷

ISBN 978-7-5635-6727-0　　定价：32.00元

编 者 的 话

通信技术的革命改变了人们的生活、工作和相互交往的方式。伴随着通信技术的发展,信息产业已成为信息化社会的基础。突飞猛进的光通信、移动通信使通信技术日新月异,不断向数字化、宽带化、综合化、智能化和个人化方向发展。通信工程建设项目日益增加,急需既懂通信专业理论又懂工程设计的复合型人才。

本书从认识通信工程、认识电信网入手,先向读者介绍通信工程设计与概预算的整体工作流程,再分别介绍通信工程概预算基础及文档编制方法,同时配合施工图设计介绍通信工程施工图的相关知识及通信工程图例。本书在内容全面、实用和通俗易懂的基础上,尽量选用最新的资料与案例进行阐述。为配合课程思政教学,本书每章均设置课程思政目标。

1. 学习本书所需具备的基础知识

学习本书需要具备现代通信技术的基础知识,需要对各类通信网络有一定了解。

2. 本书的风格

作为通信工程专业核心课程的配套教材,本书选取了大量的情境教学实例,以期达到理论与实践一体化的教学效果。本书力图编成一本通信工程设计及概预算的学习指南,内容包括通信工程设计、概预算的编制及通信工程制图等基本知识。

随着云计算、大数据、物联网、移动互联网、人工智能技术的发展,通信工程成为当前最有活力的领域之一,书中的内容紧跟当前科技发展的步伐。在每章的开始明确本章的重点、难点、课程思政及建议学时,引导读者深入学习。为实现一体化教学,本书结合每章教学内容,设计了实做项目及教学情境,使教学与实践有机结合在一起。

本书含有大量的图表、数据、案例和插图,以期达到深入浅出的教学效果。由于通信工程设计及概预算涉及内容比较复杂,本书尽可能用形象的图表及实例来解释和描述,为读者建立起清晰而完整的体系框架(见下图)。

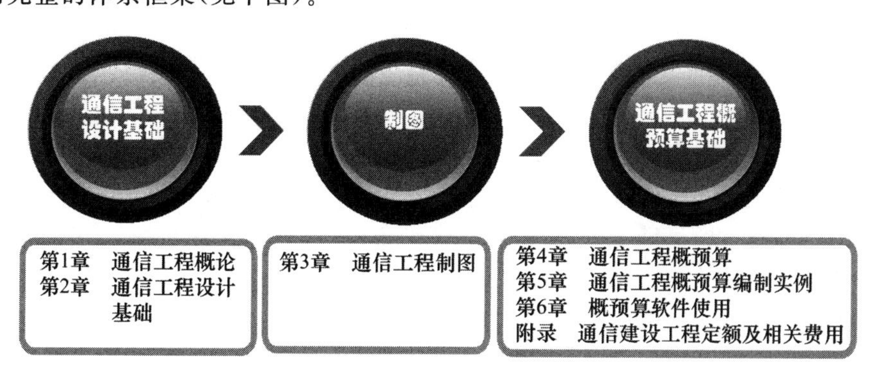

本书各章节的关系图

3. 本书的结构

第 1 章从通信工程建设项目的基本概念出发，介绍了通信工程的建设程序及可行性研究等。

第 2 章主要介绍了通信网络构成及设计专业划分、通信工程设计的内容及流程、通信工程勘察及设计文件的编制等，旨在为读者建立较为完整的通信工程设计的整体架构。

第 3 章主要介绍了通信工程制图中识图与绘制的基本方法。

第 4 章重点介绍了通信工程概预算的基本理论。

第 5 章主要通过 OLT 机房设备安装工程和线路整改单项工程具体实例，介绍了通信工程施工图概预算的编制方法。

第 6 章介绍了概预算软件使用。

附录从工程量的计算规则入手，介绍了概预算定额及相关费用。

感谢各位同事和朋友对本书的编写提供的帮助与支持。特别感谢河北电信咨询有限公司技术创新中心的支持与建议；感谢中国移动通信集团设计院有限公司郭武高级工程师的支持与帮助；感谢惠远通服科技有限公司魏徐丽设计师提出的宝贵建议。

本书第 1 章由石家庄邮电职业技术学院孙青华编写；第 2 章由孙青华和惠远通服科技有限公司牛建彬共同编写；第 3 章由石家庄邮电职业技术学院曲文敬编写；第 4 章由石家庄邮电职业技术学院张志平编写；第 5 章及附录由石家庄邮电职业技术学院刘保庆编写；第 6 章由石家庄邮电职业技术学院顾长青编写；全书由孙青华统稿。由于编者水平有限，书中难免存在欠妥之处，恳切希望广大读者批评指正。

孙青华

2022 年 1 月

目　　录

第 1 章　通信工程概论 …… 1

1.1　建设项目概述 …… 2

1.1.1　建设项目的基本概念 …… 2

1.1.2　建设项目的特征 …… 2

1.1.3　建设项目分类 …… 3

1.1.4　通信建设工程的划分 …… 5

1.2　建设程序 …… 6

1.3　立项阶段 …… 7

1.3.1　项目建议书提出 …… 7

1.3.2　可行性研究 …… 8

1.3.3　专家评估 …… 9

1.4　实施阶段 …… 10

1.4.1　初步设计及技术设计 …… 10

1.4.2　年度计划安排 …… 10

1.4.3　施工准备 …… 11

1.4.4　施工图设计 …… 11

1.4.5　施工招投标 …… 11

1.4.6　开工报告 …… 12

1.4.7　施工 …… 12

1.5　验收投产阶段 …… 15

1.6　通信工程监理 …… 16

1.6.1　设计阶段监理 …… 16

1.6.2　施工及验收阶段监理 …… 16

1.6.3　通信工程监理工作的主要内容 …… 16

1.7　我国通信工程承发包模式 …… 18

1.8　实做项目及教学情境 …… 21

本章小结 …… 21

复习思考题 …… 22

第2章　通信工程设计基础 …… 23

2.1　概述 …… 24

2.1.1　工程勘察、设计单位的质量责任和义务 …… 24

2.1.2　设计的作用 …… 24

2.1.3　对设计的要求 …… 24

2.1.4　通信工程设计的发展 …… 26

2.2　通信网络构成及设计专业划分 …… 28

2.1.1　通信网络构成 …… 28

2.1.2　通信工程项目特点 …… 30

2.1.3　通信工程设计专业划分 …… 31

2.3　通信工程设计的内容及流程 …… 32

2.3.1　初步设计 …… 32

2.3.2　施工图设计 …… 33

2.3.3　通信工程设计阶段划分 …… 34

2.3.4　通信工程设计工作流程 …… 34

2.3.5　通信工程设计项目管理 …… 38

2.4　通信工程勘察 …… 46

2.4.1　勘察目的 …… 46

2.4.2　勘察前的准备 …… 47

2.4.3　勘察流程 …… 47

2.4.4　勘察内容 …… 47

2.4.5　勘察记录 …… 48

2.4.6　资料整理 …… 48

2.5　通信工程设计及概预算依据 …… 48

2.5.1　通信工程设计依据 …… 48

2.5.2　概预算编制的依据 …… 50

2.6　通信工程设计文件的编制 …… 52

2.6.1　通信工程设计文件的组成 …… 52

2.6.2　通信工程设计文件的编制和审批 …… 53

2.6.3　初步设计内容应达到的深度 …… 57

2.6.4　施工图设计内容应达到的深度 …… 61

2.7　实做项目及教学情境 …… 62

本章小结 …… 63

复习思考题 …… 63

第3章　通信工程制图 …… 64

3.1　通信工程图纸基础知识…… 65
3.1.1　通信工程图纸…… 65
3.1.2　通信工程识图…… 73
3.1.3　通信工程制图基础…… 77
3.2　通信线路图纸绘制…… 84
3.2.1　绘制前的准备…… 84
3.2.2　绘制图纸…… 86
3.3　通信管道图纸绘制…… 91
3.3.1　绘制图纸前的准备…… 91
3.3.2　绘制图纸…… 91
3.4　通信设备机房图纸绘制…… 95
3.4.1　绘制前的准备…… 95
3.4.2　绘制图纸…… 96
3.5　实做项目及教学情境 …… 101
本章小结…… 101
复习思考题…… 101

第4章　通信工程概预算…… 102

4.1　定额概述 …… 102
4.1.1　定额的概念 …… 102
4.1.2　定额的特点 …… 103
4.1.3　定额的分类 …… 104
4.1.4　预算定额和概算定额 …… 105
4.1.5　信息通信建设工程预算定额的使用方法 …… 106
4.2　通信工程量的计算规则 …… 108
4.2.1　工程量计算的基本原则 …… 108
4.2.2　通信设备安装工程的工程量计算规则 …… 108
4.2.3　通信线路工程的工程量计算规则 …… 111
4.2.4　通信管道工程的工程量计算规则 …… 114
4.3　通信工程概预算的编制 …… 118
4.3.1　通信工程设计阶段概预算的编制 …… 118
4.3.2　通信工程概预算的编制依据 …… 118
4.3.3　通信工程概预算的编制程序 …… 119
4.3.4　通信工程概预算文件的组成 …… 120

4.3.5 通信工程概预算的编制方法 …… 121
4.4 实做项目及教学情境 …… 130
本章小结 …… 132
复习思考题 …… 132

第5章 通信工程概预算编制实例 …… 133

5.1 通信工程概预算的编制特点 …… 134
5.2 通信工程概预算的编制步骤 …… 134
5.3 OLT 机房设备安装工程施工图预算 …… 136
5.4 线路整改单项工程一阶段设计施工图预算 …… 146
5.5 实做项目及教学情境 …… 158
本章小结 …… 158
复习思考题 …… 159

第6章 概预算软件使用 …… 160

6.1 软件介绍 …… 160
6.2 系统主控窗体 …… 161
6.3 预算文件编制 …… 163
6.4 概预算编制 …… 164
6.5 公式编辑 …… 171
6.6 本地库管理 …… 172
6.7 实做项目及教学情境 …… 178
本章小结 …… 178
复习思考题 …… 178

参考文献 …… 179

附录 通信建设工程定额及相关费用 …… 180

第 1 章　通信工程概论

【本章内容】

- 建设工程的基本概念
- 建设程序及相关工作

【本章重点】

- 建设项目分类
- 建设程序

【本章难点】

- 单项工程、单位工程的区别
- 通信工程建设程序

【本章学习目的和要求】

- 理解建设项目的概念
- 熟悉建设项目的分类
- 掌握通信工程建设程序

【本章课程思政】

- 熟悉通信工程建设规范和流程，培养通信技术人员的职业素养

【本章建议学时】

- 2 学时

1.1 建设项目概述

1.1.1 建设项目的基本概念

探 讨

➢ 什么是建设项目？

➢ 建设项目与工程有何区别？

建设项目是指按一个总体设计进行建设，经济上实行统一核算，行政上有独立的组织形式，并实行统一管理的建设单位。凡属于一个总体设计中分期分批进行建设的主体工程和附属配套工程、综合利用工程都应作为一个建设项目，不能把不属于一个总体设计的工程，按各种方式归算为一个建设项目；也不能把同一个总体设计内的工程，按地区或施工单位分为几个建设项目。

一个建设项目一般可以包括一个或若干个单项工程。

单项工程是指具有单独的设计文件，建成后能够独立发挥生产能力或效益的工程。单项工程是建设项目的组成部分。工业建设项目的单项工程一般是指能够生产出符合设计规定的主要产品的车间或生产线；非工业建设项目的单项工程一般是指能够发挥设计规定的主要效益的各个独立工程，如教学楼、图书馆、通信大楼的建设等。

单位工程是指具有独立的设计，可以独立组织施工的工程。单位工程是单项工程的组成部分。一个单位工程包含若干个分部、分项工程。

通信建设项目的工程设计可按不同通信系统或专业，划分为若干个单项工程进行设计。对于内容复杂的单项工程，或同一单项工程分由几个单位设计、施工时，还可将其分为若干个单位工程。单位工程根据具体情况由设计单位自行划分。

1.1.2 建设项目的特征

（1）有特定的对象

任何建设项目都有具体的对象，是建设项目的基本特征。根据建设项目的概念，一个建设项目要有一个总体的设计，否则不能被叫作建设项目。

（2）可进行统一的、独立的项目管理

由于建设项目是一次性的特定任务，是在固定的建设地点，经过专门的设计，并根据实际条件建立一次性组织，进行施工生产活动，因此，建设项目一般在行政上实行统一管理，在经济上实行统一核算，由一次性的组织机构实行独立的项目管理。

（3）建设过程具有程序性

一个建设项目从开始决策到项目投入使用，取得投资效益，要遵循必要的建设程序和经历特定的建设过程。

（4）项目的组织和法律条件

建设项目的组织是一次性的，随着项目的开始而产生，随着项目的结束而消亡。项目参与单位之间主要以合同为纽带而相互联系，同时以合同为分配工作、划分权利和责任关系的依据。建设项目的建设和运行要遵循相关法律，如《中华人民共和国建筑法》《中华人民共和国合同法》《中华人民共和国招标投标法》等。

1.1.3　建设项目分类

为了加强建设项目管理，正确反映建设项目的内容及规模，建设项目可按不同标准、原则或方法进行分类。

1. 按投资用途划分

按投资用途的不同，建设项目可以划分为生产性建设和非生产性建设两大类。

(1) 生产性建设

生产性建设是指直接用于物质生产或为满足物质生产需要的建设，包括工业建设、建筑业建设、农林水利气象建设、运输邮电建设、商业物资供应建设和地质资源勘探建设。

上述运输邮电建设和商业物资供应建设两项，也可以被称为流通建设。因为流通过程是生产过程的延续，所以流通过程应列入生产性建设。

(2) 非生产性建设

非生产性建设一般是指用于满足人民物质生活和文化生活需求的建设，包括住宅建设、文教卫生建设、科学实验研究建设、公用事业建设和其他建设。

2. 按投资性质划分

按照投资性质的不同，建设项目可以划分为基本建设项目和技术改造项目两大类。

(1) 基本建设项目

基本建设是指利用国家预算内基本建设拨款、国内外基本建设贷款、自筹资金以及其他专项资金进行的，以扩大生产能力为主要目的的新建、扩建等工程的经济活动。长途传输、卫星通信、移动通信及电信机房等的建设都属于基本建设项目。具体包括以下5个方面。

① 新建项目：指从无到有，“平地起家”，从零开始建设的项目。有的建设项目原有基础很小，重新进行总体设计，经扩大建设规模后，其新增加的固定资产价值超过原有固定资产价值3倍以上的，也属于新建项目。

② 扩建项目：指原有企业和事业单位为扩大原有产品的生产能力和效益，或增加新产品的生产能力和效益，而新建的主要电信机房或工程等。

③ 改建项目：指原有企业和事业单位，为提高生产效率，改进产品质量，或调整产品方向，对原有设备、工艺流程进行技术改造的项目。有些企业和事业单位为了提高综合生产能力，增加的一些附属和辅助设施或非生产性工程，以及企业为改变产品方案而改装设备的项目，也属于改建项目。

④ 恢复项目：指企业和事业单位的固定资产因自然灾害、战争或人为损害等原因已全部或部分报废，而后又投资恢复建设的项目。无论是按原来规模恢复建设的，还是在恢复的同时进行扩建的都属于恢复项目。

⑤ 迁建项目：指原有企业和事业单位由于各种原因迁到另外的地方建设的项目，搬迁到另外的地方建设，不论其是否维持原来的建设规模，都是迁建项目。

(2) 技术改造项目

技术改造是指利用自有资金、国内外贷款、专项基金和其他资金，并采用新技术、新工艺、新设备和新材料对现有固定资产进行更新、技术改造及其相关行为的经济活动。通信技术改造项目的主要范围如下。

① 现有通信企业增装数据通信、多媒体通信、软交换、移动通信、宽带接入等方面的设备以及各项业务自动化、智能化处理设备，或采用新技术、新设备进行更新换代及相应的补缺配套；

② 原有电缆、光缆、微波传输系统、卫星通信系统和其他无线通信系统的技术改造、更新换代和扩容；

③ 原有本地网的扩建增容、补缺配套，以及采用新技术、新设备进行更新和改造；

④ 电信机房或其他建筑物推倒重建或移地重建；

⑤ 增建、改建职工住宅以及其他列入改造计划的工程。

3. 按建设阶段划分

按建设阶段的不同，建设项目可划分为筹建项目、本年正式施工项目、本年收尾项目、竣工项目、停缓建项目五大类。

(1) 筹建项目

筹建项目是指尚未正式开工，只是进行勘察设计、征地拆迁、场地平整等为建设做准备工作的项目。

(2) 本年正式施工项目

本年正式施工项目是指本年正式进行建筑安装施工活动的建设项目，包括本年新开工项目、本年续建项目(以前年度开工跨入本年继续施工的续建项目)、建成投产项目(本年建成投产项目)。

① 本年新开工项目：指报告期内新开工的建设项目。

② 本年续建项目：指本年以前已经正式开工，跨入本年继续进行建筑安装和购置活动的建设项目。以前年度全部停缓建，在本年恢复施工的项目也属于续建项目。

③ 建成投产项目：指报告期内按设计文件规定建成主体工程和相应配套的辅助设施，形成生产能力(或工程效益)，经过验收合格，并且已正式投入生产或交付使用的建设项目。

(3) 本年收尾项目

本年收尾项目是指以前年度已经全部建成投产，但尚有少量不影响正常生产或使用的辅助工程或非生产性工程在报告期继续施工的项目。

(4) 竣工项目

竣工项目是指设计文件规定的主体工程和辅助、附属工程全部建成，并已正式验收移交生产或使用部门的项目。建设项目的全部竣工是建设项目建设过程全部结束的标志。

(5) 停缓建项目

停缓建项目是指经有关部门批准停止建设或近期内不再建设的项目。停缓建项目分为全部停缓建项目和部分停缓建项目。

4. 按建设规模划分

按建设规模的不同，建设项目可划分为大中型和小型两类。

建设项目的大中型和小型是按项目建设的总规划或总投资确定的。生产单一产品的工业企业，按产品的设计能力划分；生产多种产品的工业企业，按其主要产品的设计能力划分；产品种类繁多，难以按生产能力划分的，按全部投资额划分。新建项目，按整个项目的全部设计能力所需要的全部投资划分。改、扩建项目按新增加的设计能力，或改、扩建所需要的全部投资划分。对国民经济具有特殊意义的某些项目，如为全国服务的项目，或者生产新产品、采用新技术的重大项目，以及对发展边远地区和少数民族地区经济有重大作用的项目，虽然设计能力或全部投资达不到大中型项目的标准，但经国家批准，列入大中型项目计划的，也要按照大中型项目管理。

1.1.4　通信建设工程的划分

1. 通信建设工程按单项工程划分

通信建设工程可按不同专业，划分为若干个单项工程进行设计。对于内容复杂的单项工程，或同一单项工程分由几个单位设计、施工时，还可分为若干个单位工程。通信工程一般不设单位工程。

通信建设工程按单项工程划分的结果如表1-1所示。

表1-1　通信建设单项工程项目划分表

专业类别	单项工程名称	备注
通信线路工程	1. ××光缆、电缆线路工程 2. ××水底光缆、电缆工程(包括水线房建筑及设备安装) 3. ××用户线路工程(包括主干及配线光缆、电缆、交接及配线设备、集线器、杆路等) 4. ××综合布线系统工程	进局及中继光(电)缆工程可按每个城市作为一个单项工程
通信管道建设工程	通信管道建设工程	
通信传输设备安装工程	1. ××数字复用设备及光、电设备安装工程 2. ××中继设备、光放设备安装工程	
微波通信设备安装工程	××微波通信设备安装工程(包括天线、馈线)	
卫星通信设备安装工程	××地球站通信设备安装工程(包括天线、馈线)	
移动通信设备安装工程	1. ××移动控制中心设备安装工程 2. 基站设备安装工程(包括天线、馈线) 3. 分布系统设备安装工程	
通信交换设备安装工程	××通信交换设备安装工程	
数据通信设备安装工程	××数据通信设备安装工程	
供电设备安装工程	××电源设备安装工程(包括专用高压供电线路工程)	

2. 通信建设工程按类别划分

重点掌握

通信建设工程按建设项目的规模可划分为：

- 一类工程；
- 二类工程；
- 三类工程；
- 四类工程。

(1) 符合下列条件之一者为一类工程:

① 大中型项目或投资在5 000万元以上的通信工程项目;

② 省际通信工程项目;

③ 投资在2 000万元以上的部定通信工程项目。

(2) 符合下列条件之一者为二类工程:

① 投资在2 000万元以下的部定通信工程项目;

② 省内通信干线工程项目;

③ 投资在2 000万元以上的省定通信工程项目。

(3) 符合下列条件之一者为三类工程:

① 投资在2 000万元以下的省定通信工程项目;

② 投资在500万元以上的通信工程项目;

③ 地市局工程项目。

(4) 符合下列条件之一者为四类工程:

① 县局工程项目;

② 其他小型项目。

不同资格等级的设计、施工单位承担相应类别工程的设计、施工任务。甲级设计单位、一级施工承包企业可以分别承担批准专业的各类工程的设计、施工任务。乙级设计单位、二级施工企业可分别承担二类、三类、四类工程的设计、施工任务。如特殊情况需承担一类工程任务时,应向设计、施工单位资质管理主管部门办理超规模、超业务范围申报手续,经批准后才能承担。其他资格等级的设计、施工单位承担任务时亦按此原则办理。

1.2 建设程序

重点掌握

通信工程建设项目一般分为以下几个阶段:

- 立项;
- 实施;
- 验收投产。

工程项目的建设程序是指一个工程项目从策划、选择、评估、决策、设计、施工到竣工验收、投入生产或交付使用的整个建设过程中,各项工作必须遵循的先后顺序和相互关系。建设程序是工程建设项目的技术经济规律的要求,是由工程项目的特点决定的。它是工程建设过程客观规律的反映,是工程项目科学决策和顺利进行的重要保证,是对多年来从事建设管理经验的高度概括,也是取得较好投资效益必须遵循的工程建设管理方法。

按国家的规定,基本建设程序包括:项目建议书提出、可行性研究报告、初步设计、开工报告和竣工验收等工作环节。按照建设项目进展的内在联系和过程,可以将建设项目分为立项、实施、验收投产三个阶段,如图1-1所示。这些阶段有严格的先后顺序,不能任意颠倒，违反它的顺序就会使建设工作出现严重失误，甚至造成建设资金的重大损失。按照国家的规定，必须严格执行以上各工作阶段的工作要求，确保国家项目建设资金的有效使用，充分发挥效益。任何部门、地区和项目法人都不得擅自简化建设程序和超越权限、化整为零地进行项目审批。

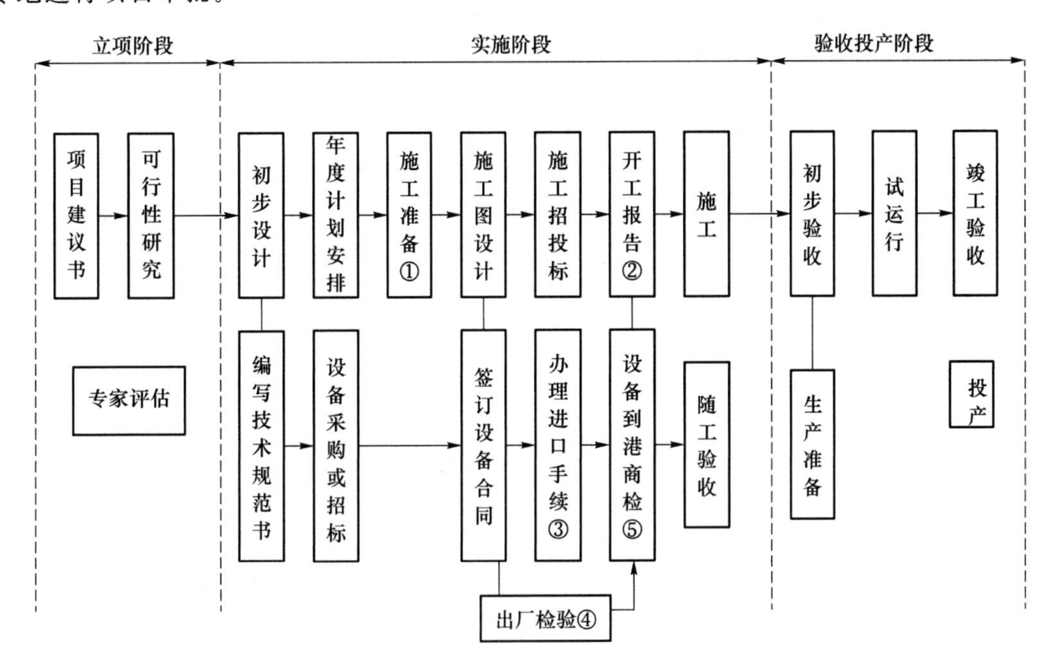

注：①施工准备包括：征地、拆迁、三通一平、地质勘察等；②开工报告：属于引进项目或设备安装项目（没有新建机房），设备发运后，即可写出开工报告；③办理进口手续：引进项目按国家有关规定办理报批及进口手续；④出厂检验：对复杂设备（无论购置于国内还是国外）都要进行出厂检验工作；⑤非引进项目为设备到港商检。

图 1-1　基本建设程序图

1.3　立项阶段

立项阶段是通信工程建设的第一阶段，包括项目建议书提出、可行性研究（含专家评估）等内容。

1.3.1　项目建议书提出

项目建议书提出是工程建设程序中最初阶段的工作，项目建议书是投资决策前拟定该工程项目的轮廓设想，主要内容如下。

项目提出的背景、建设的必要性和主要依据；建设内容、规模、地点等初步设想；工程投资估算和资金来源；工程进度、经济及社会效益估计。

项目建议书提出后，可根据项目的规模、性质报送相关主管部门审批，获得批准后即可进行可行性研究工作。

1.3.2 可行性研究

归纳思考

➢ 建设项目可行性研究是对拟建项目在决策前进行方案比较、技术经济论证的一种科学分析方法，是建设前期工作的重要组成部分。

可行性研究就是在行动以前，对要办的事进行调查，分析其可行性，可行则行，不可行则止。可行性研究报告是在可行性研究的基础上编制的，是编制初步设计概算的依据。可行性研究阶段的主要内容是在项目勘察、试验、调查研究及详细技术经济论证的基础上编制出可行性研究报告。

可行性研究报告主要阐述项目在技术、经济、环境方面是否可行和在经济方面是否合理，它反映了投入与产出的关系。一般来说，产出大于投入则项目可行；反之，则不可行。

可行性研究是根据国民经济长期规划和地区、行业规划的要求，对拟建项目在技术、经济、环境方面的可行性进行研究，对项目建设时间、资源、投资以及资金来源和偿还能力等方面进行系统的分析、论证与评价，其研究结论直接影响项目的建设和投资效益。通信建设项目的可行性研究要从通信全程全网特点出发，兼顾近期与远期、局部与全局的关系。原信息产业部对通信基建项目的规定是：凡是大中型项目、利用外资项目、技术引进项目、主要设备引进项目、国际出口局新建项目、重大技术改造项目等都要进行可行性研究。有些项目也可以将项目建议书提出同可行性研究这两个阶段合并进行，但对于大中型项目，这两个阶段还是应分开进行。

1. 可行性研究报告的内容

可行性研究报告的内容根据建设行业的不同而各有所侧重，通信建设工程的可行性研究报告一般应包括以下几项主要内容。

(1) 总论。这一项包括项目提出的背景，建设的必要性和投资效益，可行性研究的依据及简要结论等。

(2) 需求预测与拟建规模。这一项包括业务流量、流向预测，通信设施现状，国家从战略、边海防等需要出发对通信特殊要求的考虑，拟建项目的构成范围及工程拟建规模容量等。

(3) 建设与技术方案论证。这一项包括组网方案，传输线路建设方案，局站建设方案，通路组织方案，设备选型方案，原有设施利用、挖潜和技术改造方案以及主要建设标准的考虑等。

(4) 建设可行性条件。这一项包括资金来源、设备供应、建设与安装条件、外部协作条件以及环境保护与节能等。

(5) 配套及协调建设项目的建议。例如，进城通信管道、机房土建、市电引入、空调以及配套工程项目的提出等。

(6) 建设进度安排的建议。

(7) 维护组织、劳动定员与人员培训。

(8) 主要工程量与投资估算。这一项包括主要工程量、投资估算、配套工程投资估算、单位造价指标分析等。

(9) 经济评价。这一项包括财务评价和国民经济评价。

财务评价是从通信企业或通信行业的角度考察项目的财务可行性，其主要的指标有财务内部收益率和静态投资回收期等；

国民经济评价是从国家角度考察项目对整个国民经济的净效益，论证建设项目的经济合理性，其主要指标是经济内部收益率等。

当财务评价和国民经济评价的结论发生矛盾时，项目的取舍取决于国民经济评价。

(10) 需要说明的有关问题。

2. 可行性研究报告的编制程序

在项目建议书被批准后，就要进行可行性研究，编写可行性研究报告，一般可分为以下几个步骤。

(1) 筹划、准备及材料搜集

这一步的主要内容包括：技术策划、人员组织与分工；征询工程主管或建设单位对本项目的建设意图和设想，了解项目产生的背景及建设的紧迫性；研究项目建议书，搜集项目其他相关文件、资料和图纸，研究和分析本项目与已建项目及近、远期规划的关系，初拟建设方案；落实本项目的资金筹措方式、贷款利率等问题。

(2) 现场条件调研与勘察

① 调研项目所在地区现有通信业务需求及设备状况；

② 调查建设和资源条件，如能源、地质、气象、防洪、考古以及水、电、路、矿等；

③ 调查市场条件，如工、料、机械价格及现场费用，运输、劳动力市场及物价指数等；

④ 调查施工及维护条件，如地形、土质、场地、环保等；

⑤ 调查机房装机条件及配套项目，如土建、电源、空调、管道等；

⑥ 调查经济分析资料，如企业损益表，收入、支出明细表，主要指标表及资产负债表；

⑦ 实地勘察，掌握现场情况，补充及修改初拟方案并进行排序。

(3) 确立技术方案

对初步确立的各种方案从技术、经济等各方面做全面、系统的比较之后，确定出 2～3 个技术方案，并整理出详细的资料和数据，供上级工程主管、建设单位及相关专家进行审定，最终确定一个最佳方案。

(4) 投资估算和经济评价分析

在方案确定之后，下面就要对如何实现设计目标做更详细的分析、研究和测算，通过对设备的选型和配置，确定本项目的主要工程量，进行项目的投资估算和经济评价。

经过分析和研究，应明确所选方案在设计和施工方面是可以顺利实现的，在经济、财务上是值得投资建设的。为了检验建设项目的效果，还要进行敏感性分析，明确成本、价格、销售量等不确定性因素变化时对企业收益率所产生的影响。

(5) 编写报告书

编写报告书主要包括编写说明、绘制图纸、各级校审和文件印刷等。可行性研究报告书中对一些特殊要求(如国际贷款机构要求等)要单独说明。

(6) 项目审查

项目审查一般由该项目的上级主管单位负责组织，由建设、设计部门的有关专家参与，以对建设项目各建设方案在技术上的可行性、经济上的合理性和主要建设标准等进行全面的审查。

1.3.3　专家评估

专家评估是指由项目主要负责部门组织行业领域内的相关专家，对可行性研究报告所得结论的真实性和可靠性进行评价,并提出具体的意见和建议。专家评估报告是主管领导决策的依据之一,对于重点工程、技术引进等项目进行专家评估是十分必要的。

可行性研究报告是投资者根据项目的咨询评估情况对项目进行最终决策和初设计的重要文件。可行性研究报告编制出来后,要及时报送发改委和行业主管部门或投资者进行审查和评估论证,论证通过后,即可上报审批。一经批准,不得随意修改和变更。同时,可行性研究报告又是银行信贷评估和信贷立项的主要依据。

1.4 实施阶段

通信工程建设的实施阶段由初步设计、年度计划安排、施工准备、施工图设计、施工招投标、开工报告、施工等七个步骤组成。

实施阶段的主要任务就是工程设计和施工,是通信工程建设最关键的阶段。

根据通信工程建设的特点及工程建设管理的需要,一般通信建设项目设计按初步设计和施工图设计两个阶段进行;对于通信技术复杂,采用新通信设备和新技术的项目,可增加技术设计阶段,按初步设计、技术设计、施工图设计三个阶段进行;对于规模较小、技术成熟,或套用标准的通信工程项目,可直接做施工图设计,也称为"一阶段设计",例如,施工比较成熟的市内光缆通信工程项目等。

1.4.1 初步设计及技术设计

初步设计是根据被批准的可行性研究报告,有关的设计标准、规范,以及通过现场勘察工作取得的设计基础资料进行编制的。初步设计的主要任务是确定项目的建设方案、进行设备选型、编制工程项目的总概算。其中,初步设计中的主要设计方案及重大技术措施等应通过技术经济分析,进行多方案比较论证,未采用方案的扼要情况及采用方案的选定理由均写入设计文件。

技术设计是根据已批准的初步设计,对设计中比较复杂的项目、遗留问题或特殊需要,通过更详细的设计和计算,进一步研究和阐明其可靠性和合理性,准确地解决各个主要技术问题。技术设计深度和范围,基本上与初步设计一致,应编制修正概算。

归纳思考

- 为什么有些项目不需要技术设计?哪些项目需要技术设计?
- 初步设计与技术设计的重点有何不同?

1.4.2 年度计划安排

建设单位根据被批准的初步设计和投资概算,经过资金、物资、设计、施工能力等的综合平衡后,做出年度计划安排。年度计划中包括通信基本建设拨款计划、设备和主要材料(采购)储备贷款计划、工期组织配合计划等内容。年度计划中应包括整个工程项目和年度的投资进度计划。

经批准的年度建设项目计划是进行基本建设拨款或贷款的主要依据,是编制保证工程项目总进度要求的重要文件。

1.4.3　施工准备

施工准备是通信工程建设中的重要环节，主要内容包括：征地、拆迁、“三通一平”、地质勘察等，此阶段以建设单位为主体来展开。

为保证建设工程的顺利实施，建设单位应根据建设项目或单项工程的技术特点，适时组建建设工程的管理机构，做好以下具体工作：

(1) 制定本单位的各项管理制度和标准，落实项目管理人员；

(2) 根据被批准的初步设计文件，汇总拟采购的设备和主要材料的技术资料；

(3) 落实项目施工所需的各项报批手续；

(4) 落实施工现场环境的准备工作(完成机房建设，包括水、电、暖等)；

(5) 落实特殊工程验收指标审定工作。

特殊工程验收指标包括：被应用在工程项目中的(没有技术标准的)新技术、新设备的指标；由于工程项目的地理环境、设备状况的不同，要进行讨论和审定的工程的验收指标；由于工程项目的特殊要求，需要重新审定验收标准的指标；由于建设单位或设计单位对工程提出的特殊技术要求，或高于规范标准要求的工程项目，需要重新审定验收标准的指标。

1.4.4　施工图设计

建设单位委托设计单位根据被批准的初步设计文件和主要通信设备订货合同进行施工图设计。设计人员在对现场进行详细勘察的基础上，对初步设计做必要的修正；绘制施工详图，标明通信线路和通信设备的结构尺寸、安装设备的配置关系和布线；明确施工工艺要求；编制施工图预算；以必要的文字说明表达意图，指导施工。

各个阶段的设计文件编制出版后，根据项目的规模和重要性组织主管部门、设计单位、施工建设单位、物资供给部门、银行等单位的人员进行会审，然后上报批准。施工图设计文件一经批准，执行中不得任意修改、变更。施工图设计文件是工程实施部门(即具有施工执照的线路、机械设备施工队)完成项目建设的主要依据。

同时，施工图设计文件是控制建筑安装工程造价的重要文件，是办理价款结算和考核工程成本的依据。

1.4.5　施工招投标

施工招投标是指建设单位将建设工程发包，鼓励施工企业投标竞争，从中评定出技术水平高、管理水平高、信誉可靠且报价合理、具有相应通信工程施工等级资质的中标企业。推行施工招投标对于择优选择施工企业，以及确保工程质量和工期具有重要意义。

建设工程招标依据《中华人民共和国招标投标法》和《通信工程建设项目招标投标管理办法》的规定，可采用公开招标和邀请招标两种形式。由建设单位编制标书，公开向社会招标，预先明确在拟建工程技术、质量和工期要求的基础上，建设单位与施工企业各自应承担的责任与义务，依法组成合作关系。

与设计招标和建设监理招标相比，施工招标的特点是发包的工作内容明确、具体，各投标人编制的投标书在评标中易于进行横向对比。虽然投标人是按招标文件工程量表中既定的工作内容和工程量编标报价，但报价的高低并非确定中标单位的唯一条件，施工投标实际上是各施工单位完成该项任务的技术、经济、管理等综合能力的竞争。

1.4.6 开工报告

经施工招标，签订承包合同后，建设单位在落实年度资金拨款、设备和主材供货及工程管理组织后，于开工前一个月由建设单位会同施工单位向主管部门提出建设项目开工报告。在项目开工报批前，应由审计部门对项目的有关费用计取标准及资金渠道进行审计，之后方可正式开工。

1.4.7 施工

施工承包单位应根据施工合同条款、施工图设计文件和施工组织设计文件进行施工准备和施工实施，在确保通信工程施工质量、工期、成本、安全等目标的前提下，满足通信施工项目竣工验收规范和设计文件的要求。

1. 施工单位现场准备工作主要内容

施工单位的现场准备工作，主要是为了给施工项目创造有利的施工条件和物资保障。因项目类型不同，准备工作内容也不尽相同，此处按光(电)缆线路工程、光(电)缆管道工程、设备安装工程、其他准备工作分类叙述。

(1) 光(电)缆线路工程

① 现场考察：熟悉现场情况，考察实施项目所在位置及影响项目实施的环境因素；确定临时设施建立地点，电力、水源给取地，材料、设备临时存储地；了解地理和人文情况对施工的影响。

② 地质条件考察及路由复测：考察线路的地质情况与设计是否相符，确定施工的关键部位(障碍点)，制定关键点的施工措施及质量保证措施；对施工路由进行复测，如与原设计不符应提出设计变更请求，复测结果要详细地记录备案。

③ 建立临时设施：包括项目经理部办公场地、财务办公场地、材料与设备存放地、宿舍、食堂的建立，安全设施、防火及防水设施的设置，安保防护设施的设立。建立临时设施的原则是：距离施工现场近；材料、设备、机具运输便利；通信、信息传递方便；人身及物资安全。

④ 建立分屯点：在施工前应对主要材料和设备进行分屯，建立分屯点的目的是便于施工、运输；还应建立必要的安全防护设施。

⑤ 材料与设备进场检测：按照质量标准和设计要求(没有质量标准的按出厂检验标准)，对所有进场的材料和设备进行检验。材料与设备进场检验应有建设单位和监理在场，并由建设单位和监理确认，将测试记录备案。

⑥ 安装、调试施工机具：做好施工机具和施工设备的安装、调试工作，避免施工时设备和机具发生故障，造成窝工，影响施工进度。

(2) 光(电)缆管道工程

① 管道线路实地考察：熟悉现场情况，考察临时设施建立地点，以及电力、水源给取地，做好建筑构(配)件、制品和材料的储存和堆放计划，了解地理和其他管线情况对施工的影响。

② 考察其他管线情况及路由复测：明确路由的地质情况与设计是否相符，确定路由上其他管线的情况，制定交叉、重合部分的施工方案，明确施工的关键部位，制定关键点的施工措施

及质量保证措施;对施工路由进行复测,如与原设计不符应提出设计变更请求,复测结果要详细地记录备案。

③ 建立临时设施:应包括项目经理部办公场地,建筑构(配)件、制品和材料的储存和堆放场地,宿舍,食堂,安全设施、防火、防水设施,安保防护设施,施工现场围挡与警示标志的设置,施工现场环境保护设施的设置。建立临时设施的原则:距离施工现场近;材料、设备、机具运输便利;通信便利;人身及物资安全。

④ 材料与设备进场检测:按照质量标准和设计要求(没有质量标准的按出厂检验标准),对所有进场的材料和设备进行检验。材料与设备进场检验应有建设单位和监理在场,并由建设单位和监理确认,将测试记录备案。

⑤ 光(电)缆和塑料子管配盘:根据复测结果、设计资料和材料订货情况,进行光缆、电缆配盘及接头点的规划。

⑥ 安装、调试施工机具:做好施工机具和施工设备的安装、调试工作,避免施工时设备和机具发生故障,造成窝工,影响施工进度。

(3) 设备安装工程

① 施工机房的现场考察:了解现场、机房内的特殊要求,考察电力配电系统、机房走线系统、机房接地系统、施工用电和空调设施的情况。

② 办理施工准入证件:了解现场、机房的管理制度,服从管理人员的安排,提前办理必要的准入手续。

③ 设计图纸现场复核:依据设计图纸进行现场复核,复核需要安装的设备位置、数量是否准确有效;复核线缆走向、距离是否准确可行;复核电源电压、熔断器容量是否满足设计要求;复核保护接地的位置是否有冗余;复核防静电地板的高度是否和抗震机座的高度相符。

④ 安排设备、仪表的存放地:落实施工现场的设备、材料存放地是否需要防护(防潮、防水、防暴晒),配备必要的消防设备,仪器仪表的存放地要求安全可靠。

⑤ 在用设备的安全防护措施:了解机房内在用设备的情况,严禁乱动内部与工程无关的设施、设备,制定相应的安全防范措施。

⑥ 机房环境卫生的保障措施:了解现场的卫生环境,制定保洁及防尘措施,配备必要的设施。

(4) 其他准备工作

① 做好冬雨期施工准备工作,包括:施工人员的防护措施;施工设备运输及搬运的防护措施;施工机具、仪表的安全使用措施。

② 做好特殊地区施工准备工作,包括:高原、高寒、沼泽等地区的特殊准备工作。

2. 施工单位技术准备工作主要内容

施工前的技术准备工作包括认真审核施工图设计,了解设计意图,做好技术交底、技术示范,统一操作要求,使参加施工的每个人都明确施工任务及技术标准,严格按施工图设计施工。

(1) 施工图设计审核

在工程开工前,应使参与施工的工程管理及技术人员充分地了解和掌握设计图纸的设计意图、工程特点和技术要求。通过施工图设计审核,发现其中存在的问题,在施工图设计会审会议上提出,以便为施工项目实施提供一份准确、齐全的施工图纸。施工图设计审核的程序通常分为自审、会审两个阶段。

① 施工图设计自审

施工单位在收到施工项目的有关技术文件后，应尽快地组织有关工程技术人员对施工图设计进行熟悉，写出自审记录。施工图设计自审的记录应包括对设计图纸的疑问和对设计图纸的有关建议等。

施工图设计自审的内容包括：施工图设计是否完整、齐全，以及施工图纸和设计资料是否符合国家有关工程建设的法律法规和强制性标准；施工图设计是否有误，各组成部分之间有无矛盾；工程项目的施工工艺流程和技术要求是否合理；对施工图设计中工程复杂、施工难度大和技术要求高的施工部分或应用新技术、新材料、新工艺的部分，现有施工技术水平和管理水平能否满足其工期和质量要求；施工项目所需主要材料、设备的数量、规格、供货情况；施工图中穿越铁路、公路、桥梁、河流等技术方案的可行性；施工图上标注不明确的问题（并记录）；工程预算是否合理。

② 施工图设计会审

施工图设计会审一般由建设单位主持，由设计单位、施工单位和监理单位参与，四方共同进行施工图设计的会审。由设计单位的工程主设计人向与会者说明拟建工程的设计依据、意图和功能要求，并对特殊结构、新材料、新工艺和新技术提出设计要求。施工单位根据自审记录以及对设计意图的了解，提出对施工图设计的疑问和建议；在达成统一认识的基础上，对所探讨的问题逐一地做好记录，形成《施工图设计会审纪要》，由建设单位正式行文，作为与设计文件同时使用的技术文件和指导施工的依据，以及建设单位与施工单位进行工程结算的依据。

审定后的施工图设计与《施工图设计会审纪要》，都是指导施工的法定性文件；在施工中既要满足规范、规程，又要满足施工图设计和《施工图设计会审纪要》的要求。

（2）技术交底

为确保所承担的工程项目满足合同规定的质量要求，保证项目的顺利实施，应使所有参与施工的人员熟悉并了解项目的概况、设计要求、技术要求、工艺要求。技术交底是确保工程项目质量的关键环节，是质量要求、技术标准得以全面认真执行的保证。

① 技术交底的依据：技术交底应在合同交底的基础上进行，主要依据有施工合同、施工图设计、工程摸底报告、设计会审纪要、施工规范、各项技术指标、管理体系要求、作业指导书、建设单位或监理工程师的其他书面要求等。

② 技术交底的内容：工程概况、施工方案、质量策划、安全措施、“三新”技术、关键工序、特殊工序（如果有的话）和质量控制点、施工工艺（遇有特殊工艺要求时要统一标准）、法律、法规、对成品和半成品的保护措施、质量通病预防及注意事项。

③ 技术交底的要求：施工前项目负责人对分项分部负责人进行技术交底；施工中对建设单位或监理提出的有关施工方案、技术措施及设计变更要求在执行前进行技术交底。技术交底要做到逐级交底，交底的内容随接受交底人员岗位的不同而有所不同。

（3）制定技术措施

技术措施是为了克服生产中的薄弱环节，挖掘生产潜力，保证完成生产任务，获得良好的经济效益，而在提高技术水平方面采取的各种手段或方法。它不同于技术革新，技术革新强调一个“新”字，而技术措施则是综合已有的先进经验或措施。例如，加快施工进度方面的技术措施，保证和提高工程质量的技术措施，节约劳动力、原材料、动力、燃料的措施，推广新技术、新工艺、新结构、新材料的措施，提高机械化水平、改进机械设备的管理以提高完好率和利用率的措施，改进施工工艺和操作技术以提高劳动生产率的措施，保证安全施工的措施。

(4) 新技术的培训

随着信息产业的飞速发展，新技术、新设备不断推出，新技术的培训是通信工程建设实施阶段的重要技术准备，是保证工程顺利实施的前提。

由于技术是动态的、不断更新的，因此需要对参与工程施工的工作人员不断进行培训，以保证受培训人员掌握工程施工的相应技术。

3. 施工实施

在施工过程中，对隐蔽工程，在每一道工序完成后应由建设单位委派的监理工程师或随工代表进行随工验收，验收合格后才能进行下一道工序。完工并自验合格后方可提交“交(完)工报告”。

1.5　验收投产阶段

为了充分保证通信系统工程的施工质量，工程结束后，必须经过验收才能投产使用。这个阶段的主要内容包括初步验收、生产准备、试运行以及竣工验收等几个方面。

(1) 初步验收

初步验收一般由施工企业完成承包合同规定的工程量后，依据合同条款向建设单位申请项目完工验收。初步验收由建设单位(或委托监理公司)组织，相关设计、施工、维护、档案及质量管理等部门参加。除小型建设项目外，其他所有新建、扩建、改建等基本建设项目以及属于基本建设性质的技术改造项目，都应在完成施工调测之后进行初步验收。初步验收的时间应在原定计划工期内进行，初步验收工作包括检查工程质量、审查交工资料、分析投资效益、对发现的问题提出处理意见，并组织相关责任单位落实解决。

(2) 生产准备

生产准备是指工程项目交付使用前必须进行的生产、技术和生活等方面的必要准备，具体如下。

① 培训生产人员。一般在施工前配齐人员，并让他们直接参与施工、验收等工作，使之熟悉工艺过程、方法，为今后的独立维护打下坚实的基础。

② 按设计文件配置好工具、器材及备用维护材料。

③ 组织完善管理机构、制定规章制度以及配备办公设施、生活设施等。

(3) 试运行

试运行是指工程初验到正式验收、移交之间的设备运行。由建设单位负责组织，供货厂商以及设计、施工和维护部门参加，对设备、系统功能等各项技术指标以及设计和施工质量进行全面考核。经过试运行，如果发现有质量问题，由相关责任单位负责免费返修。一般试运行期为 3 个月，大型或引进的重点工程项目，试运行期可适当延长。运行期内，应按维护规程要求检查并证明系统已达到设计文件规定的生产能力和传输指标。运行期满后应写出系统使用的情况报告，提交给工程竣工验收会议。

（4）竣工验收

竣工验收是通信工程的最后一项任务，当系统试运行完毕并具备了验收交付使用的条件后，由相关部门组织对工程进行系统验收。竣工验收是全面考核建设成果，检验设计和工程质量是否符合要求，审查投资使用是否合理的重要步骤，是对整个通信系统进行全面检查和指标抽测，对保证工程质量、促进建设项目及时投产、发挥投资效益、总结经验教训有重要作用。

竣工项目验收后，建设单位应向主管部门提出竣工验收报告，编制项目工程总决算（小型项目工程在竣工验收后的一个月内将决算报上级主管部门，大中型项目工程在竣工验收后的三个月内将决算报上级主管部门），并系统地整理出相关技术资料（包括竣工图纸、测试资料、重大障碍和事故处理记录），以及清理所有财产和物资等，报上级主管部门审查。竣工项目经验收交接后，项目建设单位应迅速办理固定资产交付使用的转账手续（竣工验收后的三个月内应办理完毕固定资产交付使用的转账手续），技术档案移交维护单位统一保管。

1.6 通信工程监理

通信工程监理包括对设计、施工、保修阶段的监理，也可根据委托监理合同约定，对其中某个阶段实施监理。

1.6.1 设计阶段监理

设计阶段监理内容主要包括：

（1）协助建设单位选定设计单位，商签设计合同并监督和管理设计合同的实施；

（2）协助建设单位提出设计要求，参与设计方案的选定；

（3）协助建设单位审查设计和概（预）算，参与施工图设计阶段的会审；

（4）协助建设单位组织设备、材料的招标和订货。

1.6.2 施工及验收阶段监理

在通信工程建设的过程中，施工单位应按被批准的施工图设计进行施工，在施工过程中，由建设单位委派的通信工程监理人员对建设项目进行施工监理，以降低工程建设风险，控制建设成本，保证工程的进度、质量和安全。

从目前的实际情况看，国内的通信工程监理基本是指施工和验收阶段的监理。

1.6.3 通信工程监理工作的主要内容

通信工程监理工作的主要内容见表1-2。

表 1-2　通信工程监理工作主要内容

监理阶段	监理的重点环节	重点内容	关键控制点
施工准备阶段	项目交底	参加设计交底和设计图纸会审，了解设计意图和技术质量标准，找出工程重点、难点，制定监理工作计划	《设计交底记录》《监理规划》
	施工方案审查	协助建设单位审查和批准施工单位提出的施工组织设计、安全技术措施、施工技术方案和施工进度计划；检查施工单位在工程项目上的安全生产规章制度和安全监管机构的建立、健全及专职安全生产管理人员配置情况	《施工组织设计》《安全技术措施》《施工技术方案》《应急预案》等
	资格审查	审查施工单位的资质，审查项目经理和特种作业人员的资格情况；审查项目经理和专职安全生产管理人员是否具备工信部或通信管理局颁发的《安全生产考核合格证书》，审查项目内容是否与施工组织计划相一致	《资格审查记录》
	物料申请/领用检查	核对设计物料与领用物料是否相符，检查工程中采用的主要设备及材料是否符合设计要求，严格检查主要材料、构(配)件、成品、半成品的出厂合格证、材质证明书以及现场抽检试验结果，防止不合格的材料、构(配)件、半成品等用于工程	《物料领用单》《物料点验单》《物料抽检记录》
	开工报告	协助建设单位审核施工单位编写的开工报告	《开工报告》《工程派工单》
	安全生产交底	检查施工单位的项目经理是否在开工前对作业班组全体员工针对安全施工的技术要求和危及人身安全的重点环节、控制措施进行交底，并由双方签字确认，形成书面的《施工安全交底记录》。各个环节的安全技术交底均要在规定的时间进行，并有地点和交底双方人员的签字	《施工安全交底记录》《施工安全生产协议》
	安全生产费使用	检查施工单位安全防护措施费用使用计划及落实情况；检查施工现场各种安全防护措施是否符合强制性标准要求	安全生产物资购置发票，现场配备施工安全防护用具、安全警示标识等(照片)
施工阶段	进度控制	协助建设单位制定施工计划、监督和检查施工进度计划实施情况	工程实施计划、日报、周报、进度分析
	质量控制	督促、检查施工单位严格执行工程承包合同，按照国家现行施工规范、技术标准，以及设计图纸进行施工，按照标准要求检查施工过程中的工序质量，并对工程质量进行预控，对关键部位与隐蔽工程实施旁站进行监理；及时制止违规施工作业；审查开复工报审表，签发开工令、工程暂停和复工令，监理单位根据各专业制定《质量检查验收表》现场检查并进行签证，同时指出现场发现的遗留问题并要求施工单位限期整改	《监理月报》《巡检、旁站记录》《随工验收、隐蔽工程检验签证记录》《整改通知单》《停工、复工通知》《质量检查验收表》《质量分析会记录》等
	物资管理	协助建设管理单位对施工单位的工程物资领用、使用、暂存过程进行审核监管	《领用表》《物资使用情况明细表》《物资暂存盘点记录》

续表

监理阶段	监理的重点环节	重点内容	关键控制点
	造价控制	审核施工单位的付款申请、签发工程款支付证书、组织审核竣工结算、审核评估施工中的意外事件及隐蔽工程所发生的设计变更，并协助建设管理单位做好设计变更及签证管理	《付款申请》《工程量结算清单》《设计变更申请单》《签证单》
	安全管理	督促和检查施工单位安全生产技术措施的实施，发现安全隐患及时通报并对整改后的效果进行认定。定期组织安全培训、协助并参与建设管理单位组织的应急预案演练，检查现场特种作业人员是否具备相应资格，并重点检查施工过程中危险性较大的工程作业情况，如发生重大工程质量事故或物资盗窃、破坏案件，由施工单位、监理单位共同报告建设单位及有关部门	《安全培训记录》《应急预案演练记录》《现场安全抽检记录》《重大工作质量事故报告表》
	完工报告	由施工单位申请、监理单位审核确认，是否依据设计完成预期工程内容，到达验收条件，并报建设单位	《完工报告》
验收阶段	预验收	督促施工单位整理竣工验收资料，审核竣工技术文件、竣工图纸、测试记录、监理通知及回复单、工程余料移交表（材料平衡表），制定工程竣工报验单，并在工程正式验收前进行工程预验收	《工程竣工资料》《监理资料》《工程竣工报验申请表》
	竣工验收	预验收通过后，由监理协助建设管理单位发起验收申请，制定验收计划，协调组织验收工作	《验收计划》《验收证书》
竣工结算阶段	报审管理	协助建设管理单位填写报审申请表，协助建设管理单位完成审计工作	核对审计公司出具的《审计结果》
	结算管理	审核工程结算单，提交监理付款申请（依据完工 70%；验收 20%；终验 10%），审核施工单位费用结算申请，并对开具的发票进行有效性验证审核。最终依据审计公司出具的《审计结果》协助建设管理单位支付工程尾款	《费用结算统计表》
	归档管理	协助建设管理单位收集立项批复、设计批复、设计资料、竣工资料、监理资料、验收证、审计结果，并对相关资料进行归档	《工程归档登记表》
其他管理	配合检查	配合建设管理单位、上级管理单位对项目相关的风险防控、施工质量、安全施工等开展检查工作	
	信息安全	本工程相关的各类图纸、设计文件、施工/监理合同、施工规范、管理规范、验收资料等各类文档资料要妥善保存并做到信息保密，不得泄露建设单位和被监理单位的商业秘密和技术秘密	
	协调及其他	协调工程建设、施工等单位的工作关系，完成建设单位交办的其他与委托项目活动有关的工作	

1.7 我国通信工程承发包模式

我国的通信工程项目管理模式实际上起源于 20 世纪 80 年代初期的项目法施工，从当时单一式施工现场的项目管理运作方式到 90 年代末期的多学科交叉、多类别渗透、多行业运用的全新项目管理模式，并逐渐过渡到项目管理规范化的体制，一直到全新的项目管理模式和管理人才执业资格的配套发展深化，我国的项目管理工作才从单一到综合、从综合到系统、从系统到全过程，形成自成一体的科学体系。

我国的建设工程项目管理工作经过多年的探索和实践，已进入较为成熟的发展阶段，有很多的认识理念以及运作方式均已上升到一定的水平和层次。从项目管理的主体来看，我国政府、业主、承包商及咨询企业对实施项目管理的呼声越来越强烈，如何更好地发展我国的项目管理，已成为政府部门和各行各业共同关注的问题。2003 年 2 月，建设部发布了《建设部关于培育发展工程总承包和工程项目管理企业的指导意见》（建市〔2003〕30 号），提出积极推行工程总承包和工程项目管理。2004 年 7 月，《国务院关于投资体制改革的决定》明确提出改进建设的实施方式，对非经营性政府投资项目加快推进“代建制”。2004 年建设部发布了《建设工程项目管理试行办法》（建市〔2004〕200 号），把建设工程项目管理定位为对工程建设全过程或分阶段进行的专业化管理和服务活动，其范畴包括工程勘察、设计、施工、监理、造价咨询、招标代理等环节的管理活动。项目管理企业可以协助业主，从项目的前期策划组织直到组织后评估的全过程提供专业的服务。工程项目业主可以通过招标或委托的方式选择项目管理企业开展管理咨询服务。

2005 年建设部等六部门发布了《关于加快建筑业改革与发展的若干意见》（建质〔2005〕119 号），鼓励具有工程勘察、设计、施工、监理、造价咨询、招标代理等资质的企业，在其资质等级许可的工程项目范围内开展项目管理业务，提高建设项目管理的专业化和科学化水平。

研究全过程项目管理咨询，有必要对目前的工程承发包模式进行归类分析，目前在我国的通信工程建设领域，存在着如下的工程承发包模式。

1. 平行承发包模式

平行承发包模式是指，按照工程建设的各个阶段，分别将各阶段的工作内容委托给不同的单位来实施。在决策阶段，将可行性研究委托给一家咨询企业，将可行性研究评审委托给另一家咨询企业，在可行性研究被批准之后，委托一家设计单位进行工程的初步设计、施工图设计；在采购阶段，委托一家咨询企业进行招标咨询或者招标代理，然后与其他单位分别签订设备供货合同、施工/安装合同，与监理单位签订监理委托合同；网络试运行阶段与维护单位签订代维合同，一般半年或一年后委托一家咨询企业开展年度投资后评估。该模式的合同结构图如图 1-2 所示。

平行承发包模式在我国通信行业实行的时间较长，其优点是业主对各阶段的掌控能力较强，一切按部就班，缺点是割裂了项目生命周期的连续性。除了业主之外，没有人能够对项目有完整的认识和管理，如果业主没有过多的精力进行实实在在的管理或者业主管理水平欠缺，将会导致项目的不完美或者失败。

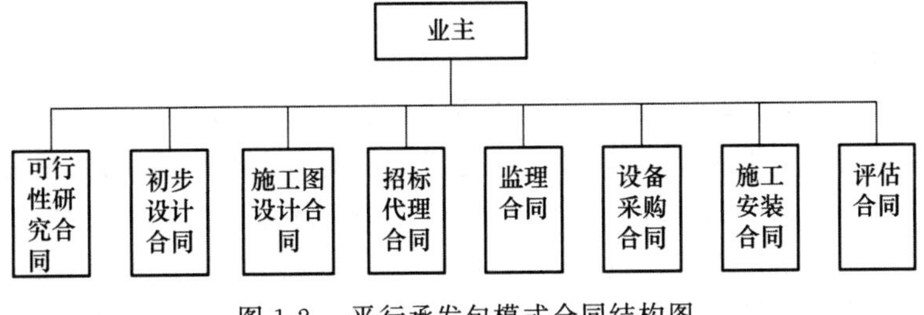

图 1-2　平行承发包模式合同结构图

2. 前期工作打包发包模式

前期工作打包发包模式是指，将生命周期各阶段的工作进行打包，按阶段委托有相应能力的承包单位，一般是将可行性研究、初步设计、施工图设计进行打包，委托给一家有实力的咨询/设计单位，将招标代理(设备采购＋施工招标)委托给一家招标咨询企业，将工程监理委托给一家监理单位，将设备供应委托给一家或数家单位，将网络优化委托给一家单位，将评估委托给一家单位。该模式的合同结构图如图 1-3 所示。

前期工作打包发包模式简化了项目管理流程，便于设计单位能够按照可行性研究批复精神更好地完成初步设计和施工图设计，管理流程有所缩短，以便于设计单位更好地贯彻建设意图，该模式的缺点是设计单位缺乏参与招标阶段和网优阶段的工作，设计单位和设备供应单位缺乏沟通。

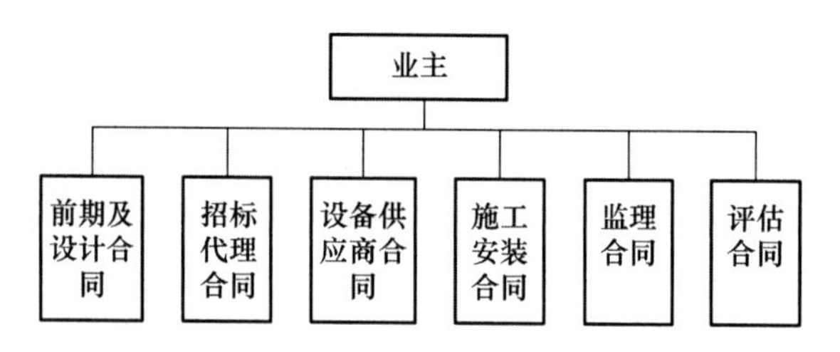

图 1-3　前期打包发包模式合同结构图

3. 阶段整合发包模式

随着业主对于集成管理服务需求的提高，出现了具备相应咨询资质的单位承接招标咨询＋监理或者招标代理＋监理＋评估，前期及设计＋网络优化或者设备供应商＋网络优化的模式，即阶段整合发包模式。该模式的合同结构图如图 1-4 所示。这种模式使设计咨询企业能够更好地考虑全过程的咨询服务质量，因为在试运行期间要考验设计的水平，如果在可行性研究和设计阶段的工作不到位，将严重影响网优阶段的工作质量，对于招标咨询企业来说，如果在招标阶段不尽心尽力地做好服务，选择的设备供应商或者施工/安装单位不能满足项目要求，将对施工监理工作带来很大的被动性，甚至遭受不公正的批评。

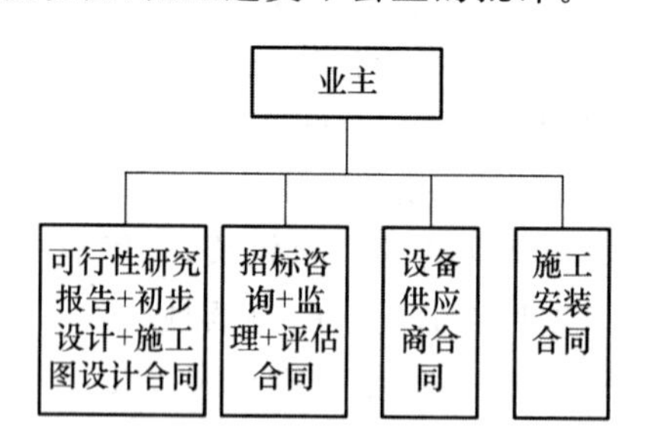

图 1-4　阶段整合发包模式合同结构图

4. 施工总承包模式

在通信工程建设领域，具备工程总承包资质的一般是大型的咨询设计单位或者施工安装单位以及综合性强的设备供应商，施工总承包是我国目前力推的一种模式，是设计咨询企业实现公司转型的一种途径，也是我国的设计施工单位增强国际竞争力，走向世界的重要途径。该模式的合同结构图如图 1-5 所示。施工总承包模式可以使总承包单位较早地进入设计阶段，可以将设计和施工阶段统筹考虑，有利于降低工程造价，增强总承包单位的风险意识，同时在设计进行到一定的阶段就可以跟进施工，促进工作的合理搭接，加快进度。对业主来说，工作量可以减轻，但是存在总承包单位选择以及业主对项目的掌控力度降低的风险。施工总承包模式虽是国家力推的模式，但是现实中采用得比较少，究其主要原因是具备这类综合实力的单位较少。目前在通信工程建设中一般在应急通信工程或对外通信承包工程中运用较多。

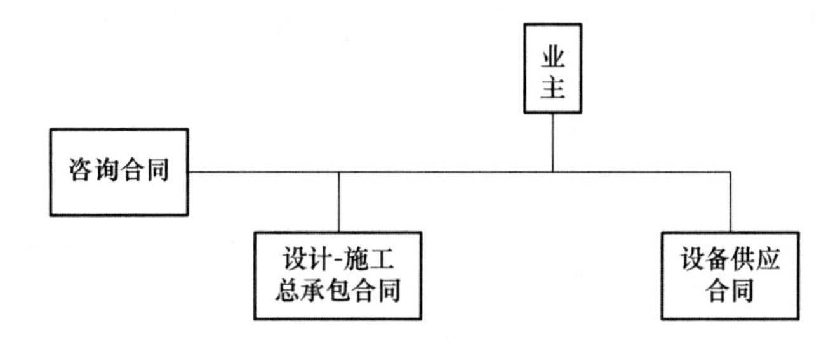

图 1-5　施工总承包模式合同结构图

5. 交钥匙模式

交钥匙模式是在设计咨询企业提供了初步设计之后，由综合性设备供应商结合设备情况进行详细的施工图设计，同时负责设备供应和安装。该模式的合同结构图如图 1-6 所示。这种模式适用于业主初次使用该通信设备，设备技术含量高，项目规模相对较小，而国内的施工单位对该设备安装不太了解的情况，其优点是有利于厂家合理安排生产进度和供货，施工图设计能够更好地体现出该设备的优势，缺点是业主对设备和安装缺乏有效监督，降低了质量的过程控制水平，业主的主要精力用于审核图纸，以及关键部位的验收和终验，因此交钥匙单位的选择至关重要。

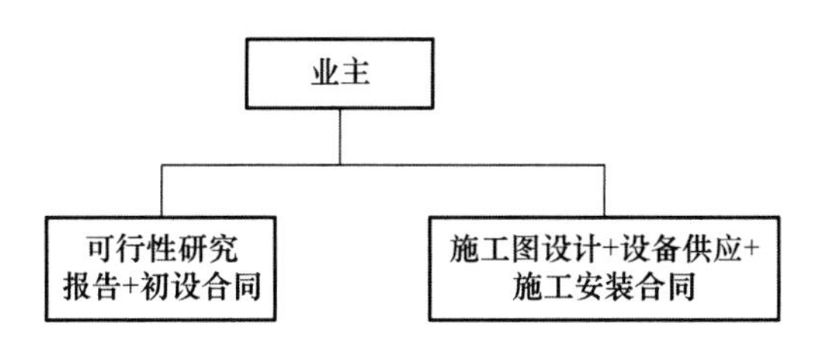

图 1-6　交钥匙模式合同结构图

1.8　实做项目及教学情境

实做项目一：通过调研，了解本地运营商的建设项目情况，并进行分类。

目的：了解通信工程项目的分类，初步认识通信工程项目。

实做项目二：结合具体项目编制可行性研究报告。

目的：了解可行性研究报告的编制方法及内容。

本章小结

本章主要介绍了通信工程建设项目的概念、分类和程序等，重点包括以下几方面。

(1) 建设项目是指按一个总体设计进行建设,经济上实行统一核算,行政上有独立的组织形式并实行统一管理的建设单位。

(2) 按投资的用途不同,建设项目可以划分为生产性建设和非生产性建设两大类。

(3) 按照投资性质的不同,建设项目可以划分为基本建设项目和技术改造项目两大类。

(4) 通信工程的大中型和限额以上的建设项目从建设前期工作到建设、投产、要经过立项、实施和验收投产三个阶段。

(5) 通信建设程序的实施阶段由初步设计、年度计划安排、施工准备、施工图设计、施工招投标、开工报告、施工等七个步骤组成。

(6) 可行性研究报告的内容根据建设行业的不同而各有侧重,通信建设工程的可行性研究报告一般应包括总论、需求预测与拟建规模、建设与技术方案论证、建设可行性条件、配套及协调建设项目的建议、主要工程量与投资估算、经济评价等。

复习思考题

(1) 简述建设项目的概念及其特点。

(2) 简述建设程序。

(3) 简述可行性研究报告的内容。

第 2 章　通信工程设计基础

【本章内容】

- 通信网络构成及设计专业划分
- 通信工程勘察设计的内容及流程
- 通信工程设计文件的编制

【本章重点】

- 通信工程设计的内容及流程
- 工程勘察方法
- 通信工程设计文件的编制

【本章难点】

- 通信工程勘察与设计
- 通信工程设计文件的编制

【本章学习目的和要求】

- 熟悉通信工程设计的工作流程
- 掌握通信工程勘察的方法
- 理解通信工程设计文件的编制

【本章课程思政】

- 掌握通信工程勘察设计规范与流程，塑造通信工程设计人员科学、严谨的职业道德

【本章建议学时】

- 6 学时

2.1 概　　述

2.1.1 工程勘察、设计单位的质量责任和义务

《建设工程质量管理条例》明确规定了工程勘察、设计单位的质量责任和义务。

(1) 勘察、设计单位需取得资质证书，并在其资质等级许可范围内承揽工程。

(2) 勘察、设计单位需按照工程建设强制性标准进行勘察、设计，并对勘察、设计的质量负责，设计人员应对签名的设计文件负责。

(3) 勘察单位提供的地质、水文等勘察成果必须真实、准确。

(4) 建设工程设计文件应当符合国家规定的设计深度要求，注明工程合理使用年限。

(5) 设计单位在设计文件中选用的建筑材料、建筑构配件和设备，应当注明规格、型号、性能等技术指标，其质量要求必须符合国家规定的标准。除有特殊要求的建筑材料、专用设备、工艺生产线等外，设计单位不得指定生产厂、供应商。

(6) 设计单位应当就审查合格的施工图设计文件向施工单位做出详细说明。

(7) 设计单位应当参与建设工程质量事故分析，并对因设计造成的质量事故提出相应的技术处理方案。

2.1.2 设计的作用

通信工程设计是以通信网络规划为基础的，它是工程建设的灵魂。通信工程采用的技术是否先进，方案是否最佳，对工程建设是否经济合理起着决定性的作用。

通信工程设计咨询的作用是为建设单位、维护单位把好工程的质量关、技术关、经济关、维护关。通信设计在通信工程的建设中具有重要的作用和意义，能有效地缩短通信工程的建设工期，减少成本，提高经济效益，保证通信施工的质量和建设效益。由于新技术的快速发展，在通信工程建设中，可以通过加强对通信设计的有效控制来提升通信工程建设效益。

2.1.3 对设计的要求

通信工程设计作为通信工程建设的依据，需要满足建设单位、施工单位、维护单位和管理部门的不同层面的要求。

1. 建设单位对设计的要求

建设单位从技术先进、经济合理、安全适用、全程全网的角度进行通信工程项目设计。

建设单位对设计方案的要求是：

(1) 勘察准确，设计方案详细、全面；

(2) 设计方案有多方案比较和选择；

(3) 正确处理好局部与整体、近期与远期、采用新技术与挖潜的关系。

建设单位对设计人员的要求是：

(1) 熟悉工程建设规范、标准；

(2) 了解设计合同的要求；

（3）理解建设单位的意图；

（4）掌握相关专业的工程现状。

2. 施工单位对设计的要求

设计方案作为通信工程施工的指导及依据，必须能准确无误地指导施工。

施工单位对设计的要求是：

（1）设计的各种方法、方式在施工中具有可实施性；

（2）图纸设计尺寸规范、准确无误；

（3）明确原有、本期、今后扩容工程之间的关系；

（4）预算的器材、主要材料不缺不漏；

（5）定额计算准确。

施工单位对设计人员的要求是：

（1）熟悉工程建设规范、标准；

（2）掌握相关专业的工程现状；

（3）认真勘察；

（4）掌握一定的工程经验。

3. 维护单位对设计的要求

从维护单位的角度，设计应主要考虑安全性、维护便利性、机房安排合理性、布线合理性、维护仪表及工具配备的合理性，尽量考虑维护工作的自动化，实现无人值守。

维护单位对设计的要求是：

（1）设计方案应征求维护单位的意见；

（2）处理好相关专业及原有、本期、扩容工程之间关系。

维护单位对设计人员的要求是：

（1）熟悉各类工程对机房的工艺要求；

（2）了解相关配套专业的需求；

（3）具有一定工程及维护经验。

4. 管理部门对设计的要求

通信工程管理及监理部门，要求要有明确的工程质量验收标准作为工程竣工依据，工程原始资料应可供查阅。

管理部门对设计的要求是：

（1）严肃认真；

（2）设计方案符合相关规范；

（3）预算准确。

5. 通信工程设计人员素质要求

通信工程设计的质量与通信工程设计人员的素质密切相关。通信工程设计行业的发展要以人为本。通信工程设计所涉知识面的广度和深度，以及通信工程设计文件的严谨性和重要性决定了从业人员必须具有较高的基本素质。

（1）过硬的专业技能

作为一个通信工程设计人员，需要具备通信各专业的理论知识和概预算方法。通信系统的复杂性及关联性决定了通信系统设计各专业须相互配合，所以，无论设备专业设计人员还是线路专业设计人员都必须了解对方专业的相关理论知识。作为一个设计人员，还要了解勘察、施工、测试和验收等一系列的工作内容和流程。针对不同的通信系统，设计人员要熟练掌握各厂家设备的外观尺寸、设备功能、设备技术指标和报价等。

(2) 强烈的责任心

设计工作是关系一项工程成败和质量好坏的关键步骤之一，没有好的设计，就不可能做出优质工程，甚至会出现事故，给建设单位和国家造成巨大的损失。所以，设计人员必须具有强烈的责任心，对待设计工作必须一丝不苟，要对设计文件中的每一句话、每一条线负责。

(3) 吃苦耐劳的精神

通信建设工程的责任大、任务重，设计工作需要深入地勘察、思考，需要克服各种艰苦的条件。所以具备吃苦耐劳的精神才有可能成为一名优秀的设计师。

(4) 勤学好问，善于观察和总结

通信工程设计是一项实践性、专业性很强的工作，涉及的知识面很广，一名合格的设计师必须具备渊博的专业知识和丰富的实践经验。只有不断地学习新技术、新知识，才能跟上通信技术的飞速发展。只有学会观察和总结，才能积累丰富的实践经验。

(5) 具备良好的沟通能力

随着社会分工的细化，沟通协调对社会生存的重要性已经得到了充分的重视。通信工程项目的实施过程更是多部门、多单位共同参与、协作的过程，每一位设计人员都需要直接或间接与客户打交道。通信工程设计人员需要与建设单位、施工单位、设备制造商和运营维护单位的人员进行沟通，协调各方面的关系和利益。设计人员要牢固树立用户至上的观念，不仅要有强烈的服务意识，还要具有良好的交流和沟通能力。

(6) 稳定的心理素质

遇事沉着冷静，处理问题灵活，是设计人员应当具备的素质。遇到急难险重的情况，设计人员应根据施工工艺和规范要求灵活处理，保证工程进展和质量。

(7) 先进的设计手段和创新精神

作为智力型人员，设计人员应有计划地按照国际通行的模式和市场运作的要求，在外语、工程建设、项目管理和评估、计算机应用、法律知识、市场开拓、职业道德及国际惯例基本知识等方面加以培训，在实践中锻炼，提高竞争力，加快融入国际工程咨询市场的进程。

2.1.4 通信工程设计的发展

我国设计咨询行业经过近年来的发展，现在已经拥有上万家工程咨询单位。我国目前实行分段管理模式，前期咨询业务归口国家发展和改革委员会，成立中国工程咨询协会；设计、监理、招投标代理归口住房和城乡建设部，设有勘察设计协会、建设监理协会；涉外工程咨询单位归口商务部，设有国际工程咨询协会。多个工程咨询协会并存，不利于我国工程咨询业的发展和与国际工程咨询组织的对接，不利于与国际接轨。

1. 企业资质

从市场准入的情况来看，目前我国工程咨询业市场的准入以公司资质认证为主，以个人执业资格认证为辅，在工商行政部门注册登记。公司资质多以资历信誉、技术力量、专业配置、技术装备及管理水平为标准，颁发相应的资质认证书；个人执业资格认证从 1996 年开始推行，目前有建筑师、结构师、咨询工程师、监理工程师等注册制度。

2. 企业现状

国内现在电信设计院分为三类:原邮电部直属的设计院、原各省邮电公司所属的设计院和通信相关行业转来的设计院。

(1) 原邮电部直属设计院即位于河南郑州的邮电部设计院。该院于1952年成立,先后隶属于邮电部、信息产业部、国务院大型国有企业工作委员会、中央企业工作委员会、国资委,后与中国联通合并,成为中国联通集团设计研究院——中讯邮电咨询设计院有限公司,其中的北京分院后改为中国移动通信集团设计院有限公司。

(2) 原各省邮电公司所属设计院改制后分别隶属于各大运营商。比较有代表性的是华信咨询设计研究院有限公司、上海邮电设计咨询研究院有限公司等。

(3) 第三类为非传统设计院,在全国大大小小有100多家,以区域为核心,业务范围各有不同。

3. 我国通信工程建设管理的历史变革与发展

通信网络是一个国家的基础设施,因此,通信工程建设有着中国基本建设投资管理模式各历史阶段的烙印。纵观我国的通信工程建设管理方式,主要经历了如下三个发展阶段。

第一阶段,20世纪50～60年代学习苏联模式,实行以业主为主的甲、乙、丙三方制,甲方(业主)由政府主管部门负责组建,乙方(设计单位)和丙方(施工单位)分别由各自的主管部门进行管理。业主自行负责建设项目全过程的具体管理。设计、设备制造、施工分别由各自的政府主管部门下达指令,项目实施过程中的许多技术、经济问题,由政府有关部门直接协调和负责解决。

这一时期的通信工程项目相对规模较小,具有投资结构单一、建设项目管理模式单一、参与建设的单位功能单一等特点。在计划经济体制下,工程建设中出现的一切问题都由政府主管部门依靠行政命令来干预和解决。这在一定历史时期内,起到了对通信工程建设项目的管理和控制作用。但是,由于参与工程建设的甲、乙、丙三方各成体系,项目实施过程中出现的许多质量、工期和资金等问题,均会引起三方争执,从而影响工程建设的整体效益。

第二阶段,20世纪70～80年代,实行建设指挥部/建设领导小组模式,下设基建办。一般通过当时的通信主管部门如邮电管理局建设指挥,下属单位成立基建办的方式实施。这种模式的优点是行政领导可以组织更多的资源,缺点是将工程项目分块切给设计、设备材料供应、施工单位来完成,项目管理前后衔接不当,临时组建的指挥部缺乏经验和手段,投资是由国家拨款,因而缺乏投资控制的自觉性。项目结束后,项目组成员又回到原先的专业岗位,工程建设管理经验无法持续积累和传承。

第三阶段,20世纪90年代以后,实行的是业主方项目管理+施工监理模式,从90年代开始,为促进建设市场的健康发展,我国开始实行项目法人责任制、合同管理制、招投标制和工程监理制,促进了建设管理水平的提高,业主对项目负有全部责任,因而管理主动性和积极性得到提高。然而业主管理力量仍然不足,专业化程度相对较低,监理单位职责单一,现阶段越来越集中在质量控制方面,无法承担起全方位、全过程服务,难以做到工程项目管理的科学化和专业化,建设管理的精细化程度不高,管理手段和方法较为粗放,难以实现项目利益最大化。我国通信历史的发展伴随着大量国外电信设备厂商涌入中国,这些国外设备厂商在建设初期提供设备制造、供货、安装、调试、交接的一条龙服务,形成的交钥匙的管理方式,促进了国内电信运营商对项目管理的认同,如一些国外企业在为中国的运营商提供设备的同时也将先进的项目管理经验带入了中国。这在很大程度上推动了国内通信企业在工程建设领域实行项目管理的进程。我国设计行业在体制、程序、方法和技术标准、规范、功能、资源配置、工程总承包能力等方面还有很大的发展空间。

2.2 通信网络构成及设计专业划分

2.1.1 通信网络构成

1. 电信网的定义

电信网是由电信终端、交换节(结)点和传输链路相互有机地连接,以实现在两个或更多的电信端点之间提供连接或非连接传输的通信系统。它从概念上可以分为基础网、业务网和支撑网。

(1) 基础网

基础网是业务网的承载者,一般由终端设备、传输设备和交换设备等组成。

(2) 业务网

业务网是承载各种业务(话音、数据、图像、广播电视等)中的一种或几种的电信网,一般由移动网、固定网、数据网等组成,网内各个同类终端之间可根据需要接通,有时也可固定连接。

(3) 支撑网

支撑网是为保证业务网正常运行,增强网络功能,提高全网服务质量而形成的传递控制监测及信令等信号的网络。按功能分类,支撑网分为信令网、同步网和通信管理网。

2. 电信网的组成

一个完整的电信网由硬件和软件组成。电信网的硬件即构成电信网的设备及线路,一般由终端设备、传输设备、交换设备以及相关的通信线路组成。仅有这些设备还不能很好地完成信息的传递和交换,还需有系统的软件,即一整套网络技术,才能使由设备组成的静态网变成一个运转良好的动态体系。

3. 电信网的组成结构

从水平的观点看,电信网网络结构可划分为:驻地网、接入网、城域网、核心网等,如图 2-1 所示。

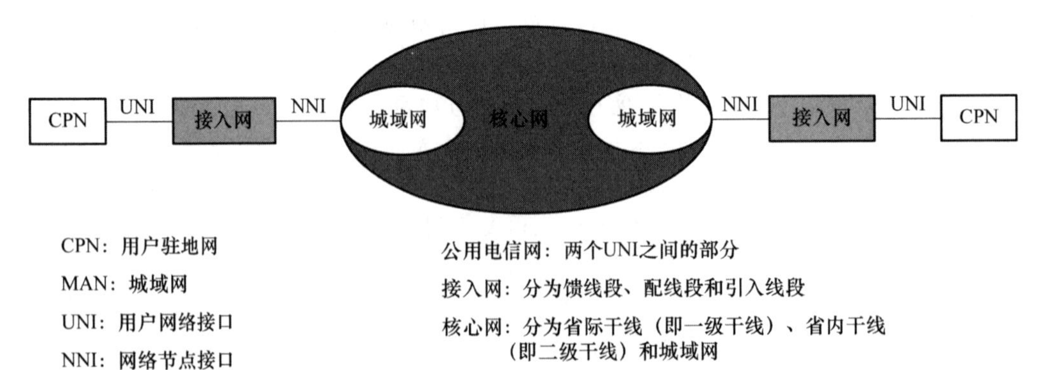

图 2-1 电信网网络结构(从水平观点看)

从垂直的观点看,电信网网络可分为支撑网、传送网、业务网和应用系统,见图 2-2。

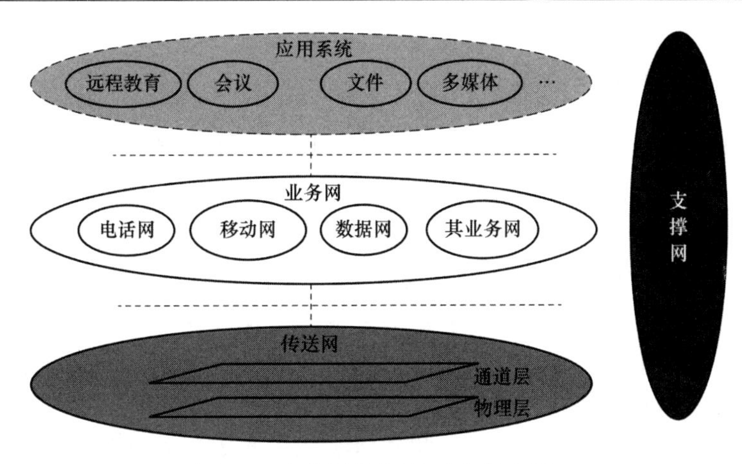

图 2-2　电信网结构(从垂直观点看)

4. 电信网的分类

电信通信就是利用电信系统来进行信息的传递。电信系统则是各种协调工作的电信装备集合的整体。最简单的电信系统是指在两个用户间建立的专线系统,而较复杂的电信系统则是由多级交换的电信网提供信道,完成一次呼叫所需的全部设施构成的系统。整个电信网是一个复杂体系,表征电信网的特点很多,目前可以从下面几个方面的特征来区分电信网的种类。

按业务性质分:固定电话网、移动网、数据通信网、电视传输网等。

按服务区域分:国际通信网、长途通信网、本地通信网等。

5. 未来的通信网

现在移动通信正在向 6G 发展。6G 通信的主要特征是:智慧连接、深度连接、全息连接和泛在连接。未来的通信网应该是"空天地"一体化的通信网,为满足 6G"一念天地,万物随心"的总体愿景,必须将先进的信息处理技术与高效的信息传输技术相结合。从信息传输的角度看,要将陆地地面通信、低空空中通信、高空卫星通信、海洋通信、水下通信等传统意义上呈现相互物理分离的通信系统进行重新设计和高效融合,构建一张满足全球无缝覆盖的陆海空天融合通信网络。如图 2-3 所示,陆海空天融合通信网络可以分解为两个子网络:一个是由陆基(即陆地蜂窝、非蜂窝网络设施等)、空基(无人机、飞艇、飞机等各类飞行器)及天基(各类卫星、星链等)构成的空天地一体化子网;另一个是由水下、海基(海面及深海通信设备等)、岸基,并结合空基与天基构成的深海远洋通信子网。

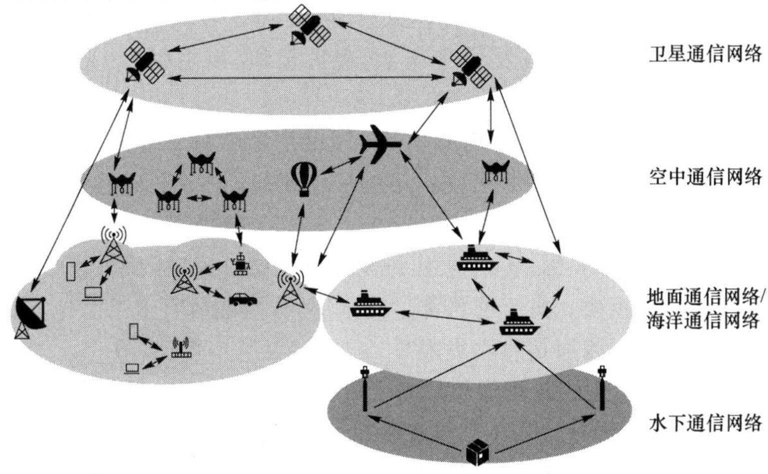

图 2-3　陆海空天融合通信网络

2.1.2 通信工程项目特点

通信工程项目具有一般项目的特点，但是又有别于一般的工业项目。下面结合电信网络介绍通信工程项目的特点。

1. 网络结构分层

根据技术及组网特点的不同，通信网络又可以总体上划分为不同的网络层面：传送网、核心网、业务网、接入网以及支撑系统。所有的业务网都是在基础网络——传送网之上建立的。在各网络层次中，下层网络汇聚其上一层网络对本层资源的需求并根据本层面的技术和组网特点安排扩容计划。电信网络的发展和建设是一个持续的过程，网络需要不断地扩容，以满足社会各界对于公众电信需求的不断增长。相邻两次扩容建设的时间间隔称为一个扩容建设周期。不同分层网络的建设和扩容周期是不同的，基本业务网络和增值业务网络的建设扩容周期相对较短，大多根据市场需求进行速度合理的推进。对于基础网络的建设扩容，如光缆线路、局房、管道等基础资源，则要综合考虑各种基本业务的发展需求，长远规划，统一建设，使基础资源的建设达到经济规模，保持网络结构的平稳发展，因此基础网络扩容周期相对较长。

2. 全程全网

任何工程都是整体网络的组成部分，其效益体现在全网中。各通信企业之间不仅是竞争对手，还是合作伙伴，良好的合作才能提供端到端的服务。严格意义上，通信项目大多属于扩容项目。通信网的不同网络环节具有不同的扩容周期和建设策略，通信网络的建设实际上是一个统一规划、分期实施、动态调整的滚动发展过程，并在这种滚动发展过程中实现网络各环节的动态均衡(协调配置)。电信建设项目具有“全程全网”“网络分层”“连续建设”“滚动扩容”等几大特点。复杂的网络、统一的规划、大量的建设内容、年年滚动的连续大规模投资，是电信建设有别于工业项目的突出特点。

3. 项目实施难度较大

以移动通信网工程为例，项目实施有如下特点。

(1) 工程投资大，网络覆盖面广。工程投资动辄数十亿元，覆盖省际省内多个地市，空间跨度大，需要新建和扩容的交换机房，新建基站成百上千个，而且有些基站分布在偏远地区。

(2) 工程技术要求较高，涉及专业众多。工程涉及通信主设备(交换机、基站、传输设备等)、通信配套设备(如专业空调、开关电源、电池、油机、UPS等)、土建配套工程(如租用或新建基站机房、土地征用与拆迁、铁塔及天线支架、避雷接地、市电引入、光缆立杆或管道施工等)。

(3) 涉及厂家众多，协调量大。一般主设备涉及的厂家就有3家之多，配套设备涉及的厂家有数10家，而且同一类型的设备有可能由不同厂家供应，设备安装也是由数家工程公司协作完成的。

(4) 工期要求紧，质量要求高。从工程实施阶段到网络开通时间紧，因此如何制定合理的实施计划并监督实施至关重要。由于项目都远离本部，分散在成百上千个地点，各站点间距离较远，施工和管理人员分散，因而信息收集困难。

(5) 与公众利益密切相关。虽然建设是为了给公众提供便利的通信条件，但是由于基站、铁塔很多都建设在人群较多的地区，甚至很多基站就在居民楼里，而且架设光缆还涉及占用农民土地等问题，因此需要恰当地处理与项目外部利害关系者的关系。在新建每一个基站时，还涉及当地的土地、电力、交通、公安等相关政府部门，同时还涉及互联互通的相关通信企业。

2.1.3　通信工程设计专业划分

由于电信网络的复杂性，从网络建设、运行维护管理方便的角度出发，电信网络运营商通常根据业务和技术的相近性划分部门，从而进行管理。

重点掌握

通信工程建设项目通常可按专业划分为：

- 供电设备安装工程；
- 有线通信设备安装工程（包括通信交换设备安装工程、数据通信设备安装工程、通信传输设备安装工程）；
- 无线通信设备安装工程（包括微波通信设备安装工程、卫星通信设备安装工程、移动通信设备安装工程）；
- 通信线路工程；
- 通信管道建设工程。

通信设计院（公司）服务的主要客户为各电信网络运营商，承担的主要业务范围包括电信工程的勘察、设计，通信网的规划，技术支持服务，咨询服务以及信息服务等。为适应工作需要，通信工程设计通常划分为以下专业。

1. 动力（通信电源）设计专业

动力（通信电源）设计专业主要承担通信电源系统工程的规划、勘察、设计工作，并提供相应的技术咨询服务。动力设计专业的设计范围包括通信局（站）的高、低压供电系统、柴油发电机交流电源系统、交流不间断供电系统（UPS）、直流供电系统、动力及环境监控系统、雷电防护及接地系统等。

2. 交换通信设计专业

交换通信设计专业主要承担核心网及相关支撑网络和计算机系统的工程规划、设计、优化和技术咨询业务。交换通信设计专业的设计范围包括长途、市话、移动电话网、NGN 以及关口局工程、七号信令网、智能网、网管和计费系统、短消息中心等。

3. 传输通信设计专业

传输通信设计专业主要从事传输设备安装工程以及管道、线路的规划、设计和技术咨询工作，提供从接入层网络到核心层网络，从前期技术咨询、规划到中期方案设计、施工图设计，最后到现有传输网络分析和优化一整套的解决方案。该专业主要承担 SDH 传输系统、DWDM 传输系统、智能光网的方案和工程设计。

4. 数据通信设计专业

数据通信设计专业主要承担各基础数据通信网、宽带 IP 网络、运营支撑系统等项目的方案设计、工程设计、系统咨询、网络优化等业务，为客户提供全面的解决方案，主要设计范围包括分组交换网、EPON、GPON、DDN、IP 宽带城域网、ATM 宽带数据网、ADSL 宽带接入网、移动互联网、电信计费账务系统、电信资源管理系统、客户服务系统等。

5. 无线通信设计专业

无线通信设计专业的业务范围涵盖全方位的无线网络咨询规划设计，承担GSM、CDMA、3G移动通信、大灵通、室分、无线局域网、无线接入网、集群通信、微波通信等系统的网络规划、工程设计和网络优化服务以及相关的技术咨询服务。

6. 线路及管道工程设计专业

线路及管道工程设计专业的业务范围涵盖架空、直埋管道线路，综合布线等工程的咨询规划设计，承担管道及通信线路等物理网络的规划、工程设计和网络优化服务以及相关的技术咨询服务。

7. 小区接入设计专业

随着宽带用户的迅速增加和“光进铜退”进程的加快，小区接入设计业务不断增加，小区接入设计逐渐成为相对独立的专业。该专业的业务范围涵盖全方位的小区接入网络咨询规划设计，承担FTTx、xDSL、电力线上网、HFC等系统的网络规划、工程设计和网络优化服务以及相关的技术咨询服务。

8. 无线室内分布系统接入设计专业

随着移动网络的建设，室内的无线环境亟待改善，无线室内分布设计项目不断增加，无线室内分布系统接入设计逐渐成为相对独立的专业。该专业的业务范围涵盖2G、3G、WLAN等室内分布系统的咨询规划设计，承担住宅、企业、办公大楼等室内覆盖工程的规划、工程设计和网络优化服务以及相关的技术咨询服务。

9. 网络规划与研究专业

网络规划与研究专业立足于信息通信业，为各级政府、行业管理机构、通信运营商、设备制造商以及信息通信相关企业等提供综合咨询服务，研究队伍涵盖管理、经济、财务、无线、传输、交换、数据、情报等各专业，为客户提供高价值的综合解决方案。网络规划与研究专业的服务范围涉及通信产业发展规划、通信行业研究、通信运营企业综合规划及管理咨询、电信业务市场研究、电信网络与资源规划、通信新技术新业务的应用与评估、招投标、可行性研究、工程设计和项目后评估等。

10. 建筑设计专业

建筑设计专业主要承担各行业的综合类建筑设计，包括综合大楼、通信机房、通信铁塔、通信辅助设施以及各种民用建筑等的设计。该专业设有建筑、结构、给排水、电气、照明、暖通空调、自动消防、综合布线、概预算等细化专业。

2.3 通信工程设计的内容及流程

完整的通信工程设计分为可行性研究、方案设计、初步设计、施工图设计等阶段。其中，可行性研究是建设前进行的预研工作，初步设计（含方案设计）和施工图设计是通信工程建设期间进行的工作。

2.3.1 初步设计

初步设计的内容是：按照设计合同、委托书规定的工程内容和规模确定建设方案；对建设方案进行多方案比选；论述主要设计方案；对主要设备进行选型；采取重大技术措施时要进行详细的方案设计；编制工程技术规范书；对推荐采用的方案进行工程投资概算，编制工程投资总概算。

初步设计审核的重点有以下几个方面：

(1) 总体要求是否符合被批准的设计合同、委托书的要求；

(2) 设计指导思想和设计方案是否能体现国家的有关方针及通信技术政策；

(3) 设计方案的可行性、正确性及经济性；

(4) 核定方案技术标准和建筑标准；

(5) 工程建设规模；

(6) 单位工程造价、各项技术经济指标、建设工期等；

(7) 新技术、新设备、新工艺、新材料的采用等；

(8) 设备利旧、挖潜与原有设备的配合方案；

(9) 设备、光(电)缆的制式、型号、规格及数量；

(10) 机房总平面布置和后期发展预留安排等；

(11) 工程总概算和单项工程概算。

设计单位作为初步设计的责任实体，应在初步设计文件中明确：工程的来源、设计依据、技术方案、规模、工程概算等。

初步设计作为工程项目技术上的总体规划，是进行施工准备，确定投资额的主要依据。

2.3.2　施工图设计

施工图设计文件应根据被批准的初步设计文件和主要设备订货合同进行编制，绘制施工详图，标明房屋、建筑物、设备的结构尺寸、安装设备的配置关系和布线、施工工艺等，并提供设备、材料明细表，同时编制施工图预算。

施工图设计的内容应包括：

(1) 提出实现工程设计方案的具体措施以及新旧系统交替时的割接方案；

(2) 绘制施工图纸；

(3) 编制工程预算。

施工图设计文件一般由文字说明、图纸和预算三部分组成。各单项工程施工图设计说明应简要说明批准的本单项工程部分初步设计方案的主要内容并对修改部分进行论述，注明有关批准文件的日期、文号及文件标题；提出详细的工程量表；测绘出完整的线路(建筑安装)施工图纸、设备安装施工图纸，包括建设项目各部分工程的详图和零部件明细表等。施工图设计是初步设计(或技术设计)的完善和补充，是施工的依据。施工图设计的深度应满足设备、材料的订货，施工图预算的编制，设备安装工艺及其他施工技术要求等。施工图设计可不编总体部分的综合文件。

施工图设计审核的重点有以下几个方面：

(1) 内容是否与被批准的初步设计文件相符；

(2) 施工图设计深度能否达到指导施工的要求；

(3) 新采用或有特殊要求的施工方法及施工技术标准是否可行，有无论证依据；

(4) 具体的工程量；

(5) 设备材料的品种、型号、数量；

（6）施工图预算。

设计单位作为施工图设计的责任实体，提出的施工图设计应能够指导施工，便于工程竣工和决算。施工图设计文件的重点应包括：工程施工中应注意的事项；相关专业工程施工图设计；设备、材料型号、规格、数量、工程量、工程预算等。

2.3.3 通信工程设计阶段划分

通信工程设计可以视工程规模、技术成熟度等情况的不同划分相应的设计阶段，具体如下：

（1）通信工程设计一般要求采用二阶段设计，即初步设计和施工图设计；

（2）对于规模大、系统复杂的通信工程应采用三阶段设计，即初步设计、技术设计和施工图设计；

（3）对于规模较大、技术成熟、建设周期短的项目，可采用方案设计和一阶段设计，其中，方案设计的重点在于方案论述、技术经济分析、设备选型、编制工程投资估算；

（4）对于规模小、技术成熟或套用标准设计的工程，可采用一阶段设计。

通信工程设计的核心思想是坚持按基建程序办事，具体事项如下：

（1）初步设计应根据上级主管部门批准的可行性研究报告、设计合同或设计委托书和可靠的设计基础资料进行编制；

（2）初步设计被批准后，才能进行施工图设计，没有经过审查的施工图设计，不得施工；

（3）经上级基建主管部门批准的设计文件具有法律性和严肃性，任何人不得随意修改，如因情况和条件变化必须改变时，应按规定手续办理；

（4）设计单位要对设计文件的科学性、功能性、可靠性、安全性负责；

（5）基建主管部门应组织有关单位对设计文件进行审议，并对审议结果负责。

通信工程建设中设计文件的编制和审批要按照相关规定进行。

2.3.4 通信工程设计工作流程

设计是基本建设程序中必不可少的一个重要组成部分。在规划和可行性研究已定的情况下，它是建设项目能否实现“多快好省”的一个关键环节。

一个建设项目，在资源利用上是否合理，场区布置是否紧凑、适度，设备选型是否妥当，技术、工艺、流程是否先进合理，生产组织是否科学，是否能以较少的投资发挥较大的效果等，在很大程度上取决于设计质量和设计水平的高低。

探　讨

- 如何建立合理的通信工程设计流程？
- 如何进行设计工作的流程管理？

一般的通信工程设计单位的设计工作流程见图 2-4。

进入设计阶段后，通信工程设计工作的主要步骤如下。

1. 制定设计计划

根据设计委托书（函）的要求，确定项目组成员（即确定负责工程设计的人员，进行粗分

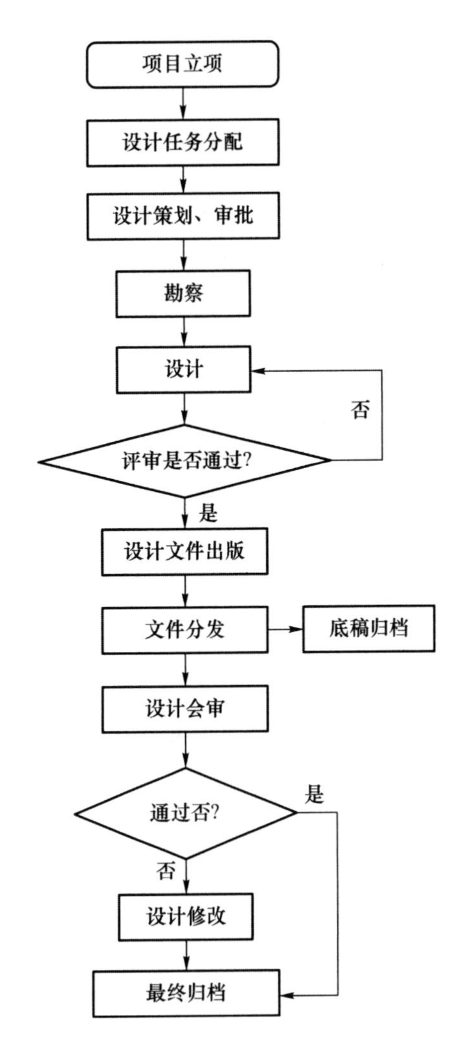

图 2-4　通信工程设计单位的设计工作流程

工)，分派设计任务，制定工作计划。

2. 勘察设计前的准备工作

(1) 文件的准备

① 理解设计任务书的精神、原则和要求，明确工程任务及建设规模。

② 查找相应技术规范，了解建设单位与厂家签订的合同及相关技术资料。

③ 分析可能存在的问题，根据工程情况列出勘察提纲和工作计划。

④ 搜集、准备前期相关工程的文件资料和图纸。

(2) 行程的准备

提前与建设单位联系，商定勘察工作日程安排。

(3) 工具的准备

准备好勘察所用的仪器、仪表、测量工具、勘测报告、铅笔、橡皮及其他必备用具。

(4) 车辆的准备

根据工作需要填写用车申请表，请车辆管理部门统筹安排。

3. 勘察工作

(1) 商定勘察计划,安排配合人员

应提前与建设单位相关人员接洽,商讨勘察计划,确定详细的勘察方案、日程安排以及局方配合人员的安排等。

(2) 现场勘察

根据各专业勘测细则的要求深入进行现场勘察,做好记录。

(3) 向建设单位汇报勘察情况

整理勘察记录,向建设单位负责人汇报勘察结果,征求建设单位负责人对设计方案的想法和意见。

确定初步设计方案,对不能确定的问题做详细记录,并向负责人反映落实。勘察资料和确定的方案应由建设单位签字认可。

(4) 回单位汇报勘察情况

向项目负责人及有关领导汇报勘察结果,取得指导性意见。对勘察时未能确定的问题,落实解决方案后及时与建设单位协商,确定最终设计方案。

4. 设计工作

(1) 拟定设计编写计划

根据工程情况以及设计任务书规定的设计完成时间拟定设计编制时间安排,需要多人合作完成的设计项目,应做出相应的人员分工安排(细分工)。

设计时出现方案变化或其他特殊问题,要及时与设计负责人及建设单位工程主管协商,并做好记录,以备会审和工程实施过程中使用。

(2) 绘制图纸

根据整理的勘察资料,按照各专业不同设计阶段的要求绘制工程图纸,然后设计人员应对照有关资料做系统的检查,发现问题应及时更正,确保图纸质量。

设计人员完成图纸复核后,将图纸及相关资料交项目负责人审核。

(3) 编制概(预)算

① 确定取费项目

根据概(预)算编制的有关规定及建设单位确定各项费率、费用。多人参与同一项目时,务必加强协调工作,取费项目和标准必须统一。

② 确定设备和材料价格

根据建设单位与设备厂家的合同或协议确定主设备价格,与建设单位商定配套设备和材料的价格。建设单位不能提供时,应采用相关的指导价格或向相关厂家询价,并征得建设单位同意。

③ 编制概(预)算

根据图纸统计工程量,按照《通信建设工程概算、预算编制办法及费用定额》相关规定,使用通信工程专用概(预)算编制软件进行概(预)算编制。设计概(预)算主要包括五类表格,工程预算总表(表一)、建筑安装工程费用概(预)算表(表二)、建筑安装工程量(工程机械使用费、工程仪表使用费)概(预)算表(表三)、器材概(预)算表(表四)和工程建设其他费用概(预)算表(表五)。

④ 概(预)算编制说明

系统地检查所做出的概(预)算表格,确认无误后,编写概(预)算说明。

(4) 编写设计说明,形成设计文件

将设计说明、设计方案、施工图纸、概预算表格及概预算说明合成在一起,形成完整的设计文件。设计说明可根据不同的专业选取相应的说明样本,并根据工程状况修改相应的部分,设计说明与图纸、概(预)算保持一致,特殊情况应在设计中说明。

(5) 完稿成册

制作封面、扉页、目录,根据建设单位的要求做出设计文件分发表。按照要求将设计文件完稿成册。将成册的设计及相关资料交审核人员。

5. 设计内审、修改、出版、复查

(1) 一次审核(初审)

由审核人员参照审核规程进行初审(不能自编自审),用铅笔标明所发现的问题,填写审核意见表及设计流程表。

(2) 二次审核(复审)

由项目负责人参照审核规程进行复审,用铅笔标明所发现的问题,填写审核意见表及设计流程表。

(3) 设计修改

设计师根据审核意见进行修改,更换有问题的文稿;再次送审核人员复核时,应将修改好的文稿和替换下来的问题页一并送达,以备查阅。

(4) 设计终审及批准

由指定的终审负责部门或负责人对设计进行终审,修改后的设计经检查无误后送出版部门。

(5) 出版装订

出版人员检查文稿的完整性和连续性,然后进行出版、装订。出版完毕后通知设计人员进行复查。

(6) 设计复查

设计人员对装订成册的设计进行最终检查,检查无误后交技术市场部或直接送达建设单位。

6. 设计会审

(1)审查形式

① 会审(联审)

会审,即由建设单位或其主管部门牵头,邀请设计、施工等有关单位,共同组成会审小组,对项目文件进行审查。

会审的优点是由于有多方代表参加,技术力量强,审查中可以展开充分的讨论,因此,审查进度较快,质量较高,便于定案,效果较好;其缺点是牵涉单位多,在一定时间内集中各有关单位的技术人员比较困难,且受时间限制。

② 单审(分头审)

单审,即由建设单位、设计部门、施工企业等主管概预算工作的部门分别进行审查,然后再与编制预算的单位进行协商,实事求是地修改预算文件后定案。

③ 委托中介机构审查

委托中介机构审查是建设单位委托具有相关资质的中介机构,根据工程项目的大小、难易程度和时间要求的缓急，统一调配、合理安排审查。

（2）会审流程

① 确定参加会审人员名单

设计的会审一般由建设单位确定施工单位、设计单位参加设计会审的人员数量。各单位的参会人员由项目负责人确定。

② 准备会审资料

参加会审的设计人员除携带设计文本外，还应携带相关设计规范、概预算定额及相关资料（勘测记录、建设单位提出的指导性意见和建议、建设单位和厂家签订的合同复印件等）。

③ 设计会审

二阶段设计会审分两步进行：第一步是初步设计会审；第二步是施工图交底（含施工图会审）。如果是一阶段设计，则只有施工图会审阶段。

初步设计会审通常由建设单位组织专家对初步设计文件进行会审，由设计人员介绍设计方案，参会人员对设计方案进行审查，提出修改意见，进一步明确要求，并提供详细资料，为施工图设计提供依据。

施工图交底通常由建设单位组织，设计、施工、监理单位参与，由设计人员向施工单位就设计意图、图纸要求、技术性能、施工注意事项及关键部位的特殊要求等进行技术交底。参会人员可进一步向设计人员提出施工图的修改意见。

④ 做好会审记录

设计人员对会审情况应充分做好记录，写明出现的问题和最终的处理意见等。

7. 设计修改、设计归档

（1）设计修改

会审完毕后，设计人员要根据会审纪要的要求，对设计文件进行修改和完善，必要时重编设计文件，在会审记录表上填写处理记录。

（2）设计归档

将设计文本、勘测记录及相关资料、会审记录等存档，将相关电子版文件归档。

8. 施工指导、设计变更、设计回访

（1）施工指导

设计人员应对建设全过程中遇到的设计质量问题负责并解决，必须到现场才能解决的设计问题，设计人员应到现场落实解决。

（2）设计变更

对由于各种原因造成施工图设计要进行修改的情况，施工图设计修改后，修改者应向有关部门出具变更记录。

（3）设计回访

设计回访是设计全过程的延续和扩展，在项目施工和运行过程中进行设计回访，可以总结设计经验，同时解决工程施工中出现的实际问题。

2.3.5 通信工程设计项目管理

通信设计单位对设计工作有一整套完整的质量管理及控制办法。表 2-1 至表 2-11 是某设计院对设计工作进行管理的相关表格，它们分别是工程项目策划书、工程项目设计管理卡、工程项目设计进度变更申请表、互提资料卡、工程项目备忘录、设计更改通知(联系)单、工程设计质量评审卡(通信)、工程/项目设计进度表(横道图)、工程设计统计表、出版统计表、归档材料移交清单。设计单位通过各环节的管理与监控来保证设计的质量与水平。

表 2-1　工程项目策划书

<table>
<tr><td rowspan="3">市场部策划</td><td>工程名称</td><td colspan="7"></td></tr>
<tr><td>建设单位</td><td colspan="4"></td><td>设计依据</td><td colspan="2">□合同　□任务书
□委托书　□洽谈记录</td></tr>
<tr><td>任务要求</td><td colspan="7">质量要求：
设计时限要求：
文件分发要求：
其他要求：
市场部/日期：</td></tr>
<tr><td colspan="2" rowspan="3">事前指导</td><td colspan="7">项目负责人：
其他要求：
(特殊工程院总工填，一般工程室主管填) 签名/日期：</td></tr>
<tr><td colspan="2">专业</td><td></td><td></td><td></td><td></td><td></td></tr>
<tr><td colspan="2">设计/
勘察人员</td><td></td><td></td><td></td><td></td><td></td></tr>
<tr><td colspan="2" rowspan="6">项目负责人策划</td><td rowspan="5">进度计划</td><td colspan="6">编制进度表：　□是　□否</td></tr>
<tr><td>专业</td><td>勘察</td><td>交审核</td><td>交室审</td><td>交院审</td><td>交出版</td></tr>
<tr><td></td><td></td><td></td><td></td><td></td><td></td></tr>
<tr><td></td><td></td><td></td><td></td><td></td><td></td></tr>
<tr><td></td><td></td><td></td><td></td><td></td><td></td></tr>
<tr><td colspan="7">设计内容格式：□套用________________，□新编
计划书编制要求：
设计评审、验证要求：
设计要点：
签名/日期：</td></tr>
</table>

注：此表由有关责任人填写，并发放至专业设计人员，由设计室负责保管。

表 2-2　工程项目设计管理卡

<table>
<tr><td rowspan="5">任务计划书</td><td>工程项目</td><td colspan="5"></td></tr>
<tr><td>工程单项</td><td colspan="5"></td></tr>
<tr><td>设计编号</td><td></td><td>设计阶段</td><td></td><td>合同状态</td><td></td></tr>
<tr><td>承接科室</td><td></td><td>交出版时间</td><td></td><td>审　　批</td><td></td></tr>
<tr><td>备　　注</td><td colspan="5"></td></tr>
<tr><td rowspan="19">过程跟踪</td><td>阶　段</td><td>流　程</td><td>实施时间</td><td>责 任 人</td><td>监 督 人</td><td>备　　注</td></tr>
<tr><td rowspan="2">任务下达</td><td>1. 任务下达</td><td></td><td></td><td></td><td></td></tr>
<tr><td>2. 任务接收</td><td></td><td></td><td></td><td></td></tr>
<tr><td rowspan="8">勘察设计</td><td>1. 勘　　察</td><td></td><td></td><td></td><td></td></tr>
<tr><td>2. 设　　计</td><td></td><td></td><td></td><td></td></tr>
<tr><td>3. 校　　对</td><td></td><td></td><td></td><td></td></tr>
<tr><td>4. 评审/验证</td><td></td><td></td><td></td><td></td></tr>
<tr><td>5. 审　　核</td><td></td><td></td><td></td><td></td></tr>
<tr><td>6. 室　　审</td><td></td><td></td><td></td><td></td></tr>
<tr><td>7. 审　　定</td><td></td><td></td><td></td><td></td></tr>
<tr><td>8. 批　　准</td><td></td><td></td><td></td><td></td></tr>
<tr><td rowspan="7">出版</td><td>1. 交 出 版</td><td></td><td></td><td></td><td></td></tr>
<tr><td>2. 复　　印</td><td></td><td></td><td></td><td></td></tr>
<tr><td>3. 晒　　图</td><td></td><td></td><td></td><td></td></tr>
<tr><td>4. 订前检查</td><td></td><td></td><td></td><td></td></tr>
<tr><td>5. 装订出版</td><td></td><td></td><td></td><td></td></tr>
<tr><td>6. 交档案室</td><td></td><td></td><td></td><td></td></tr>
<tr><td>7. 分发文件</td><td></td><td></td><td></td><td></td></tr>
<tr><td colspan="6">信息反馈：

反馈人：</td></tr>
</table>

注：此表由有关责任人填写，由市场部负责保管。

表 2-3　工程项目设计进度变更申请表

科　　室		申请人	
工程项目名称			
原计划出版时间		要求更改时间	
申请更改理由： 申请日期：			
室主管意见： 室主管/日期：			
审批意见： 市场部/日期：			

注：此表随工程项目设计管理卡交市场部，由市场部负责保管。

表 2-4　互提资料卡

<table>
<tr><td>工程项目
名　称</td><td colspan="4"></td></tr>
<tr><td>资料名称</td><td colspan="4"></td></tr>
<tr><td rowspan="2">委托单位
建设单位</td><td rowspan="2"></td><td>设计编号</td><td colspan="2"></td></tr>
<tr><td>设计阶段</td><td colspan="2"></td></tr>
<tr><td colspan="5">提供内容:(含电子媒介文件)</td></tr>
<tr><td>提供专业:</td><td colspan="2">提供人/日期:</td><td colspan="2">审核人/日期:</td></tr>
<tr><td colspan="5">索取内容:</td></tr>
<tr><td>索取专业:</td><td colspan="2">索取人/日期:</td><td colspan="2">审核人/日期:</td></tr>
</table>

注:此表由相关责任人负责填写,由索取设计室保管。

表 2-5　工程项目备忘录

<table>
<tr><td>工程项目
名　称</td><td colspan="3"></td></tr>
<tr><td rowspan="2">委托单位
建设单位</td><td rowspan="2"></td><td>设计编号</td><td></td></tr>
<tr><td>设计阶段</td><td></td></tr>
<tr><td>工程地点</td><td></td><td>规　　模</td><td></td></tr>
<tr><td>编制人/日期</td><td></td><td>监督人</td><td></td></tr>
<tr><td>备　　注</td><td colspan="3"></td></tr>
<tr><td colspan="4">工程项目备忘录：</td></tr>
<tr><td colspan="4">跟踪：</td></tr>
</table>

注：在备注栏注明本备忘录的目的，本表由责任部门保管。

表 2-6　设计更改通知(联系)单

<table>
<tr><td>工程名称</td><td colspan="5"></td></tr>
<tr><td>建设单位</td><td colspan="5"></td></tr>
<tr><td>设计编号</td><td></td><td>提出部门</td><td></td><td>设计部门</td><td></td></tr>
<tr><td>更改文件图纸名称</td><td colspan="5"></td></tr>
<tr><td colspan="6">更改原因、内容:(必须说明是否涉及其他专业、其他文件、图纸、数据的修改)

更改申请人/日期:</td></tr>
<tr><td colspan="6">室主管意见:

室主管/日期:</td></tr>
</table>

注:更改设计文件审核级别按原文件的审核级别执行。此表原件随更改设计由院档案室负责保管,复印件随设计文件分发至以下分发单位和院市场部。

分发单位:

经手人:　　　　　　电话(传真):　　　　　　本通知于　　　　　　发出。

表 2-7 工程设计质量评审卡(通信)

工程名称： 设计编号： 设计人： 交审日期：

校审级别	(一)审 核	(二)室 审	(三)审 定	(四)批 准
校审人校审意见				□ 重新设计 □ 修改 □ 批准出版
责任人	年 月 日	年 月 日	年 月 日	
结 论	□ 重新设计 □ 修改 □ 通过	□ 重新设计 □ 修改 □ 通过	□ 重新设计 □ 修改 □ 通过	年 月 日
设计人员意见				

注：此表由设计室负责保管。

表 2-8 工程/项目设计进度表(横道图)

时间(/) 项目/过程										

注：此表由相关部门负责填写、保管。 编制人/日期： 审核人/日期：

表 2-9 工程设计统计表

(无线单项)

综合栏	工程名称					
	单项名称					
	设计编号		承接科室		设计人	
	工程投资	元	设计费	元	交出版日期	
工程量	扩容基站	个	新增用户	户	新增端口	个
	新建站数	个	总用户数	户	新增节点	注
	载波数	个			电源	安培
工作量	设计说明书页数	张	A1 图纸	张	A3 图纸	张
	概预算页数	张	A2 图纸	张	A4 图纸	张
	A0 图纸	张				

填表人： 填表日期： 年 月 日

表 2-10　出版统计表

工程名称						
承接科室			设计人		交出版日期	
打字复印	复印说明	张	打字(16开)	张	复印图纸(A3)	张
	复印概预算	张	打表格(16开)	张	复印图纸(A4)	张
	复印员		打字员		实际完成日期	
	备注					
复(晒)图、装订	复(晒)图 A0	张	份	合计　张	装订全套文件	本
	复(晒)图 A1	张	份	合计　张	装订概预算表	本
	复(晒)图 A2	张	份	合计　张	装订器材表	本
	晒图 A3	张	份	合计　张	装施工图及说明	本
	晒图 A4	张	份	合计　张	交晒、装日期	
	备　注				实际完成日期	
	晒图员		装订员		核对员	

填表人：　　　　　　　　　　　　　　　　　　填表日期：　　年　　月　　日

表 2-11　归档材料移交清单

工程名称：

单项名称：　　　　　　　　　　　　　　　　　设计编号：

序号	归档材料名称	份数	页数	备注
1	文字(含封面、目录、附表)			
2	概预算表			
3	图纸			

移交日期：　　年　　月　　日　　　　　　移交人：　　　　　　　　接收人：

2.4　通信工程勘察

2.4.1　勘察目的

勘测的目的是搜集与本工程相关的资料，为设计与施工提供必要的原始资料。没有实地勘测的资料，就不可能编制出正确的设计文件并指导施工，因此勘测是设计与施工的基础。一般勘测工作要经过勘察、测量两个阶段。

勘察新建线路时，勘察的主要任务是初步选定路由，估算全线距离，了解沿途情况；勘察改建工程主要是了解原有线路设备的利用情况，初步选定改建路线；而对于大修和加挂工程，则主要调查原有线路设备情况，登记有关资料。

勘察过程中，路由选择是关键。一般将线路所通过的路径叫作路由。线路建设是否安全稳固，能否保证通信质量，建设投资和业务费用是否经济合理，维护是否便利，都和路由选择有密切的关系。

勘察人员通过与建设方交流,加深对工程任务的理解,对工程项目的主要任务、建设规模、投资规模、建设环境、中远期规划等具体内容进行调研,然后与建设方一起,针对可行性研究方案共同讨论,决定最终建设方案。

2.4.2　勘察前的准备

(1) 详细解读工程任务书,分析工程目的及任务,理解本工程的意义所在。

(2) 准备与本工程相关的资料,包括:可行性研究报告、地图、光缆路由图、网络示意图、传输设备网络拓扑图等资料。

(3) 准备测量工具(测距仪、指南针、望远镜、皮尺等)。

(4) 准备记录工具(记录板、卷纸或 A4 纸、铅笔、橡皮、彩笔)。

(5) 根据自己对工程项目的理解,制定详细的任务计划书,建立与建设单位的联系表(见表 2-12)。

表 2-12　建设单位联系方式

序号	地区	姓名	联系电话	邮箱地址	备注
1					
2					
3					

2.4.3　勘察流程

具体勘察流程如图 2-5 所示。

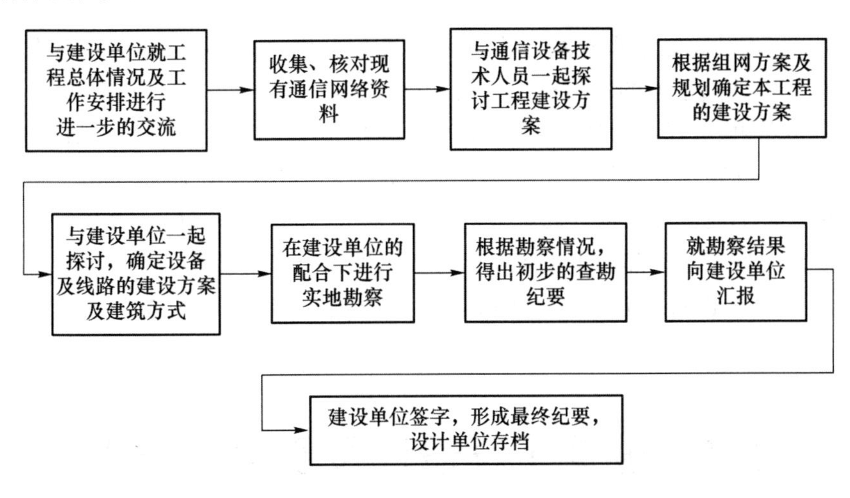

图 2-5　勘察流程

2.4.4　勘察内容

在建设单位的配合下,以可行性研究方案为依据进行核对,了解建设方案的变化情况。与建设单位进一步确认建设方案。下面以光缆线路工程为例,介绍建设方案及勘察内容。

光缆线路工程的建设方案具体内容应包括:

(1) 网络结构;

(2) 建设段落,连接机房或基站数;

(3) 建筑方式选择原则;

(4) 光缆芯数的选择;

(5) 初步拟定路由方案;

(6) 主要障碍的处理方式。

在光缆线路工程具体的勘察过程中,应详尽地了解工程沿线的各种规划,即在建设单位的配合下,了解工程沿线的市政、村、镇、公路、铁路等方面的规划情况,选择安全可靠的路由。线路专业的设计还应充分考虑与其他专业的配合情况。例如:接入节点的设置应以相关专业负责人提供的资料为依据,并根据实际情况进行调整,变动的情况应与该专业负责人进行确认;网络调整方案应与传输设备专业共同确认等。

2.4.5 勘察记录

勘察记录中应对相关信息进行详细记录,以光缆线路工程为例,勘察记录的具体内容应包括:

(1) 记录路由方向、道路路名、段落长度,并在路由图上进行标示;

(2) 记录跨越的主要河流、桥梁的名称、地名等信息;

(3) 记录途经村、镇的名称及其位置;

(4) 记录主要障碍点及其位置。

2.4.6 资料整理

勘察完成后,设计人员根据现场勘察的情况进行全面总结,并对勘察资料进行整理和检查。下面仍以光缆线路勘察的资料整理为例进行介绍,资料整理的具体内容包括:

(1) 将主体路由、选择的站址、重要目标和障碍在地图上标注清楚,绘出初步路由图;

(2) 整理出站间距离及其他设计需要的各类数据,填写建设情况统计表;

(3) 提出对局部路由和站址的修正方案,分别列出各方案的优缺点,并进行比较;

(4) 绘制出向城市建设部门申报备案的有关图纸;

(5) 将勘察情况进行全面总结,并向建设单位汇报,认真听取意见,以便进一步完善方案。

2.5 通信工程设计及概预算依据

2.5.1 通信工程设计依据

现行的通信工程设计的参考依据见表 2-13。

表 2-13　通信工程设计参考依据

序号	标准号	中文名称
1	YD/T 5076—20××	固定电话交换设备安装工程设计规范
2	YD/T 5××3—20××	电话网网管系统工程设计规范
3	YD/T 5094—20××	No. 7 信令网工程设计规范
4	YD/T 5036—20××	固定智能网工程设计规范
5	YD/T 5089—20××	数字同步网工程设计规范
6	YD/T 5037—20××	公用计算机互联网工程设计规范
7	YD/T 5117—20××	宽带 IP 城域网工程设计暂行规定
8	YD/T 5032—20××	会议电视系统工程设计规范
9	YD/T 5135—20××	IP 视讯会议系统工程设计暂行规定
10	YD/T 5118—20××	ATM 工程设计规范
11	YD/T 5095—20××	SDH 长途光缆传输系统工程设计规范
12	YD/T 5080—20××	SDH 光缆通信工程网管系统设计规范
13	YD 5018—20××	海底光缆数字传输系统工程设计规范
14	YD/T 5092—20××	长途光缆波分复用(WDM)传输系统工程设计规范
15	YD/T 5113—20××	WDM 光缆通信工程网管系统设计规范
16	YD/T 5066—20××	光缆线路自动监测系统工程设计规范
17	YD/T 5024—20××	SDH 本地网光缆传输工程设计规范
18	YD/T 5119—20××	基于 SDH 的多业务传送节点(MSTP)本地网光缆传输工程设计规范
19	YD/T 5139—20××	有线接入网设备安装工程设计规范
20	YD/T 5088—20××	SDH 微波接力通信系统工程设计规范
21	YD 5050—20××	国内卫星通信地球站工程设计规范
22	YD/T 5028—20××	国内卫星通信小型地球站(VSAT)通信系统工程设计规范
23	YD/T 5003—20××	电信专用房屋设计规范
24	YD/T 5047—20××	综合电信营业厅设计标准
25	YD/T 5104—20××	900/1 800 MHz　TDMA 数字蜂窝移动通信网工程设计规范
26	YD/T 5142—20××	移动智能网工程设计规范
27	YD/T 5034—20××	数字集群通信工程设计暂行规定
28	YD/T 5097—20××	3.5 GHz 固定无线接入工程设计规范
29	YD/T 5143—20××	26 GHz 本地多点分配系统(LMDS)工程设计规范
30	YD/T 5120—20××	无线通信系统室内覆盖工程设计规范
31	YD/T 5114—20××	移动通信应急车载系统工程设计规范
32	YD/T 5115—20××	移动通信直放站工程设计规范
33	YD/T 5116—20××	移动短消息中心工程设计规范
34	YD/T 5131—20××	移动通信工程钢塔桅结构设计规范
35	YD 5 059—20××	电信设备安装抗震设计规范
36	YD/T 5026—20××	电信机房铁架安装设计标准
37	YD/T 5040—20××	通信电源设备安装工程设计规范

续表

序号	标准号	中文名称
38	YD/T 5027—20××	通信电源集中监控系统工程设计规范
39	YD 5098—20××	通信局(站)防雷与接地工程设计规范
40	YD/T 5144—20××	自动交换光网络(ASON)工程设计暂行规定
41	YD 5153—20××	固定软交换工程设计暂行规定
42	YD 5148—20××	架空光(电)缆通信杆路工程设计规范
43	YD/T 5151—20××	光缆进线室设计规定
44	YD/T 5155—20××	固定电话网智能化工程设计规范
45	YD 5158—20××	移动多媒体消息中心工程设计暂行规定
46	YD/T 5161—20××	移动通信边际网设计规定
47	YD 5112—20××	2 GHz TD—SCDMA 数字蜂窝移动通信网工程设计暂行规定
48	YD 5110—20××	800 MHz/2 GHz CDMA2000 数字蜂窝移动通信网工程设计暂行规定
49	YD 5111—20××	2 GHz WCDMA 数字蜂窝移动通信网工程设计暂行规定
50	YD/T 5163—20××	电信客服呼叫中心工程设计规范
51	YD/T 5166—20××	城域波分系统工程设计规范
52	YD 5167—20××	通信用柴油发电机组消噪声工程设计暂行规定
53	YD/T 5168—20××	移动 WAP 网关工程设计规范
54	YD/T 5170—20××	电话个性化回铃音工程设计暂行规定
55	YD 5177—20××	互联网网络安全设计暂行规定
56	YD/T 5182—20××	移动通信基站设计标准
57	YD 5184—20××	通信局(站)节能设计规范
58	YD 5060—20××	通信设备安装抗震设计图集
59	YD/T 5186—20××	通信系统用室外机柜安装设计规定
60	YD 5102—20××	通信线路工程设计规范
61	YD/T 5185—20××	IP 多媒体子系统(IMS)核心网工程设计暂行规定

注:进行设计工作时,应使用相关标准的最新版。

2.5.2 概预算编制的依据

建设项目总概、预算书是设计文件的重要组成部分,它是确定一个建设项目(如通信设备安装工程等)从筹建到竣工验收过程的全部建设费用的文件。

工程建设预算泛指概算和预算两大类,或称工程建设概预算是概算与预算的总称。概算和预算的区别见表 2-14。

表 2-14 概算和预算的区别

不同的方面	概算	预算
作用不同	概算在初步设计阶段编制,并作为向国家和地区报批投资的文件,经审批后用以编制固定资产计划,是控制建设项目投资的依据	预算在施工图设计阶段编制,它是工程价款的标底

续表

不同的方面	概算	预算
编制依据不同	概算依据概算定额或概算指标进行编制，其内容项目经扩大而简化，概括性强	预算依据预算定额和综合预算定额进行编制，其项目较详细，较重要
编制内容不同	概算应包括工程建设的全部内容，如总概算要考虑从筹建到竣工验收交付使用前所需的一切费用	预算一般不编制总预算，只编制单位工程预算和综合预算书，它不包括准备阶段的费用（如勘察、征地、生产、职工培训费用等）

通信工程的预算定额是用来确定通信工程中每一分部分项工程的每一计量单位所消耗的物化劳动数量的标准。它是确定每一计量单位的分部分项工程内容所消耗的人工和材料数量以及所需要的机械台班数量的标准。工程预算定额是编制预算和结算的依据。

主管部门对通信工程概算、预算编制方法有明确的规定，编制的依据经历了以下四个阶段的调整。

(1) 第一阶段：《关于调整建筑安装工程费用项目组成的若干规定》（建标〔1993〕894 号）等文件发布。

(2) 第二阶段：《通信建设工程概算、预算编制办法及费用定额》（邮部〔1995〕626 号）发布。

(3) 第三阶段：新版《通信建设工程概算、预算编制办法》及相关定额（工信部规〔2008〕75 号）发布，自 2008 年 7 月 1 日起实施。

(4) 第四阶段：《信息通信建设工程预算定额》及《信息通信建设工程概预算编制规程》（工信部通信〔2016〕451 号）发布，原工信部规〔2008〕75 号同时废止。《信息通信建设工程预算定额》共五册，具体包括：第一册，《通信电源设备安装工程》；第二册，《有线通信设备安装工程》；第三册，《无线通信设备安装工程》；第四册，《通信线路工程》；第五册，《通信管道工程》。新定额自 2017 年 5 月 1 日起实施。

通信工程设计概算的编制依据应包括：

(1) 被批准的可行性研究报告；

(2) 初步设计图纸及有关资料；

(3) 国家相关管理部门发布的有关法规、标准规范；

(4)《通信建设工程预算定额》（目前通信工程用预算定额代替概算定额编制概算）《通信建设工程费用定额》《通信建设工程施工机械、仪表台班费用定额》及有关文件；

(5) 建设项目所在地政府发布的土地征用和赔补费等有关规定；

(6) 有关合同、协议及其他有关规定等。

施工图预算的编制依据应包括：

(1) 被批准的初步设计概算及有关文件；

(2) 施工图、标准图、通用图及其编制说明；

(3) 国家相关管理部门发布的有关法规、标准规范；

(4)《通信建设工程预算定额》《通信建设工程费用定额》《通信建设工程施工机械、仪表台班费用定额》及有关文件；

(5) 建设项目所在地政府发布的土地征用和赔补费用等有关规定；

(6) 有关合同、协议及其他有关规定等。

2.6 通信工程设计文件的编制

设计文件是设计任务的具体实现，是勘察、测量所获得资料的有机组合，也是设计规范、标准和技术的综合运用。设计文件能够充分体现设计者的指导思想和设计意图，并为工程建设安排、施工指导提供准确而可靠的依据。

2.6.1 通信工程设计文件的组成

重点掌握

- 通信工程设计文件的主要内容一般由文字说明、概(预)算和设计图纸三部分组成。
- 设计文档的具体内容依据各专业的特点而定。

1. 设计说明和概(预)算编制说明

文字说明通常包括设计说明和概(预)算编制说明。

设计说明应全面、准确地反映工程的总体概况，主要内容应包括：工程规模、设计依据、主要工程量、投资情况、对各种可供选用方案的比较及结论、本工程与全程全网的关系、系统配置和主要设备的选型情况等。通过简练、准确的文字说明，反映出该工程的全貌。对应不同的设计阶段，设计说明内容及侧重点的要求不同。

设计说明中应具体描述设计依据，内容包括：运营商下达的设计任务书、工程可行性研究报告、设备供货合同、设计规范、运营商提供的相关资料、设备生产商提供的设备相关信息和勘察资料。

概(预)算编制说明一般包括工程概况、编制依据、投资分析、其他需要说明的问题等。

2. 概(预)算表

预算是控制和确定固定资产投资规模、安排投资计划、确定工程造价的主要依据，也是签订承包合同、实行投资包干、核定贷款额度、结算工程价款的主要依据，同时又是筹备材料、签订订货合同、考核工程技术经济性及工程造价的主要依据。

通信建设工程概(预)算表的编制，应按相应的设计阶段进行。当建设项目采用两阶段设计时，应编制初步设计阶段概算和施工图设计阶段预算。当项目采用三阶段设计时，在技术阶段应编制修正概算。当项目采用一阶段设计时，只编制施工图预算。

概(预)算的编制应根据各项工程的具体情况，详细计算工程量〔填写《建筑安装工程量概(预)算表(表三)甲》〕、工程机械的使用〔填写《建筑安装工程机械使用费概(预)算表(表三)乙》〕以及主要材料使用〔填写《国内器材概(预)算表(表四)甲》〕情况，根据工程类别和施工单位资质确定相关单价、费率及费用，进而给出工程费〔填写《建筑安装工程费用概(预)算表(表二)》〕和其他费〔填写《工程建设其他费概(预)算表(表五)甲》〕，最终给出整个工程项目的概预算〔填写《工程概(预)算总表》〕。

3. 设计图纸

设计文件中的图纸是通过图形符号、文字符号、标注和文字说明来表达设计方案的文件。不同的工程项目，图纸的内容及数量不尽相同，因此要根据具体工程项目的实际情况，准确绘制相应的设计图纸。

4. 设计文件的编排顺序

设计文件除了上述主要内容外，还应有封面、扉页、设计单位资质证明、设计文件分发表、目录等内容，编排顺序如下。

（1）封面：写明项目名称、设计编号、建设单位、设计单位（公章）、编制年月。

（2）扉页：写明编制单位法定代表人、设计总负责人、单项设计负责人的姓名，概（预）算编制人，审核人的姓名及证书号，并经上述人员签署或授权盖章。

（3）设计单位资质证明。

（4）设计文件分发表。

（5）设计文件目录。

（6）设计说明书：可另单独成册。

（7）概（预）算书：可另单独成册。

（8）设计图纸：可另单独成册。

对于规模较大、设计文件较多的项目，设计说明书、概（预）算书和设计图纸可按专业成册。

2.6.2 通信工程设计文件的编制和审批

通信工程设计文件应根据国家相关部门的有关规定、相关设计规范和技术标准进行编制。

1. 总则

（1）工程设计必须贯彻国家的基本建设方针和通信技术经济政策，合理利用资源，重视环境保护，促进可持续发展。

（2）工程设计应做到技术先进、经济合理、安全适用，适应施工、生产和使用的要求。工程设计应根据全程全网的特点处理好局部与整体、近期与远期、新技术与利旧挖潜、主体工程与配套工程、本工程与其他工程的关系。

（3）工程设计应进行多方案比选和技术经济分析，以保证建设项目的设计质量与经济效益。

（4）工程设计应广泛采用适合我国国情的国内外成熟的先进技术。同类国内产品与国外产品的性能及品质基本相同时，原则上应采用国内产品。

（5）对于新技术的采用必须坚持“一切经过实验”的原则，未经上级技术鉴定或鉴定不合格的技术，不得在工程中采用。有的单项设备虽经鉴定合格，也应经过工程的系统考验并经建设主管部门组织系统鉴定合格后才能采用。

（6）应积极推行标准化、系列化、通用化设计。设计方案应认真执行有关设计规范和技术标准；设计文件中使用的文字、名词、图形符号、计量单位等，都应采用现行国家标准及行业标准；应选用优质的定型设备器材并充分注意制式的一致性；选用标准设计及通用图纸时，应做到切合实际。

2. 设计文件的编制及相关单位的分工

（1）设计文件必须由具有工程勘察设计证书和相应资格等级的设计单位编制。

（2）通信工程设计可按不同通信系统或专业，划分为若干个单项工程进行设计。对于内容复杂的单项工程，或同一单项工程中分由几个单位设计、施工时，还可分为若干个单位工程。

（3）凡同时含有工艺安装设计和房屋建设设计的建设项目由若干个设计单位共同承担设

计时，原则上应由担任工艺安装设计的单位作为主体设计单位。如工艺安装部分由几个设计单位承担设计时，由基建主管部门指定其中一个主要工艺安装设计的单位为主体设计单位。几个设计单位之间的工作关系、责任和分工内容等具体问题，应在协商一致的基础上以签订协议书的方式予以确定。

（4）主体设计单位的主要任务和责任如下。

① 主体设计单位作为协同设计单位的牵头单位，负责同建设单位和各协同设计单位做好有关设计方面的各项协调工作。

② 组织总体设计方案的讨论，协调各方面的意见，负责提出和商定总体方案，包括建设地址、建设场地总平面布置图、主楼各层平面图、施工工艺要求、设计进度要求、网点布局、网络组织及主要通信组织等。

③ 主持研究各单项设计之间的技术接口与配合等问题，负责商定方案。

④ 参加审查各协同设计单位编制的初步设计是否符合总体设计和设计任务书的要求。

⑤ 编写建设项目设计总说明文件，汇编工程建设项目总概（预）算。

（5）协同设计单位的主要任务和责任如下。

① 保证所承担的设计文件的质量及实现总体设计方案的要求。

② 做好协作配合工作，对主体设计单位提出的要求，及时提出书面反馈意见，并主动向主体设计单位和其他有关单项工程设计单位提供情况和资料。对已商定内容必须作变更时，应及时向主体设计单位和其他有关单项工程设计单位提出，经协商并取得一致意见后才能变更设计。

③ 按时提交设计文件（包括工程概预算）。

④ 参加有关部分设计文件的会审。

（6）在设计单位的密切配合下，建设单位应做好以下各项工作。

① 提供原有设备、建筑物和构筑物等的原始资料、鉴定资料和设计所需的业务资料。

② 提供概（预）算中“工程建设其他费”有关地方规定的建设项目价格和费用等资料。

③ 设计中，与外部单位发生有关建设方面的下列问题时，负责与相关单位联系和签订协议文件。

- 与当地规划主管部门的有关配合问题。
- 根据设计单位的要求，积极提供有可能影响本工程通信质量的有关情况，例如，通信线路或传输通道是否受其他单位已有设施的电磁干扰等。
- 涉及外部单位主管范围的问题。例如：建筑地址、场地、线路路由；线路及管道建筑在城市街道、公路、厂矿区、桥梁、堤坝等地段内的平面断面位置及建筑方式；水线位置及埋深；线路管道穿越铁道、高压线路或其他障碍物的位置、断面及建筑措施；建设工程涉及房地产权、拆迁、安全、卫生、环境保护、园林绿化、文化古迹、农田水利、航空、河港、防洪、抗震、消防、人防、地下工程、测量标志等问题。

3. 设计阶段及要求

（1）通信工程设计一般按两阶段进行，即初步设计及施工图设计。有些技术复杂的工程可增加技术设计阶段。对于规模较小、技术成熟，或套用标准设计的工程，可按一阶段设计。

（2）初步设计应根据被批准的可行性研究报告或设计任务书，以及有关的设计标准、规范，并通过现场勘察工作取得可靠的设计基础资料后进行编制。初步设计的主要作用是按照设计任务规定的工程内容和规模确定建设方案，对主要设备进行选型，编制本期工程投资总概算。

初步设计阶段如发现建设条件发生变化，经论证如果认为有必要修正设计任务书的主要内容和要求时，应通过建设单位向下达设计任务的主管部门提出书面报告，经批复后，设计单位才能按修正设计任务书的要求，进一步编制初步设计。

初步设计的内容应达到规定的深度要求。初步设计中的主要设计方案及重大技术措施等应通过技术经济分析，进行多方案比选。对未采用方案的扼要情况、采用方案的选定理由均应写入设计文件。

(3) 引进工程在编制初步设计前要另册提出技术规范书、分交方案。技术规范书应说明工程要求的技术条件及有关数据等，并用中、外文编写，在提供初步设计前出版。

(4) 施工图设计应根据批准的初步设计编制。施工图设计提出施工技术要求及图纸，并应达到能指导设备安装、光(电)缆敷设及建筑物施工的需要。施工图预算是确定工程预算造价、签订建筑安装合同、实行建设单位和施工单位间投资包干和办理工程结算的依据。

施工图设计不得随意改变已批准的初步设计方案及规定，如因条件变化必须改变时，重大问题应由建设单位征得初步设计编制单位的意见，并报原审批单位批准后方可改变。在得到批准之前，仍应按原批准的文件办理。施工图设计由编制施工图设计的单位负责修改，其他任何单位未经编制施工图设计单位的同意，不得修改施工图。施工图设计经修改后，修改单位应向有关单位出具变更记录。施工图设计内容应达到规定的深度要求。

(5) 施工图文件可根据工程进度的安排，按单项工程或单位工程分期交付。房屋建筑工程以幢为单位一次交付全套施工图。当采用通用设计图时，应将图纸编入全套施工图内。原有图号不得改变。成册出版的通用图也可以另附。房屋建筑工程设计采用国家标准或省标准的通用图可不附，但应列出采用的标准编号及图纸编号。

(6) 综合工程一阶段设计文件应达到上述初步设计及施工图设计有关部分的内容和深度要求，每个建设项目也应编制总体部分的综合册。

4. 概(预)算编制要求

(1) 概算是初步设计文件的重要组成部分。每个建设项目都应编制总概算，单项工程也应单独编制概算。修改初步设计时，应同时修改概算，并抄送主体设计单位。

初步设计总概算如突破设计任务书规定的投资控制额10%时，应在设计文件综合册的概述部分说明理由。建设单位应按国家规定程序申报设计任务书，由原审批主管部门重新核批。

(2) 施工图预算是施工图设计文件的重要组成部分。每个建设项目的单项工程及有关设计单位编制的单位工程都应分别编制预算文件。预算应控制在批准的概算内。预算如超出总概算的10%，应由建设单位提出，上报原概算审批单位审批，并抄送主体设计单位。施工图预算经审定后，可作为工程造价、施工招标标底、签订施工承发包合同、工程结算等的依据。

(3) 概(预)算的编制，应按《通信工程建设概算、预算编制办法及费用定额》的规定办理。通信工程概、预算编制人员必须持有通信主管部门颁发的通信工程概预算人员资格证书。建筑工程概算、预算应按当地有关规定编制。概(预)算编制人及审核人的姓名及证书号应写在设计文件的扉页。

5. 设计文件的编印

(1) 每个建设项目的综合册及所有单项工程都应分别编印全套设计文件。全套设计文件应包括设计说明及附录、概(预)算编制说明及概(预)算表、设计图纸等内容。

(2) 初步设计文件的编印应符合规范化、标准化的要求，包括：设计说明书的尺寸及各号图纸尺寸应符合国家标准规定尺寸;设计文件册的封面必须能展示出工程设计项目的全名、分册编号及工程名称;设计文件册的首页、扉页均应按规定的统一格式办理,扉页之后一页应编写本册文件分发表。

(3) 设计文件编印分册的规定如下。初步设计文件应装订成册出版,分册按每个建设单位及单项工程(或单位工程)分别由设计单位编印出版;每个工程项目的初步设计应单独编制出版总体部分的综合册,并编为一册,其余各单项工程的全套设计文件可编成单册或分册出版,也可两个以上单项工程合册出版,合册出版时各单项工程的设计说明应章节分明,概算表则必须分编,图纸按单项顺序排列编号;出版分册情况必须在相关各册的概述中表明。

施工图设计文件应装订成册,施工用的施工图可以简装。施工图设计文件分册视需要可按单位工程编订出版。例如:有线、无线传输线路工程有人站、分路站、端站、转接站等的施工图设计文件应分别分册出版;电信生产房屋的主楼及附属生产房屋的建筑、结构、电气、暖通、给水排水等的施工图设计文件可按图纸多少分册或合册出版。

按设计文件分发份数的规定,分发给有关单位的局部设计文件应单独装订出版。

引进设备工程的技术规范书属于初步设计阶段的工作,其中文、外文版文件应分别装订成册交付。工艺设计单位提出的房屋建筑设计要求分属初步设计及施工图设计阶段的工作,其文件可作为发送给建筑设计单位的文稿附件。这两项文件的发送时间应视需要确定。

初步设计全套文件一般应同时交付。施工图设计文件可结合各单项工程的施工进度需要分期交付。

(4) 设计文件的文字要简明扼要,文字说明及图纸必须使用国家或部颁标准及专业标准规定的名词术语、计量单位、图形符号。没有标准规定者,宜采用目前通用的写法,并应在图纸上加注释。

(5) 工程设计文件的出版分发份数,应按国家通信主管部门相关规定办理,生产房屋建筑设计文件的分发份数按当地规定办理。

根据原邮电部对通信工程设计保密范围和密级划分的规定,对有密级要求的设计文件或图纸,应按规定的发送单位及份数办理,不应随意增加发送单位及份数,必须增加时,应由建设单位按照有关保密规定负责办理。

(6) 所有设计文件应由有关设计人、审核人、负责人逐级审查后在相应的文件图纸上签字,并在文件的首页上加盖公章后方能生效。

6. 设计文件的审批

(1) 设计文件的审批权限应按国家及相关部门的规定执行。

(2) 设计文件的审查工作,一般采取会审形式,由设计文件的审批部门邀请与建设项目有关的单位参加会审。参加会审的人员应认真分析设计文件,向会审组织者提出审查意见。主管部门审批设计文件时,应考虑会审意见,承担决策责任。

(3) 初步设计文件审查的重点如下:

① 是否符合被批准的设计任务书的要求;

② 设计指导思想和设计方案是否体现国家的有关方针政策及电信技术政策;

③ 设计方案的可行性、正确性及经济性,以及方案是否符合技术标准和建筑标准;

④ 工程建设规模;

⑤ 单位工程造价、各项技术经济指标、建设工期及增员计划;

⑥ 设计采用的新技术、新设备、新工艺、新材料等的可靠性;

⑦ 设备利旧、挖潜与原有设备的配合方案；

⑧ 工程采用的设备、线缆等主要器材的制式、型号、规格及数量，对引进工程，应着重检查各项引进设备器材等有无类似的国内产品可使用；

⑨ 电信专用房屋工程设计的总平面布置和后期发展预留安排、房屋的立面及各屋平面设计方案、建筑结构及用材标准是否符合规范及电信专业的技术要求；

⑩ 工程总概算和单项工程概算，其内容及所采用的计费标准是否符合规定。

(4) 施工图设计文件审查的重点如下：

① 内容是否与被批准的初步设计文件相符；

② 施工图设计深度能否达到指导施工的要求；

③ 新采用或有特殊要求的施工方法及施工技术标准是否可行，有无论证依据；

④ 工程量统计是否合理；

⑤ 设备材料的品种、型号、数量；

⑥ 施工图预算。

2.6.3　初步设计内容应达到的深度

1. 建设项目总体设计(综合册)

每个建设项目都应该编制总体设计部分的总设计文件(即综合册)，其内容包括设计总说明及附录、各项设计总图、总概算编制说明及概算总表。

设计总说明的概述部分，应扼要说明设计的依据(例如设计任务书、可行性研究报告等主要内容)及其结论意见，叙述本工程设计文件应包括的各单项工程编册及其设计范围分工(引进设备工程要说明与外商的设计分工)、建设地点现有通信情况及社会需要概况、设计利用原有设备及局所房屋的鉴定意见、本工程需要配合及注意解决的问题(例如地震设防、人防、环保等要求，后期发展与影响经济效益的主要因素，本工程的网点布局、网络组织、主要的通信组织等)、本期各单项工程规模及可提供因素的新增生产能力，并附工程量表、增员人数表、工程总投资及新增固定资产值、新增单位生产能力、综合造价、传输质量指标及分析、本期工程的建设工期安排意见，以及其他必要的说明等。

设计总说明的具体内容可参考下列各项工程设计内容择要编写。

2. 有线通信线路工程

(1) 概述。参照综合册概述部分的内容，结合本单项工程内容编写，说明内容应全面。

(2) 传输设计方案论述及通路组织设计方案简述。长途光缆线路工程说明应包括：全线通路组织设计原则；电路安排及各站终端电路分配数；传输系统配置(包括线路系统、监控、业务通信、备用转换等辅助信号传输系统)；中继段长度计算；中继段的划分、光功率计算等。长途光缆线路工程说明中应附传输系统配置图。市话线路工程说明应包括：远、近期业务预测结论；交接区划分及变动情况；配线区划分；本期局所建设方案；用户线路配线制式；主干电缆及中继电缆设计和相关设备选型等。市话线路工程说明中应附全网局所位置图(标明交换区界线)、交接区划分图。

(3) 线路路由方案比选及得出结论，并论述选定方案及选择的依据。长途光缆工程说明应包括：全线各种站的配置及地址；各站间段长；沿线自然条件及地形、地貌、土质等情况；各城市进局路由方案。长途光缆工程说明中应附全线路由图(标在比例为 1∶50 000 的国家测绘总局绘制的地形图上),对特殊障碍点应加以说明并分别绘制示意图。市话线路工程说明应包括:新建和扩建路由及线缆建设方式、线缆程式及型号;交接箱、用户环路技术设备等配置方案;光缆线路的光缆芯数、光端机及光中继器配置等设计方案;地下进线室设计方案。市话线路工程说明中应附城市街道图上的主干线缆中继线路设计图(标明交接箱安装位置)、进线室平面布置图及成端电缆图。

(4) 设计通信管道工程方案。通信管道工程的方案应包括:路由比选方案;管道及人孔的建筑材料及建筑程式;标明街道名称、管道埋设位置及人孔和手孔位置、过街引上管位置、各段管孔组合及管道埋深断面等内容的管道设计图,并在图上标明有关的地下已有管线位置。管道工程及交接箱安装位置与建筑方式的设计方案应征得城市建设主管部门的同意。

(5) 论述线缆穿越主要河流的设计方案。水底线缆选定方案应取得历年河床断面变化、河床地质、最大水流及水位等相关资料,据以确定埋深要求及方案,并应征得有关航运、河道、堤岸等管理单位的同意,同时应提出线缆敷设方式、保证线缆安全的措施、水线房设置等方案,采用线缆的程式及型号等。通过桥梁的线缆应提出敷设方法及位置,并应事先征得桥梁管理单位的同意。

(6) 说明主要的设计标准和电缆、光缆的各种防护措施。具体内容如下:长途、市话光缆等工程的各地段埋深及防护措施(防蚀、防雷、防强电干扰及影响、防冻、防广播干扰、防地电位升高的影响、防机械损伤、防潮湿等);无人站建筑标准;维护段划分及巡房、线务段的配置;有人站进线路由设计方案附平面图;线路穿越铁路、公路、高压电力线等特殊地段所采用的建筑方式及防护技术措施。

(7) 长话、市话线路工程如有割接问题应说明割接方案的原则。

(8) 线路工程采用新技术、新设备、新结构、新材料、非标准设备等情况的论述,包括技术性能及经济效果分析。论述中应附必要的非标准设备原理图及大样图。

(9) 论述有关协议文件的摘要。

3. 通信设备安装工程

通信设备安装工程包括各种制式长话、市话交换设备,微波设备,光缆站的数字复用设备及光设备,移动通信设备,通信卫星地球站设备,一点多址无线通信设备,通信电源设备等的安装工程。

(1) 概述。参照综合册概述部分的内容,结合本单项工程内容编写说明,说明的内容应全面。

(2) 业务预测及设备选型。具体内容如下:本期工程通信业务量、话务量、电路数、信道数等的预测、计算及取定;设备的配置、选型及容量;数字交换设备中央处理器的处理能力,设备内部端口,与其他设备的中继接口及型号、数量,操作维护系统的配置,数字配线架数量等。

(3) 新建局、站选址比较方案论证。具体内容如下:网点布局组织和规划;建设场地的建设面积、工程地质、水文地质、供电方案、交通条件、环境条件、社会情况等;主楼建筑及附属生产房屋建筑的总面积,各机房面积及终期最大可装设备容量或数量。选址比较方案的论证中应附建设场地总平面布置图,机房各层平面的布置图(图上标明本期设备布置方案及后期设备扩建计划布置)。

(4) 说明近期通信网络和通路组织方案及其根据,以及远期网络组织方案规划等,附网路组织图。

(5) 说明各种内部系统的设计方案并附系统图。具体包括:接地装置系统,各种有线、无线高频及低频或高次群及低次群通信系统,监控系统,天线及馈线系统等。

(6) 说明不同专业设备安装工程特有的设计内容,具体如下。

① 长话交换工程设计应包括:远、近期业务预测结论,通路组织设计长话各种业务处理(包括国内及国际电话及非话、查询、查号等业务处理);号码计划;长市话中继方式及中继线数量计算及取定;长市话容量配合方案;长途信号接口配合方式(包括国内、国际通信的国内段、长市话段等);计费方式。数字程控交换局还应包括含传输系统在内的长市话通信网的网同步设计方案。长话交换工程设计应附现有及本期工程长市话网路组织示意图、长市中继方式及中继传输系统组织图。

② 市话交换工程设计应包括:市话网中继方式及中继线计算(包括各市话分局间、长市话局间、特种服务业务、重点用户小交换机等);号码计划;局间信号及接口配合;计费方式;对原有设备处理的论述;对原有电话局的配套工程及改造工程的设计方案。数字程控交换工程还应包括含传输系统在内的全网的网同步设计(局数据表)等。市话交换工程设计应附市话中继方式图、市话网中继系统图。

③ 微波工程设计应包括:全线路由及微波进城(包括干线及本期工程建设项目内的支线)方案比选和选定方案;站址设置及选定;系统组织设计;波道和频率极化配置(包括传输容量、中心频率、带宽、波道频率分配等);设备主要参数;通信系统及各站接收方式的说明;电路通路组织设计(说明主、备用波道及路边业务开口地点等);公务系统的制式选择与电路分配;监控系统设计制式及系统组成。天线、馈线系统设计中还应包括天线选型、天线高度、馈线选型、天线及馈线接口等,以及电路质量指标估算(包括电路指标要求、各种干扰计算等)、微波通道说明。微波工程如采用天线铁塔时应提出技术要求。微波工程设计应附全线路由图、频率极化配置图、通路组织图、天线高度示意图、监控系统图、各种站的系统图及天线位置示意图、站间断面图。

④ 干线线路各种站的数字复用设备、波分复用设备等光设备安装工程设计应包括:设备的主要技术要求;设备配置;机房列架安装方式;布线电缆的选用;通信系统的设备组成及电路的调度转接方案;辅助系统及业务通路、设备电源系统等设计方案。干线线路各种站的数字复用设备、波分复用设备等光设备安装工程设计应附传输系统配置图、远期及近期通路组织图、光缆终点站数字设备通信系统图。

⑤ 移动交换局设备安装单项工程设计应包括:本业务区内交换中心地点设置及无线基站局号、用户间的各种呼叫方式等;话务量预测计算及中继线数量取定,中继线 PCM 系统数;号码计划(拨号方式及移动用户识别号码);信号方式;传输方式(包括各种中继线的传输手段、数字交换点相对电平要求等);计费方式;网同步方式及时钟基准的接口;移动交换局的主要业务性能。移动交换局设备安装单项工程设计应附全网网络示意图、本业务区网络组织图、移动交换局中继方式图等。

基站工程设计应包括:网络结构(包括结构方案、基站无线覆盖范围、基站的海拔高度,天线离地面的高度、可容纳移动用户数、传输方向方位角、传输方向断面、通信距离等);频率选择及频率计划;话路质量指标及估算。基站工程设计应附全网网络结构示意图、本基站无线覆盖示意图及信道频率分配图、各基站无线覆盖范围图、本业务区通信网络系统图、本站上下行传输损耗示意方框图、天线馈线走向示意图,天线铁塔示意图、基站至各方向断面图。

⑥ 地球站微波单项工程设计应包括:天线直径、副数、品质因素要求;通信系统的组成和设备配置;协调区计算;微波辐射影响计算;上行电路传输质量预测。该设计应附对卫星位置的站点协调区图、地球站上下行线路电平图、主机房与天线相对位置图、地球站与各有关微波站干扰断面图等。

地球站数字复用终端设备安装单项工程设计应包括:本站对各站电路数及上下行频谱安

排；中继方式设计说明传输手段、系统及设备；需要时说明数模转换方式及网同步的安排；业务系统说明所用电路及设备。该设计应附上行基带频谱电路安排图、卫星通信组织图、地球站至城内中继方式图等。

⑦ 一点多址无线通信工程设计应包括：中心站及外围站设置地点选择，并附站址路由技术情况表（其内容标明各站坐标位置、标高、线路余隙、天线离地面高度、各站距中心站的距离、障碍点及反射电位置、通信方位角及俯仰角等）；通路组织方案，并说明各外围站的业务种类、业务预测及用户数、中继线数；工作频率及多址方式选择；设备选型及功能要求；天线杆、塔设计要求。该设计应附一点多址无线通信网路由图、各比选方案的网络图。

⑧ 短波无线电台工程设计应包括：初步拟定天线及馈线的程式、数量；机线配合一览表及通信地点方位图；机房高频系统及天线交换方式；音频、直流及监控等系统设计；信号传送方式设计方案等。

⑨ 通信电源工程设计应包括：确定市电类别；设备配置供电方式图及供电系统图；电源线的布线方式；接地系统设计方案；远期及近期耗电量估算；交直流负荷分路设计及分路图。对新建高压供电专用线路，应说明对接地装置的要求及对线路规格及长度的要求。

(7) 提出各种通信系统的割接方案原则。

(8) 提出各种通信设备安装的抗震加固设计要求。

(9) 提出重要技术措施。

(10) 提出配合房屋建筑设计的要求：设备对各机房环境温度、湿度、通风等的要求；楼面荷载及所用材料要求；设备及走线架安装的净高、机房内走道的净宽、人工照明方式及照度、顶棚、墙壁、防尘、抗震、防火、防雷、接地、天线高度、室内地下槽道、电梯等要求（本项要求如工艺设计单位在初步设计文件出版前已有正式文件通知建筑设计单位时，工艺初步设计文件可不重复编入）。

(11) 提出有关环境保护（例如防噪声、蓄电池室防酸及防氢、微波辐射范围等）的防治要求。

4. 电信专用房屋建筑工程

(1) 概述。参照综合册概述部分的内容，结合本单项工程内容编写，说明的内容应全面。

(2) 建筑设计应包括：建设场地总平面布置方案及总平面图；近期及远期发展规划方案及场地占地面积；工程地质、水文地质情况；主楼建筑及附属生产房屋的总面积及各层建筑面积、层数、柱网及梁板布置、层高、消防、地震基本烈度、人防等设计标准；外墙、门窗、屋面、室内装修（包括地面、墙面、顶棚等）设计标准；特殊要求设计方案；绿化、环境保护设计方案。该设计应附主楼平面、剖面图及四面立面图、总平面图及管网总图。

(3) 天线设计应包括：主楼及附属生产房屋的基础形式；上部结构楼面荷载等设计；微波天线基础设计方案；天线铁塔结构设计方案；抗震设计的标准及人防设计的说明。

(4) 供热、空调、通风设计应包括：设计依据、基础数据及设计计算标准；供热热源、室外热力管道、室内采暖设计；空调机通风系统设计方案（含近远期通信设备增加过程中满足空调通风要求的方案）的说明（包括蓄电池的通风系统及设置空调的机房空气流向的说明）；锅炉及空调设备选型。该设计应附供热、空调、通风系统图及平面图。

(5) 给水、排水及消防设计方案应包括：水源、用水量计算；开水供应方案；消防管道系统及重要机房的消防装置及系统设计；排水系统设计方案及排水量估算；蓄电池室的排水方案。该设计应附各系统的系统图。

（6）电气设计应包括：电源情况、近期及远期负荷的计算及其设计标准；人工照明及动力用电系统设计方案；火灾报警系统设计；防雷及接地系统设计方案（此项方案应与通信电源设计单位配合，取得一致）。该设计应附高、低压供电系统图和变配电室设备平面布置图。

（7）电梯选型及内部通信、弱电设计方案。

（8）营业厅平面及立面设计方案，内部装饰标准等说明。

（9）其他特殊情况说明。

设计方案应根据住房和城乡建设部颁布的《建筑工程设计文件编制深度的规定》的要求进行编制。

2.6.4　施工图设计内容应达到的深度

各单项工程施工图设计说明应简要说明被批准的本单项工程部分初步设计方案的主要内容，并对修改部分进行论述；注明有关批准文件的日期、文号及文件标题；提出详细的工程量表。施工图设计可不编总体部分的综合册文件。各单项工程施工图设计的具体内容如下。

1. 有线通信线路工程

有线通信线路工程设计包括以下内容。

（1）被批准的初步设计的线路路由总图。

（2）长途通信线路敷设定位方案的说明，并在比例为 1∶2 000 的测绘地形图上绘制线路位置图；标明施工要求，如埋深、保护段落及措施、必须注意施工安全的地段及措施等，并附地下无人站内设备及地面建筑的安装建筑施工图。

（3）线路穿越各种障碍时的施工要求及具体措施。每个较复杂的障碍点应单独绘制施工图。

（4）水线敷设、岸滩工程、水线房等施工图纸及施工方法说明。水线敷设位置及埋深应有河床断面测量资料为依据。

（5）通信管道、人孔、手孔、电缆引上管等的具体位置及建筑形式；孔内有关设备的安装施工图及施工要求；管道、人孔、手孔结构及建筑施工采用定型图纸，非定型设计应附结构及建筑施工图；对于有其他地下管线或存在障碍物的地段，应绘制剖面设计图，标明其交点位置、埋深及管线外径等。

（6）长途线路的维护区段划分、巡房设置地点及施工图（巡房建筑施工图另由建筑设计单位编发）。

（7）市话线路工程还应包括：配线区划分；配线线路路由及建筑方式；配线区设备配置位置设计图、杆路施工图；用户线路割接设计和施工要求的说明。施工图应附中继电缆、主干电缆、管道等的分布总图及可复用批准的初步设计图纸。

（8）枢纽工程或综合工程中有关设备安装工程进线室铁架安装图、设备室平面布置图、进局电缆及成端电缆施工图。

2. 通信设备安装工程

通信设备安装工程包括各种制式的电话交换设备、微波设备、光缆各种站的数字复用设备及光设备、移动通信设备、通信卫星地球站设备、一点多址无线通信设备、通信电源设备等的安装工程。

通信设备安装工程设计包括以下内容。

(1) 机房各层平面图及各机房设备平面布置图、通路组织图、中继方式图(均可复用批准的初步设计图纸)。

(2) 机房各种线路系统图、走线路由图、安装图、布线图、线缆计划表、走道布线剖面图。

(3) 列架平面图、安装加固示意图;设备安装图及加固图;抗震加固图。对于自行加工的构件及装置,还要提供结构示意图、电路图、布线图和工料估算表。

(4) 设备的端子板接线图或跳线表。

(5) 交流、直流供电系统图,负荷分路图,直流压降分配图,电源控制信号系统图及布线图,电源线路路由图,母线安装加固图,电源各种设备安装图,继电保护装置图。

(6) 局、站及内部接地装置系统图,安装图及施工图;天线避雷装置安装图。

(7) 程控交换工程中继线调配图。

(8) 工程割接开通计划及施工要求。

(9) 无线电天线及馈线施工图、避雷装置安装图,并附天线场地布置图、通信地点的方位及距离表(均可复用初步设计批准的图纸)。

(10) 各种在杆、塔上安装的设备(例如无人中继器、太阳能电池等)的安装图。

(11) 通信工艺对生产房屋建筑施工图的设计包括:楼面及墙壁上预留孔洞尺寸及位置图;地面、楼面下沟槽尺寸、位置与构造要求;预埋管线位置图;楼板、屋面、地面、墙面、梁、柱上的预埋件位置图(本项要求文件及图纸应配合房屋建筑施工图设计的需要提前单独出版,并用正式文件发交建筑设计单位)。

(12) 设计采用的新技术、新设备、新结构、新材料应说明其技术性能,提出施工图纸和要求。

3. 电信专用房屋建筑工程

电信专用房屋建筑工程设计包括以下内容。

(1) 简要说明初步设计的主要内容,附被批准的初步设计有关文件摘要并对设计修改部分进行论述。

(2) 初步设计总平面图、各层平面图、四面立面图、剖面图(可复用初步设计批准的图纸)、空调设备平面布置图。

(3) 根据住房和城乡建设部颁布的《建筑工程设计文件编制深度的规定》的有关要求编制各专业的各种施工图。此外,还应根据电信专用房屋及通信工程的特有要求编制必要的施工图,例如:各层工艺沟槽孔洞位置图及结构图、穿过各层的壁柜位置及结构图;房屋墙面顶棚施工详图;装有各种天馈线的屋面做法图;蓄电池室地面、排酸气道、洗涤池等的施工图;各类机房的地面及空调系统管道剖面图、施工图及设备安装图;地下进线室防水措施等。

2.7 实做项目及教学情境

实做项目一:进行通信线路勘察。

目的:了解通信线路工程勘察的过程,掌握通信工程勘察工具的使用方法,了解相关注意事项。

实做项目二:结合本章 2.3.5 小节的内容设计项目管理流程,通过团队合作方式,模拟完成设计项目的完整工作,填写表 2-1 至表 2-11 的相关内容。

目的：了解通信工程设计的管理与流程，理解通信工程设计管理实务。

本章小结

（1）通信工程设计咨询的作用是为建设单位、维护单位把好工程的四关：

① 网络技术关；

② 工程质量关；

③ 投资经济关；

④ 设备（线路）维护关。

（2）通信工程设计作为通信工程建设的依据，需要满足建设单位、施工单位、维护单位和管理部门的不同层面的要求。

（3）从网络建设、运行维护管理方便的角度出发，电信网络运营商通常根据业务和技术的相近性划分部门进行管理。

（4）通信工程设计分为可行性研究、方案设计、初步设计、施工图设计等阶段。其中，可行性研究是建设前进行的预研工作，初步设计（含方案设计）和施工图设计是通信工程建设期间进行的工作。

（5）勘测的目的是搜集与本工程相关的资料，为设计与施工提供必要的原始资料，它是设计与施工的基础。一般情况下，勘测工作都要经过勘察、测量两个阶段。

（6）目前通信工程概预算编制的依据是《信息通信建设工程预算定额》及《信息通信建设工程概预算编制规程》（工信部通信〔2016〕451 号）。

（7）通信工程设计文件的主要内容一般由文字说明、概（预）算和设计图纸三部分组成。具体内容依据各专业的特点而定。

复习思考题

（1）试述通信工程设计的流程。

（2）建设单位和维护单位对通信工程设计的要求有何异同？

（3）通信工程设计人员应当具备的素质是什么？

（4）简述通信工程设计的作用。

（5）2017 年工业和信息化部颁布的新版定额共有多少分册？

（6）简述通信工程勘察的流程。

（7）通信工程设计文件包括哪些部分？

（8）初步设计的内容应达到什么样的深度？

（9）施工图设计的内容应达到什么样的深度？

第3章　通信工程制图

【本章内容】

- 通信工程图纸规范
- 通信工程图纸绘制要求
- 通信线路、管道、设备工程图纸的绘制

【本章重点】

- 通信工程图纸规范
- 通信工程识图
- 线路和管道工程路由图的绘制
- 机房设备工程图的绘制

【本章难点】

- 线路和管道工程路由图的绘制
- 机房设备布局图的绘制

【本章学习目的和要求】

- 掌握通信工程制图的基本规范及其方法
- 掌握线路、管道和设备机房图纸绘制方法、步骤和要求

【本章课程思政】

- 严格遵循通信工程制图规范，培养勘察人员与设计人员的协同意识

【本章建议学时】

- 8学时

3.1　通信工程图纸基础知识

3.1.1　通信工程图纸

(1) 图幅和图框

现在,在通信工程图纸绘制过程中,主要使用计算机辅助设计软件完成图纸绘制。为保证制图人和图纸使用人基于图纸的正常交流,图纸需要依据规范绘制。我国目前使用的规范主要是 YD-T 5015-2015《通信工程制图与图形符号规定》和《房屋建筑制图统一标准》GB/T 50001-2017。规范中规定了图形、文字、标注、图纸幅面等图纸的全部内容。

通信工程图纸绘制一般可采用使用单位规定的图纸幅面。图纸幅面简称为图幅,指绘制图样的图纸的大小,分为基本幅面和加大幅面。基本幅面一般分为五种:A0、A1、A2、A3 和 A4。当 A4 等基本幅面不能满足要求时,可以采用加大幅面,加大幅面的尺寸由基本幅面的短边乘整数倍增加后得出。当基本幅面不能满足要求时,除了考虑加大幅面,也可将所绘制内容分割分别绘制在若干图纸上。幅面的选择应根据图纸所需表达对象的尺寸大小、复杂程度、详细程度、有无图衔和注释数量等情况综合考虑。

在 CAD 工程图纸中,依据规范,必须绘制图框线,绘制并填写标题栏。图幅和图框之间的间距、图框的尺寸、标题栏的尺寸、标题栏与图框的相对位置在规范中都有明确的规定。

在工程制图中,图框是指图纸上限定绘图区域的线框。图纸上用粗实线画出图框。图框格式有留装订边和不留装订边两种,分别如图 3-1 和图 3-2 所示,但同一产品图样,一般只能采用一种格式。在带装订边的图纸中又根据不同图幅,对于图框和图幅之间的边距有不同要求,具体内容见表 3-1。

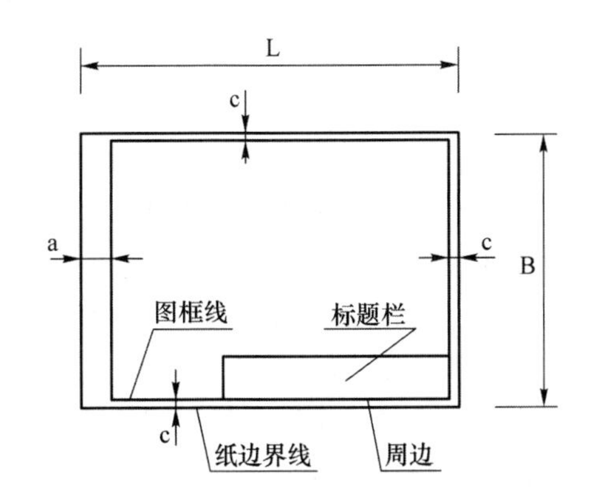

图 3-1　带装订边的图纸幅面图

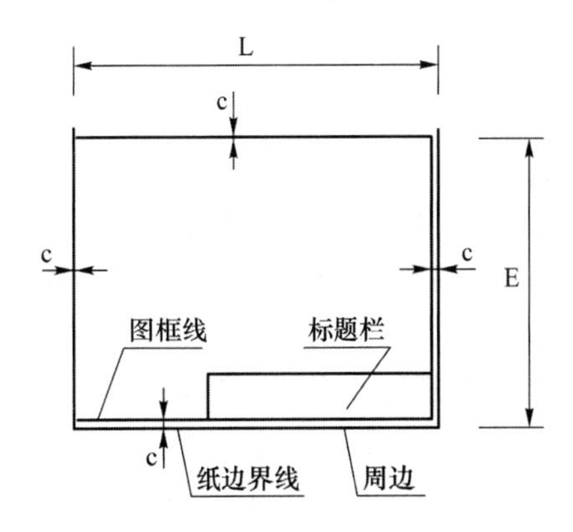

图 3-2　不带装订边的图纸幅面图

表 3-1　图幅与图框间距表

幅面代号	A0	A1	A2	A3	A4
L× B	1 189× 841	841× 594	594× 420	420× 297	297× 210
e	20		10		
c	10			5	
a	25				

注：绘图中，图纸需加长加宽时，按基本幅面短边 B 成整数倍增加，如 A3×3 表示 420×891 的图纸（891＝297×3）。单位为 mm。

（2）比例

通信工程图纸根据图纸中图形的信息需要分为有比例图纸和没有比例图纸两类。建筑平面图、平面布置图、管道及光电缆线路图、施工图等图纸，一般都要按比例绘制；而方案示意图、系统框图、原理图、电路图等图纸可不严格按比例绘制。

一张图纸中的比例不是完全一致的，对于图纸中重点强调的部分一般可以适当放大比例，不重要的部分可以适度缩小比例，但要注意放大和缩小比例的效果，不能影响用图人对于图中各个组成部分之间位置关系和大小关系的判断。

通信工程图纸中，对于平面布置图、线路图和区域规划性质的图纸，推荐比例为：1∶10、1∶20、1∶50、1∶100、1∶200、1∶500、1∶1 000、1∶2 000、1∶5 000、1∶10 000、1∶50 000 等。对于设备加固和零部件加工等图纸，推荐比例为 1∶2、1∶4 等，对于一些需要放大的形状较小的器件也可以使用放大比例如 2∶1、4∶1 等。

一般要综合考虑图纸表达内容的范围、深度、图幅和相关单位的要求等，合理选择比例，使图纸布局合理，使用方便。

特别注意，通信线路工程和通信管道工程图纸，图形狭长，为了更好地呈现图纸效果，方便表达周围环境情况，一般沿线路或管道方向按照一种比例绘制，而线路或管道横向的周围环境采用另外一种比例绘制或无比例（基本按照示意图）绘制，具体需要绘图人根据实际情况选择使用。

（3）字体及写法

通信工程图纸中，图中文字（包含数字、字母、汉字、符号等）均应按照规范使用规定字体，达到字体工整、笔画清晰、排列整齐、间隔均匀的效果。其书写位置应根据图纸显示效果妥善安排，文字一般放在图纸的下方或右侧，符合图纸使用人的读图习惯。

文字内容按照阅读习惯从左向右书写，标点符号占用一个汉字的位置，书写汉字要采用国家颁布的正规简化字体，推荐采用宋体和仿宋体，一般采用瘦体字，并合理选择字高。

图中“技术要求”“说明”“注”等字样应放在其具体内容的左上方，并推荐使用比内容文字大一号的字体。标题下不用画横线，具体内容要分项编写时，依次编号如下：

1、2、3、…

（1）、（2）、（3）、…

①、②、③、…

图中涉及的数字均采用阿拉伯数字表示，计量单位采用国家颁布的法定计量单位。通信工程实际中，也存在使用非国家颁布的法定计量单位的情况，这需要设计人员根据工程需要、行业要求，灵活选用计量单位。

(4) 图线

通信工程图纸中,根据绘制内容的特点和要求,选用不同的图线。选用图线的一般规则为新装设备用实线绘制,扩容设备用虚线绘制,墙中线等用单点长画线,图纸分区图框采用点画线绘制(而从点画线功能图框中减去的部分可以采用双点画线绘制)。

除了常用图线,还有一些特殊图线。在需要使用其他特殊图线的地方,请查阅国家相关规范,并结合具体情况选用。

常见图线的名称、线型、一般用途等信息,见表 3-2 所示的线型分类及其用途表。

表 3-2　线型分类及其用途表

图线名称	线型	一般用途
实线	————————	基本线条:图纸主要内容用线、可见轮廓线
虚线	----------------	辅助线条:屏蔽线、机械连接线、不可见轮廓线、计划扩展内容用线
点画线	—·—·—·—	图框线:表示分界线、结构图框线、功能图框线、分级图框线
双点画线	—··—··—··—	辅助图框线:表示更多的功能组合或从某种图框中区分不属于它的功能部件

根据制图规范,图线的宽度一般选用:0.25 mm,0.35 mm,0.5 mm,0.7 mm,1.0 mm,1.4 mm等。一般绘制简单图纸时,通常只选用两种宽度的图线,并且粗线宽度是细线宽度的 4 倍,主要图形采用粗线绘制,次要图形采用细线绘制。

复杂图形中,两种图线宽度不能满足要求,也可以用粗、中、细 3 种线宽,线宽按照 2 的倍数依次递减。一般为保证图纸的简单清晰,线宽种类不宜过多。

细实线是最常用的图线,在以细实线为主的图纸上,粗实线主要用于绘制图纸的图框和图中需要突出的部分。图纸中的指引线和尺寸标注线一般用细实线。需要区分新安装设备时,粗实线表示新装设备,细实线表示原有设备,虚线表示规划预留的设备的扩展安装区域。

平行线之间的最小间距不宜小于粗实线宽度的两倍,同时最小不能小于 0.7 mm。

选用图线绘图时,还应该结合图形比例考虑,使得配线协调恰当,重点突出,主次分明。在一张图纸上,按照不同比例绘制的同一图形或同类图形,其图线粗细一般应保持一致。

(5) 图衔

通信工程图纸的图衔又称标题栏,一般绘制在图框的右下方,如图 3-3 所示。

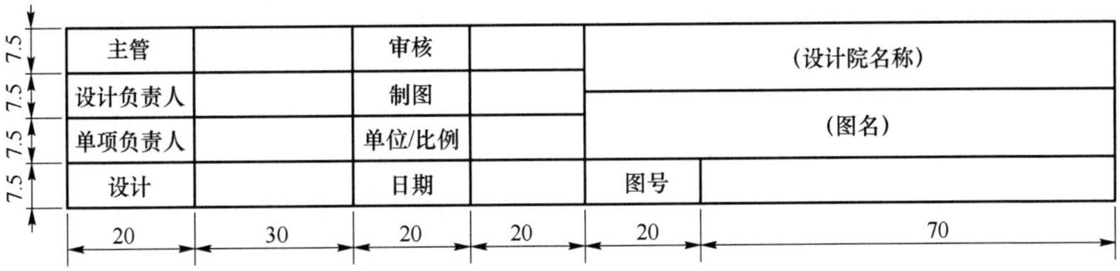

主管		审核		(设计院名称)	
设计负责人		制图		(图名)	
单项负责人		单位/比例			
设计		日期		图号	
20	30	20	20	20	70

(各行高 7.5)

图 3-3　图衔样例图

通信工程常用的标准图衔应位于图纸右下方,尺寸一般为高 30 mm、长 180 mm。其主要内容包括:图纸名称(图名)、图纸编号(图号)、单位名称(设计院名称)、主管、部门主管、总负责人、单项负责人、设计负责人、审核人、制图日期等。

图名一般包括工程所属单位、工程所在地点、工程所属专业、工程期次等信息。

图号一般由工程项目编号、设计阶段代号、专业代号、图纸编号四部分顺序组成,其编号的规则为：

工程项目编号—设计阶段代号—专业代号—图纸编号

① 工程项目编号

工程项目编号应由工程建设方或设计单位根据建设方的设计委托给定。

② 设计阶段代号

设计阶段代号规定，如表 3-3 所示。

表 3-3　设计阶段代号表

设计阶段	代号	设计阶段	代号	设计阶段	代号
可行性研究	K	方案设计	F	设计投标书	T
规划设计	G	初设阶段的技术规范书	CJ	修改设计	在原代号后加 X
勘察报告	KC	施工图设计	S		
		一阶段设计	Y		
咨询	ZX	竣工图	JG		
初步设计	C	技术设计	J		

③ 专业代号

专业代号结合其拼音首字母进行规定，常用专业代号如表 3-4 所示。

表 3-4　常用专业代号表

名称	代号	名称	代号
光缆线路	GL	电缆线路	DL
海底光缆	HGL	通信管道	GD
光传输设备	CS	移动通信	YD
无线接入	WJ	核心	HX
数据通信	SJ	业务支撑系统	YZ
网管系统	WG	微波系统	WB
卫星通信	WD	铁塔	TT
同步网	TB	信令网	XL
通信电源	DY	监控	JK
有线接入	YJ	业务网	YW

一些大中型项目在分省或分业务区编制时，存在同计划号、同设计阶段、同专业而多册出版的情况，为避免编号重复可在设计阶段代号后增加标识符号 A，专业代号后增加标识符号 B，具体形式如下。

工程项目编号—设计阶段代号 A—专业代号 B—图纸编号

其中：

a. “设计阶段代号 A”中的“A”是用于大型工程中分省、分业务区编制时的区分标识，可以是数字 1、2、3 或拼音首字母等；

b. “专业代号 B ”中的“B”用于区分同一单项工程中不同的设计分册（如不同的站册），一般用数字（分册号）、站名拼音首字母或相应汉字表示。

④ 图纸编号

图纸编号为工程计划号、设计阶段代号、专业代号相同的图纸间的区分号，应采用阿拉伯数字编制（同一图号的系列图纸，应给出本图纸的编号和其在系列中的序号，分别作为分数的分子和分母来表示）。

（6）指北符号

为了识别图纸中各个图形的方向，在图纸的右上方要正确绘制指北符号并标明方向。一般在指北符号的指针头部增加“北”或“N”的文字说明。阅读图纸的人员可以通过图纸中的指北符号识别方向，并进一步确定图中建筑、设备或其他参照物的相对位置和朝向等信息。指北符号的一般样式如图 3-4 所示。

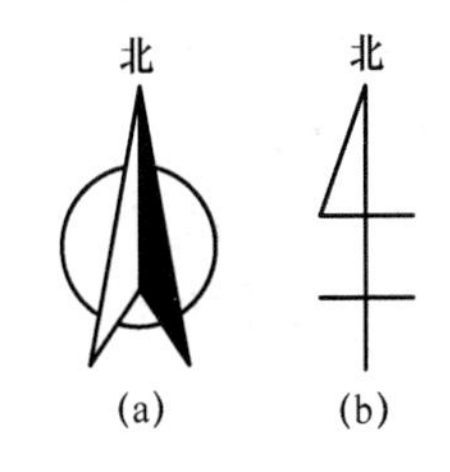

图 3-4　指北符号样式图

（7）尺寸标注

尺寸可以分为总尺寸、定位尺寸、细部尺寸。

绘图时，应根据设计深度和图纸用途确定所需标注的尺寸。

为了表明设备的大小和位置，需要对其标注尺寸，一个完整的尺寸标注应由尺寸数字、尺寸界线、尺寸线及尺寸终端等部分组成。

通信工程图纸中，标高和管线长度一般以 m 为单位，其他尺寸一般均以 mm 为单位，并且，按照此原则标注的尺寸可不标注单位，但如果采用其他单位时，应在尺寸数值后标注单位。

尺寸标注中的尺寸界线一般使用细实线。尺寸界线通常由图形的轮廓线、轴线或对称中心线引出，也可利用轮廓线、轴线或对称中心线作为尺寸界线。尺寸界线一般应与尺寸线垂直，两端绘出尺寸箭头，指到尺寸界线上，表示尺寸的起止。

尺寸线的终端可以采用箭头或斜线等形式，根据需要选用。采用箭头形式时，两端应画出尺寸箭头，指到尺寸界线上，表示尺寸的起止。尺寸箭头宜用实心箭头，箭头的大小应按可见轮廓线选定，其大小在图中应保持一致。采用斜线形式时，尺寸线与尺寸界线必须相互垂直。斜线采用细实线，其方向和长短应保持一致。斜线方向为以尺寸线为准，逆时针方向旋转 45°，斜线长度约等于尺寸数字的高度。箭头大小应按照可见轮廓线选定，大小保持一致。

通信工程图纸基于建筑图纸绘制时，尺寸箭头一般用斜短线，圆弧直径和半径用箭头。常用的尺寸线终端如图 3-5 所示。

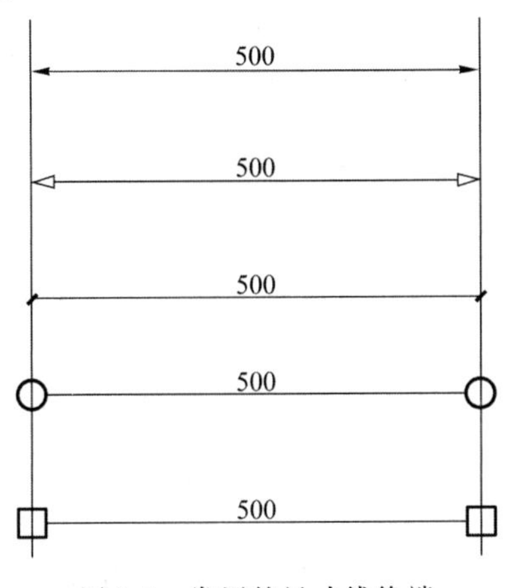

图 3-5　常用的尺寸线终端

尺寸数值应顺着尺寸线方向并符合视图方向。尺寸线为竖直时，尺寸数字应注写在尺寸线左侧，字头朝左。其他任何方向上的尺寸数字也应保持向上，并且注写在尺寸线上方，不推荐在斜线区注写。尺寸数值的高度方向应与尺寸线保持垂直，不得被任何图线穿过，无法避免被穿过时应把图线断开，断开处填写数字。

在标注半径时，如半径为 20 应写为 R20；在标注直径时，如直径为 20 应写为 Φ20。建筑用尺寸标注参照 GB/T 50104-2010《建筑制图标准》的要求进行标注。

(8) 注释与说明

在通信工程设计中，文件名称和图纸编号多已明确，在项目代号和文字标注方面可适当简化，推荐做法如下。

在平面布置图中对位置、设备给出代号，在表格中对这些位置和设备给出尺寸、规格、安装方式等情况的说明。对安装方式的标注应符合表 3-5 的规定。

表 3-5　安装方式标注代号表

序号	代号	安装方式	英文说明
1	W	壁装式	Wall Mounted Type
2	C	吸顶式	Ceiling Mounted Type
3	R	嵌入式	Recessed Type
4	DS	管吊式	Conduit Suspension Type

在走线图中，对敷设部位的标注应符合表 3-6 的规定。

表 3-6　敷设部位标注代号表

序号	代号	安装方式	英文说明
1	M	钢索敷设	Supported by Messenger Wire
2	AB	沿梁或跨梁敷设	Along or Across Beam
3	AC	沿柱或跨柱敷设	Along or Across Column
4	WS	沿墙面敷设	On Wall Surface
5	CE	沿天棚面顶板面敷设	Along Ceiling or Slab
6	SC	吊顶内敷设	In Hollow Spaces of Ceiling
7	BC	暗敷设在梁内	Concealed in Beam
8	CLC	暗敷设在柱内	Concealed in Column
9	BW	墙内埋设	Burial in Wall
10	F	地板或地板下敷设	In Floor
11	CC	暗敷设在屋面或顶板内	In Ceiling or Slab

系统方框图中可使用图形符号或用方框加文字符号来表示，必要时也可二者兼用。

接线图应符合国家关于接线图和接线表的相关规定。

图纸中存在图形无法完整表示含义的地方，可以采用注释文字加以补充说明。当图中出现多个注释或大段说明性注释时，应当把注释按顺序放在相关需要说明的图形附近并靠近边框。

当注释文字不在需要说明的对象附近时，应使用指引线(细实线)指向所说明的图形对象。

标志和技术数据应该放在图形符号的旁边。图形符号有方框时，较少的数据可以放在图形符号的方框内(例如继电器的电阻值)，数据多时可用分式表示或用表格形式列出。

当用分式表示时，可采用以下模式：

$$N\frac{A—B}{C—D}F$$

其中：N 为设备编号，一般靠前或靠上放；A、B、C、D 为不同的标注内容，可增可减；F 为敷设方式，一般靠后放。

当设计中需表示本工程前后有变化时，可采用斜杠方式：

原有数/设计数

当设计中需表示本工程前后有增加时，可采用加号方式：

原有数＋增加数

常用的标注方式见表 3-7，图中的文字代号应以工程中的实际数据代替。

表 3-7　常用标注方式表

序号	标注方式	说明
1	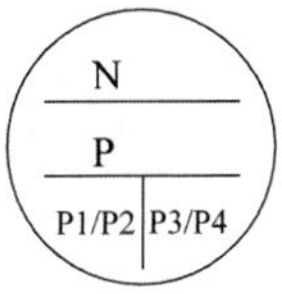 N P P1/P2 P3/P4	对直接配线区的标注方式 注：图中的文字符号应以工程数据代替(下同) N—主干电缆编号，例如，0101 表示 01 电缆上第一个直接配线区； P—主干电缆容量(初设为对数，施设为线序)； P1—现有局号用户数；　P2—现有专线用户数，当有不需要局号的专线用户时，再用＋(对数)表示； P3—设计局号用户数；　P4—设计专线用户数
2	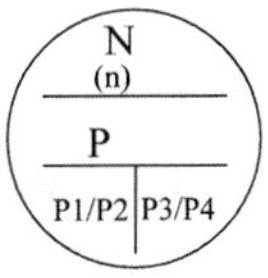 N (n) P P1/P2 P3/P4	对交接配线区的标注方式 注：图中的文字符号应以工程数据代替(下同) N—交接配线区编号，例如，J22001 表示 22 局第一个交接配线区； n—交接箱容量，例如，2 400(对)； P1、P2、P3、P4—含义同序号 1 标注方式中的注
3	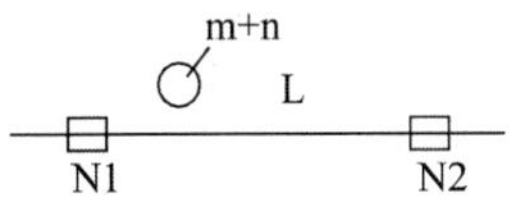 m+n L N1　N2	对管道扩容的标注 m—原有管孔数，可附加管孔材料符号； n—新增管孔数，可附加管孔材料符号； L—管道长度；N1、N2—人孔编号
4	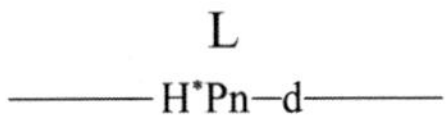 L H*Pn—d	对市话电缆的标注 L—电缆长度；　H*—电缆型号； Pn—电缆百对数；　d—电缆芯线线径
5	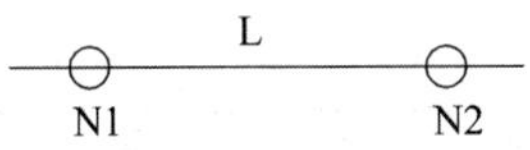 L N1　N2	对架空杆路的标注 L—杆路长度；　N1、N2—起止电杆编号 (可加注杆材类别的代号)

续 表

序号	标注方式	说明
6	L $H^*Pn—d$ N—X N1 N2	对管道电缆的简化标注 L—电缆长度；　H*—电缆型号； Pn—电缆百对数；　d—电缆芯线线径； X—线序； 斜向虚线—人孔的简化画法； N1 和 N2—起止人孔号； N—主杆电缆编号
7	$\frac{N-B}{C}$ | $\frac{d}{D}$	分线盒标注方式 N—编号；　B—容量；　C—线序； d—现有用户数；　D—设计用户数
8	$\frac{N-B}{C}$ ‖ $\frac{d}{D}$	分线箱标注方式 注：字母含义同上
9	$\frac{WN-B}{C}$ ‖ $\frac{d}{D}$	壁龛式分线箱标注方式 注：字母含义同上

(9) 定位轴线

定位轴线一般用于具有较大面积和较复杂的建筑物的标识，一般情况下不许分区编号。

定位轴线标示的是建筑图纸中的开间和进深等信息，其具体实现形式如图 3-6 所示，图中水平方向方框内的①、②、③、④、⑤、⑥、⑦分别标示竖直方向上的轴线，水平方向的标示形式类似，只是标示符号由阿拉伯数字改为大写英文字母。

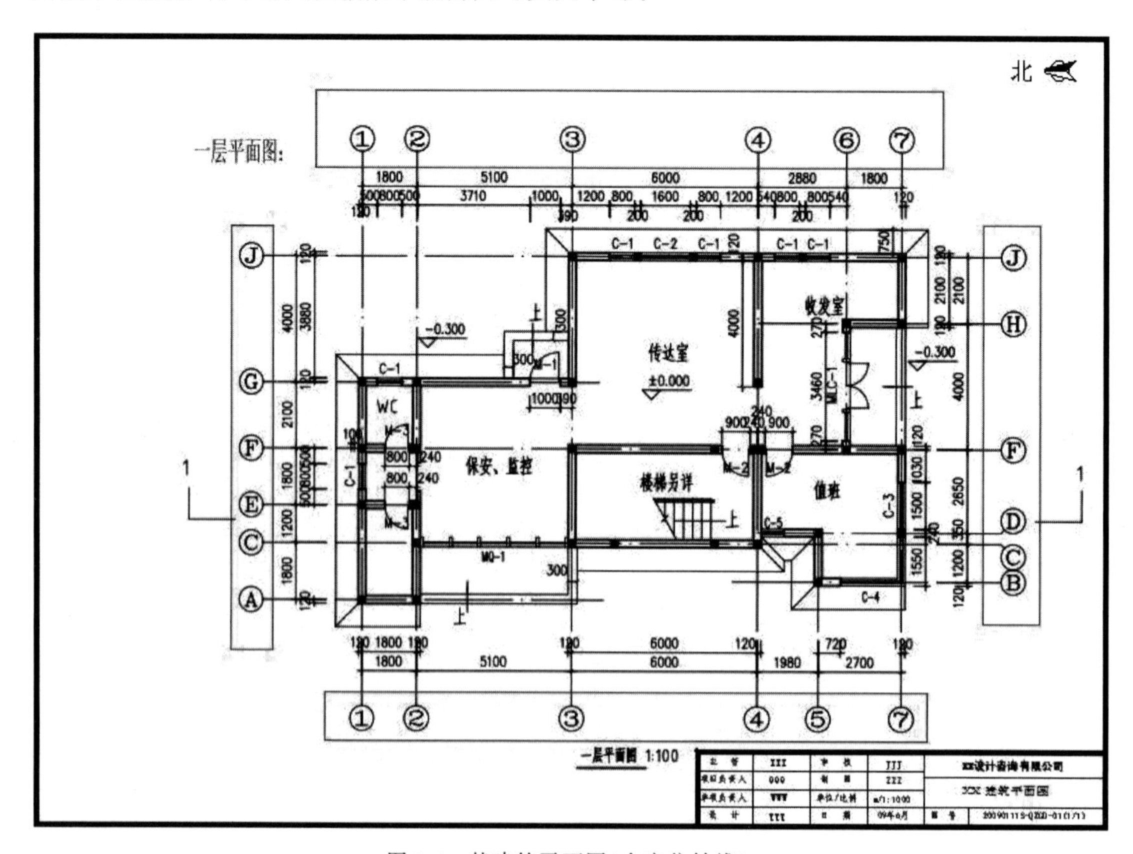

图 3-6　某建筑平面图(含定位轴线)

3.1.2　通信工程识图

通信工程图纸由通信工程设计单位所绘制，是通信工程设计文档的重要组成部分，为设计、施工、监理等单位开展通信工程的相关工作提供指导和依据。通信工程图纸以其直观性等特性，在通信工程建设中有着不可替代的作用。

通信工程识图是识别图纸上的图形符号和标注文字、数字等内容，以了解通信工程的范围、规模、采用的技术、实现方案、方式、工艺和复杂程度等工程信息，充分理解通信工程图纸，最终掌握图纸所表达的内容。图 3-7 所示为 A 局机房设备安装平面图。

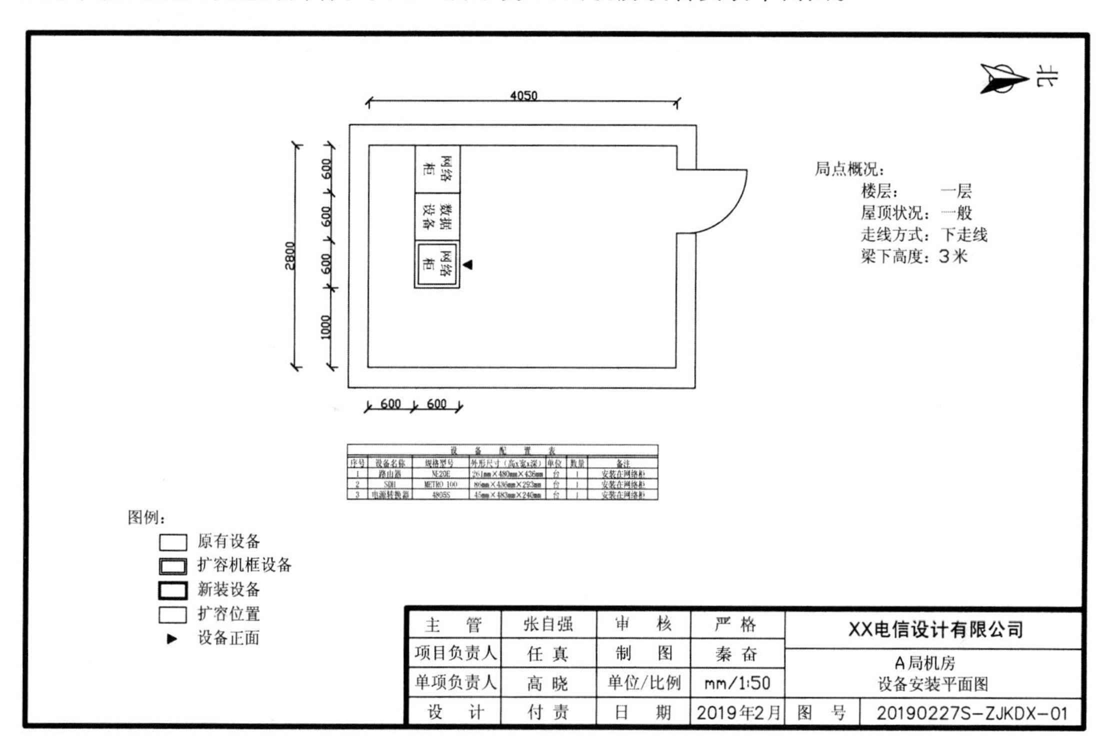

设备配置表

序号	设备名称	规格型号	外形尺寸（高x宽x深）	单位	数量	备注
1	路由器	NE20E	261mm×480mm×436mm	台	1	安装在网络柜
2	SDH	METRO 100	86mm×436mm×293mm	台	1	安装在网络柜
3	电源转换器	4805S	45mm×483mm×240mm	台	1	安装在网络柜

主　管	张自强	审　核	严 格	XX电信设计有限公司	
项目负责人	任 真	制　图	秦 奋	A局机房 设备安装平面图	
单项负责人	高 晓	单位/比例	mm/1:50		
设　计	付 责	日　期	2019年2月	图　号	20190227S-ZJKDX-01

图 3-7　A 局机房设备安装平面图

（1）识图方法

阅读通信工程图纸时，按照图纸上图形的作用和表达信息的不同，一般可以分为：图衔、图例、指北符号、主要图形、文字说明、表格、标注、图框等部分。阅读次序具体如下。

① 图框

阅读图纸，先要找到图纸的图框。图纸的所有内容一般都要绘制在图框内。找到图框就找到了图纸的整个绘图区域。图框分为有装订边和无装订边等类别，读图时，需要注意区别。

② 图衔

找到图框后，一般在其右下角会找到图衔，图衔给出了图纸的很多基本信息。图衔的样式有很多种，本文介绍的图衔，参照图 3-7 给出的实例。阅读图衔，一般可以获得如下信息。

设计公司名称：编制设计并绘制图纸的设计公司名称。主管、项目负责人和单项负责人：设计公司根据其负责范围不同为本工程设计工作指定的相关负责人。设计、制图、审核：绘图人员以及审核本图纸的人员。图名：图纸的名称，根据图纸命名规则，图名中可以获得图纸实施的地理信息、所属公司、所属专业、工程的期次等信息。单位：图纸绘制时采用的标准单位。比例：图纸的绘图比例。日期：图纸完成的时间，一般包含年、月、日等信息。

③ 图例

读完图衔，一般接下来阅读图例。图例一般位于图纸的左下方，它对本工程图纸中一些特殊图形，依次给出图形示例并附带文字说明，方便读图人有效地识别该符号，明确符号的意义，更加便于阅读和理解图纸所表达的意义。

④ 指北符号(可选)

在阅读一些有方位的图纸时，正式读图前，首先要判断图形的方位。不论室内工程还是室外工程，一般都会在图形的右上方绘制指北符号。找到指北符号后，即可确定北方。一般，根据“上北下南左西右东”的规则，旋转图纸让北方朝上，进而可以确定东、西、南等其他方向。明确图纸方向后，就可以据此判断图纸上设备的摆放位置、设备正面的朝向等信息，也可以判断图纸上标明的走线路由、线缆或管道的路由起止位置、路由拐点的位置等信息，进而可以明确图纸上参照物的位置等其他位置信息。

⑤ 图纸主要图形

阅读图纸时可以按照该通信系统的信息流向或者设计思路的逻辑顺序来进行。绘图人考虑读图人阅读图纸的一般习惯，按照从左到右，从上到下的顺序绘制并添加标注。我们在阅读时也要依据此顺序，先识别图纸中的重要图形，再阅读图纸上重要部分之间或之外的图形或其他信息。识别图形和符号等图纸信息时，应依据通信工程制图规范，或图纸上图例的文字解释正确理解其意义。

⑥ 标注

阅读图纸时，边阅读图形，边注意识别其尺寸标注，以便正确理解图纸。

⑦ 文字说明(可选)

一些图纸为了方便阅读，配合图形给出文字描述信息，一般称之为文字说明。文字说明的左上方，一般注明“说明”字样，说明文字分为多项时，一般对内容分类、分项编号进行说明。

⑧ 表格(可选)

图纸中的一些信息(如一些设备、材料和工程量清单)，无法直接以图形的形式绘制，而若用说明文字，则需要大段篇幅且层次不清晰。这些文字主要描述事物的各个属性值，并且可以将它们归纳为相同的若干个属性，试图说明这些事物在属性值上的不同。在这种情况下，为了以更加直观的方式表现并方便阅读，这些信息在图纸中常以表格的形式给出，表格第一行列出各个属性，从第二行起，每个事物占一行，分别予以说明。

在阅读时，也要重点阅读这些信息，并与图纸中的内容对应起来，便于更好地理解图纸。

(2) 案例

这里我们以通信管道工程、通信设备安装工程图纸为例，讲解识图的过程。

① 管道工程案例

图 3-8 所示的管道工程描述的是某校园内的新建管道工程。下面我们就按照“识图方法”，按步骤阅读该图纸。

- 阅读图衔

由图 3-8 可以知道该图纸的绘制单位为“某电信设计有限公司”；该图纸的图名为“A 校区新建管道路由图”，从图名中可以知道，该工程种类为新建管道工程；其图号为“201902DHSJ-S-GD-01”，根据图号编号规范分析可以知道该图纸工程计划号为“201902DHSJ”，设计阶段代

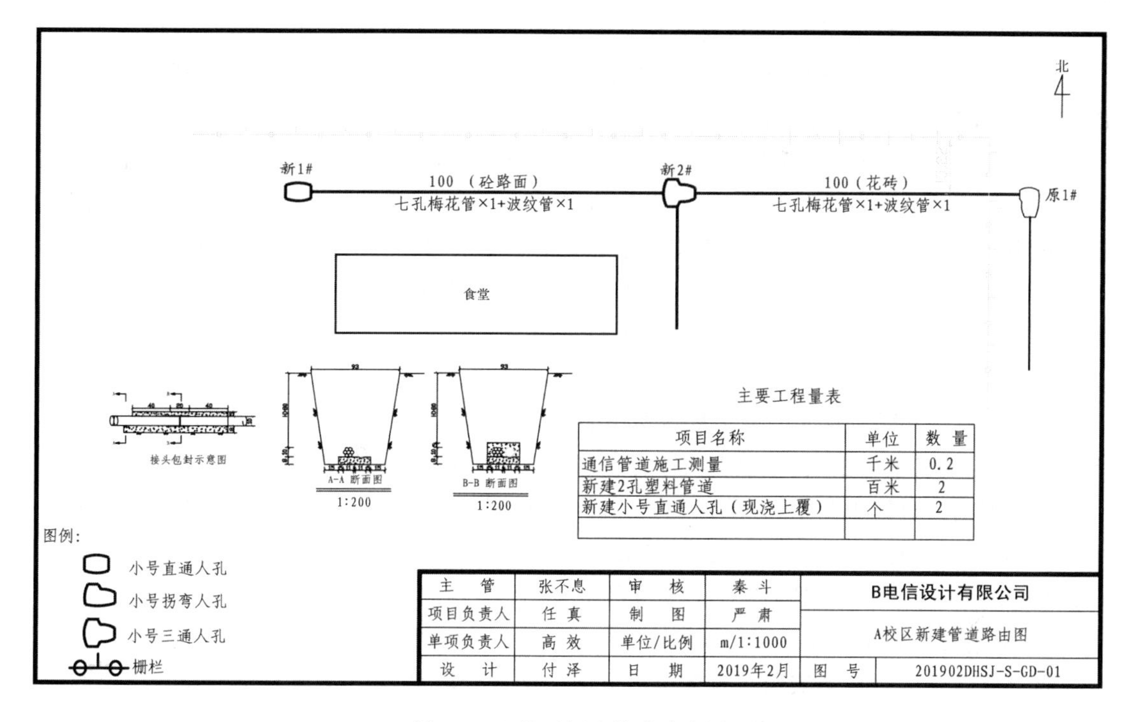

图 3-8　A 校区新建管道路由图

号为“S”(意义为“施工图设计一阶段设计”)，专业代号为“GD”(意义为“通信管道”专业)，图纸编号为“01”说明该路由图就一张；读取“单位/比例”，可知其图纸上的图形的长度单位为 m(米)，图纸的绘制比例为 1∶1 000；读取“日期”，可以知道图纸绘制完成的时间为 2019 年 2 月。图中给出了主管、单项负责人、项目负责人、设计、审核、制图等主要人员名单。

• 阅读图例

图纸的左下方给出了小号直通人孔、小号拐弯人孔、小号三通人孔和栅栏的图例，图例包含图形和文字说明。

本案例中新建人孔为小号直通人孔、小号三通人孔，原有人孔为小号拐弯人孔、栅栏，图形绘制中可以采用不同线宽绘制。

如同一图中既有新建又有利旧，可以同时存在。

• 阅读指北符号

在图纸右上方找到指北符号，根据指北符号的指向可以知道本图中各个通信设施的位置和走向。例如，本工程的管道路由走向为从新 1＃ 人孔经跑道北侧向东到达新 2＃ 人孔，再向东穿过栅栏到达原 1＃ 人孔。

• 阅读主要图形

图纸上的主要图形分为管道路由图、断面图、剖面图等部分。

从管道路由图可以知道，该工程的管道自新 1＃ 人孔开始，经新 2＃ 人孔到原 1＃ 人孔止，总长度 200 m。其中：新 1＃ 人孔到新 2＃ 人孔之间为 100 m，全部为砼路面(“砼”是混凝土的简化字，意思是“人工”制作的“石”头，读音为 tóng)，两人孔之间的管道为 1 根塑料波纹管、1 根七孔梅花管；新 2＃ 人孔到原 1＃ 人孔之间为 100 m，全部为花砖路面，两人孔之间的管道为 1 根塑料波纹管、1 根七孔梅花管。管道路由南侧为食堂。

路由图的下方包括接头包封示意图和断面图。

左侧为接头包封示意图，管道建立在水泥基础之上，为了保护管道接头，在管道接头处做了混凝土包封。包封处具体位置、长度和厚度等信息在剖面图中给出，包封的其他尺寸参见B-B断面图，未包封处参见A-A断面图。

从断面图可以知道，图纸中管道由1根波纹管和1根七孔梅花管组成，波纹管和七孔梅花管之间的距离及其混凝土包封的厚度，图中给出了尺寸，并且给出了混凝土包封上沿到地面的最短距离。该管道沟断面为梯形，管道沟路面处的宽度尺寸和底面的宽度尺寸已经分别给出。

为使读图人更加清晰地读懂图纸，管道剖面图和断面图需要使用比图衔给出的默认比例更大的比例，所以在两图下方需要单独标示(1∶200)。

• 阅读表格

图3-8中对工程涉及的主要工程量给出表格，该表格分为3列，其名称分别为：项目名称、单位、数量。表格中除去表头，数据共3行，反映了本工程的主要工程量。第一项工作，“项目名称”为“通信管道施工测量”，“单位”为“千米”，“数量”为“0.2”；第二项工作，“项目名称”为“新建2孔塑料管道”，“单位”为“百米”，“数量”为“2”；第三项工作，“项目名称”为“新建小号直通人孔(现浇上覆)”，“单位”为“个”，“数量”为“2”。

② 设备安装工程案例

接下来我们分析设备安装工程的读图方法。这里选取某基站设备安装工程图纸为例，按“识图方法”阅读该图纸，见图3-9。

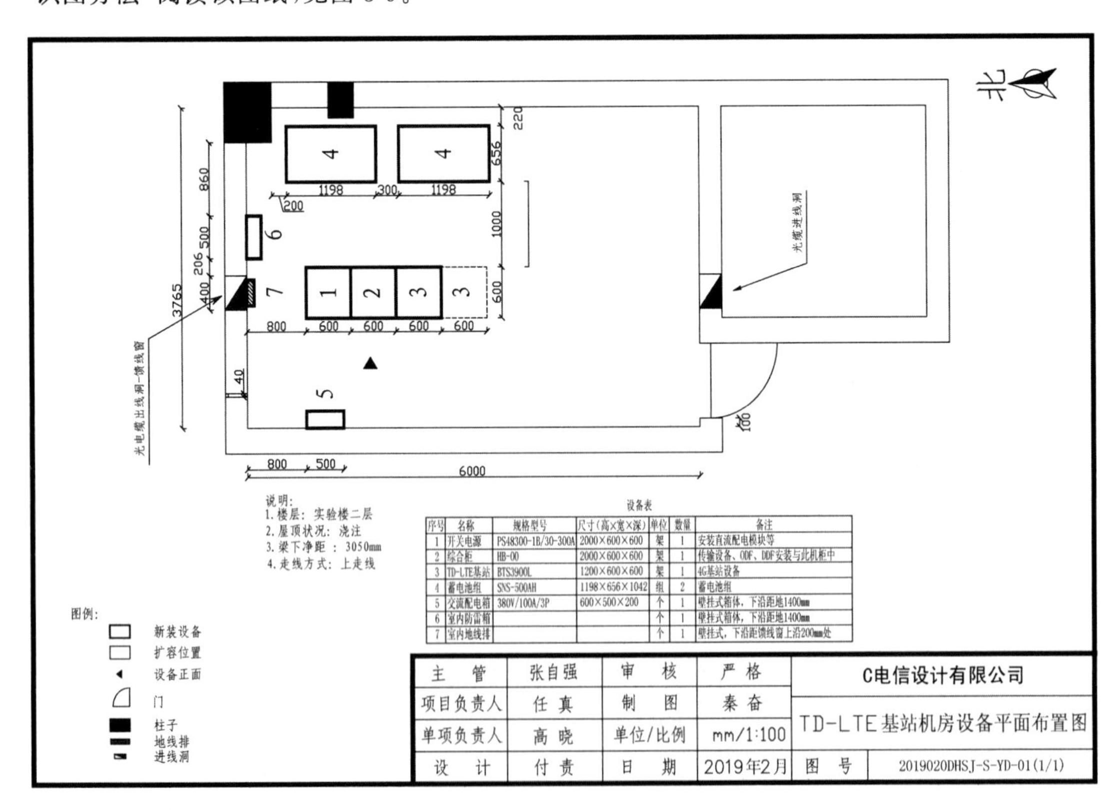

序号	名称	规格型号	尺寸(高×宽×深)	单位	数量	备注
1	开关电源	PS48300-1B/30-300A	2000×600×600	架	1	安装直流配电模块等
2	综合柜	HB-00	2000×600×600	架	1	传输设备、ODF、DDF安装与此机柜中
3	TD-LTE基站	BTS3900L	1200×600×600	架	1	4G基站设备
4	蓄电池组	SNS-500AH	1198×656×1042	组	2	蓄电池组
5	交流配电箱	380V/100A/3P	600×500×200	个	1	壁挂式箱体，下沿距地1400mm
6	室内防雷箱			个	1	壁挂式箱体，下沿距地1400mm
7	室内地线排			个	1	壁挂式，下沿距馈线窗上沿200mm处

图3-9 某基站机房设备平面布置图

• 阅读图衔

由图3-9可以知道该图纸的绘制单位为“C电信设计有限公司”；该图纸的图名为“TD-LTE基站机房设备平面布置图”，从图名中可以知道，该工程种类为基站设备安装工程；其图号为“201902DHSJ-S-YD-01(1/1)”，根据图号编号规范分析可以知道该图纸工程计划号为“201902DHSJ”，设计阶段代号为“S”(意义为“施工图设计一阶段设计”)，专业代号为“YD”(意义为“移动通信”专业)，图纸编号为“01(1/1)”说明该设备平面布置图就一张；读取“单位/比例”，可知其图纸上的图形的长度单位为mm(毫米)，图纸的绘制比例为1：100；读取“日期”，可以知道图纸绘制完成的时间。

• 阅读图例

图纸的左下方给出了新装设备、扩容位置、设备正面、门、柱子、地线排、进线洞等图例。

• 阅读指北符号

在图纸右上方找到指北符号，根据指北符号的指向可以知道本图中门的朝向，TD-LTE基站、交流配电箱、蓄电池组、开关电源等主要设备的朝向和位置，以及地线排和进线洞等设施的朝向和位置信息。

• 阅读主要图形

图纸的内容为机房设备平面布置图。该图纸建立在机房建筑平面图(包含房间的长、宽，柱子、门等的位置和尺寸)的基础上，图中包含本工程涉及的建筑、设备和附属设施的尺寸、位置和朝向，并给出尺寸标注。

• 阅读表格

图中对工程涉及的主要设备和设施信息以列表的形式给出。表格共分为七列，各列的名称分别为：序号、名称、规格型号、尺寸(高×宽×深)、单位、数量、备注。表格中除去表头，其数据共七行，包括本工程七个主要设备或机房设施的信息。

• 阅读文字说明

图中下方给出了文字说明，分别说明了本机房位于实验楼二楼，屋顶建筑情况为浇注，梁下净高为3.05 m，本工程的走线方式为上走线。

3.1.3 通信工程制图基础

通信工程图纸绘制从创建文件开始，至打印为止，中间包括：建立各个图层、绘制图框和图幅、指北符号、图衔、图例和文字说明，以及表格等内容，下面分项给予说明。

(1) 创建文件

本书介绍的绘制步骤借助CAD软件进行说明。该软件提供的文件创建方式，分为四种。

第一种，选择并打开已有文件，以其为蓝本修改后得到所需图形文件，如图3-10所示。

单击左上方“打开文件夹”图标，打开文件夹进行选择，可以参考已有的CAD图形，在其基础上进行必要的修改，得到本次所需绘制的图形。

第二种，设置并生成图形文件。绘制前，要对文件采用的长度单位的制式(采用公制或英制)等信息进行设置，然后重新建立图形文件，如图3-11所示。

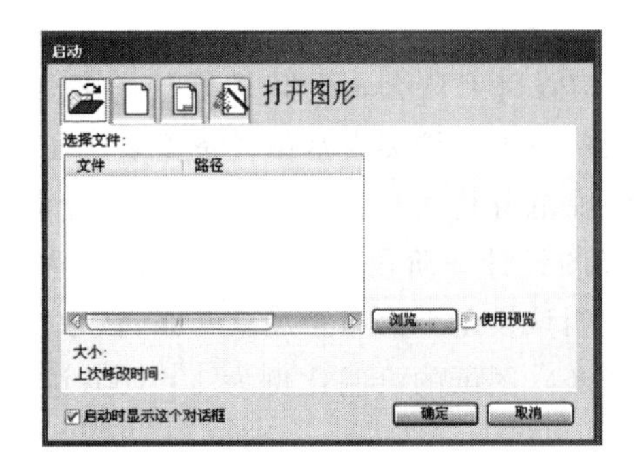

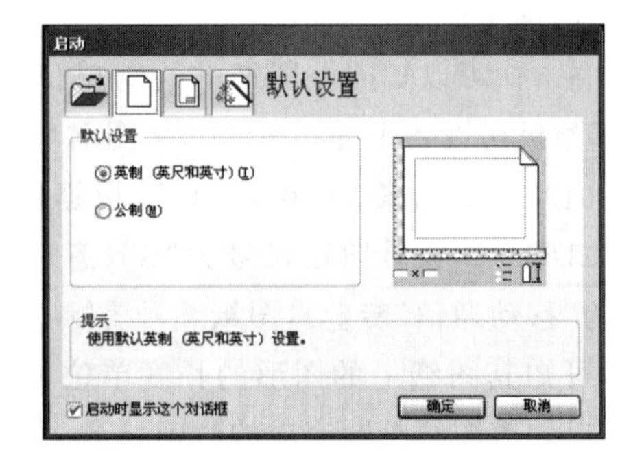

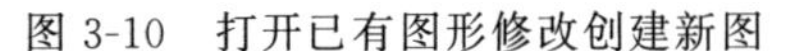

图 3-10　打开已有图形修改创建新图　　　　图 3-11　默认设置创建新图

第三种，依据系统提供的"使用样板"，创建图形文件。选取样板，在其基础上完成绘图，如图 3-12所示。

第四种，依据软件提供的"使用向导"，创建图形文件，如图 3-13 所示。

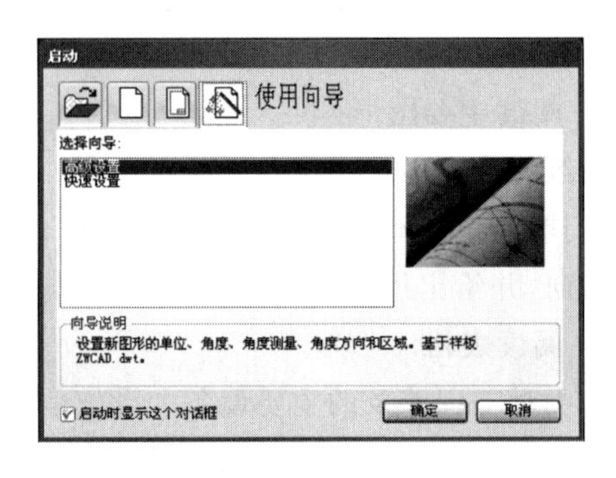

图 3-12　使用样板方式创建新图　　　　图 3-13　使用向导方式创建新图

(2) 建立图层

CAD 图形文件为了方便管理图形，设置了图层。图层就像叠放在一起的多层透明胶片，每张"胶片"上绘制不同的对象，每张"胶片"均称为一个"图层"。每个图层都要给出有明确意义的名字，并设置颜色、线型、线宽、打印样式，以及用文字来描述图层含义，这些被称为图层特性。实际绘图中，应根据图纸的需要分别新建不同的图层，分层绘制不同内容。

图层管理器可以有"打开状态""冻结状态""锁定状态""打印状态"等状态，可通过图层特性管理器对其分别进行设置以得到不同的效果，如图 3-14 所示。

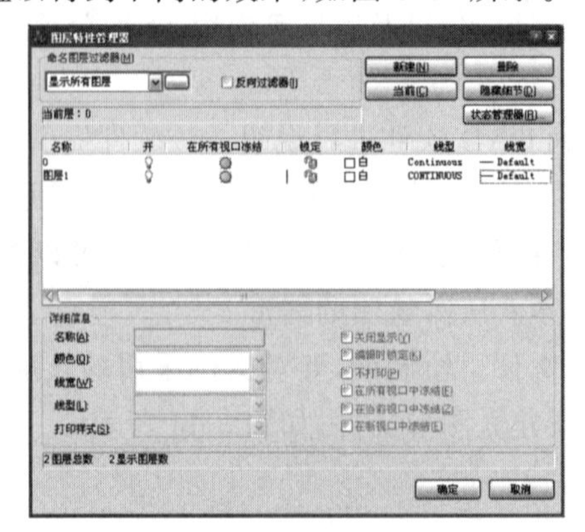

图 3-14　CAD 软件图层特性管理器

① 打开状态。当图层为打开状态时，该图层上的图形显示，并处于可编辑状态。当图层为关闭状态时，图层上的内容全部隐藏，并且不可被选择、编辑或打印。如图 3-15 所示，选中“基础层”这个图层，设置其打开状态为“开”，灯泡“点亮”，为黄色；反之，设置其打开状态为“关”，灯泡“熄灭”，为灰色。

② 冻结状态。当图层为冻结状态时，图层上的内容全部隐藏，且不可被编辑或打印，同时冻结的对象在屏幕重生时不会被计算；当图层为解冻状态时，CAD 将重画该图层上的对象。如图 3-16 所示，选中的“建筑层”设置“在所有视口冻结”属性为灰色，所绘制内容被冻结；反之，若该属性为黄色，则所绘制内容解冻。

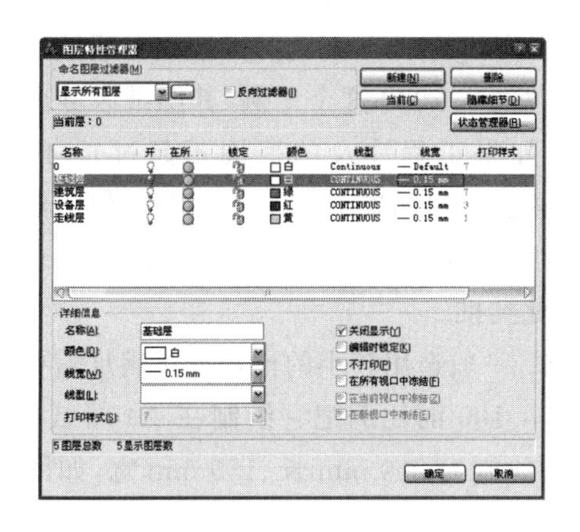

图 3-15　CAD 软件图层特性管理器“打开”状态图

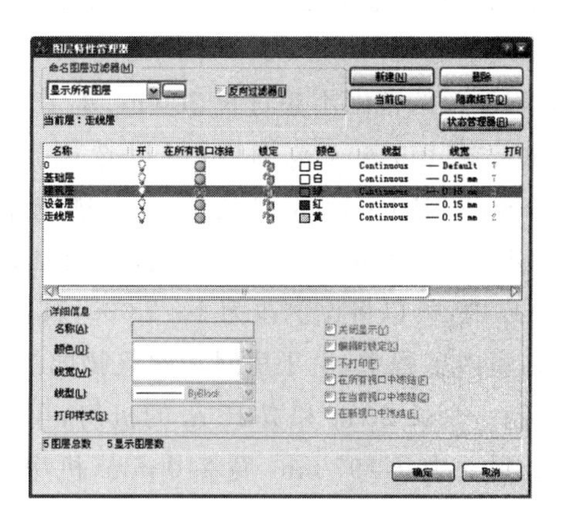

图 3-16　CAD 软件图层特性管理器“冻结”状态图

③ 锁定状态。当图层处于锁定状态时，图层上的内容仍然可见，并且能够捕捉或添加新对象，但不能被编辑和修改。如图 3-17 所示，“设备层”被锁定，即“锁定”属性为灰色，并且图形为锁定状态；反之，“锁定”属性为黄色，并且图形为解锁状态。

④ 打印状态。当图层设置为打印状态时，打印机完整显示，该图层的所有对象均可以被打印；反之，设置图层为不打印状态时，该图层的所有对象均不被打印，“打印机”上被画上红色斜杠，如图 3-18 所示。

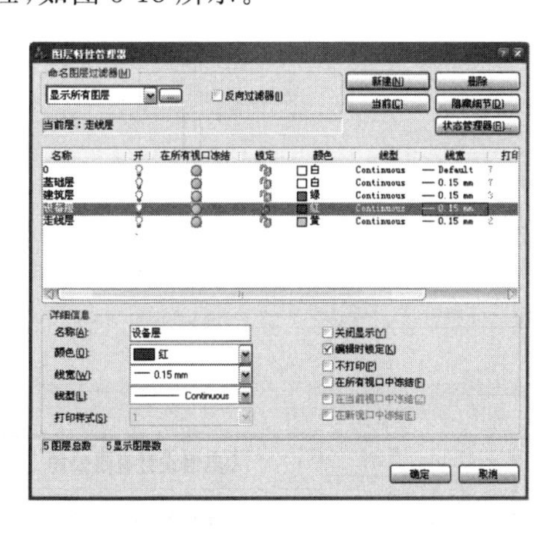

图 3-17　CAD 软件图层特性管理器“锁定”状态图

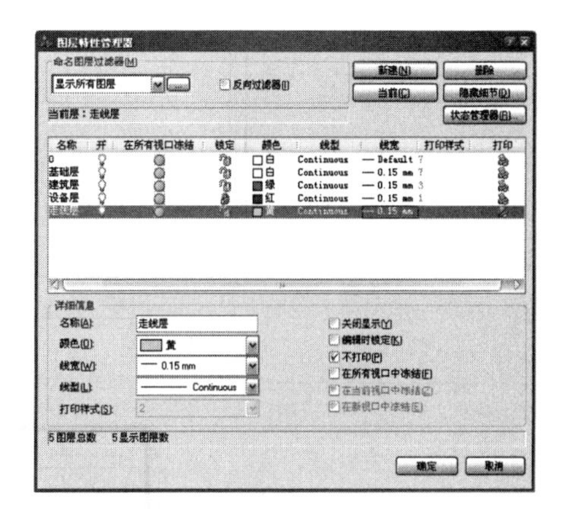

图 3-18　CAD 软件图层特性管理器“打印”状态图

在绘图过程中，一般应使对象的线型、线宽和颜色跟随所在的图层，即“ByLayer”(随层)。这样画图时，根据所画内容选择合理的图层，就会自动按照层定义的颜色、线型、线宽等绘制。

除非有特殊需要，一般不需要每次根据绘制内容单独去调整所用颜色、线型、线宽等。这样，极大地简化了绘制操作，绘图人只需找到合适图层，然后便可以开始绘图。

(3) 图幅和图框的选取——与正文相同，全文检查

绘制工程图纸时，根据工程涉及的空间大小、使用单位的要求等情况，合理地选择图幅、长度单位和绘图比例。选择合理，则绘制完成后的图纸打印出来能清楚地反映所绘制工程图形及其标识信息；否则绘制效果不理想，影响使用。图纸一般适当地保留空白，以达到图形清晰、尺寸和字迹清楚、图纸整洁的效果。

根据反映信息的选取要求，下面分室外工程和室内工程分别介绍。

室外工程使用 1∶1 000 比例的图纸，1 mm 代表实体的 1 m，据此可以选用图纸尺寸。比如：工程涉及的范围不超过长 200 m、宽 150 m，则根据 1∶1 000 这个比例，其图纸区域就在长 200 mm、宽 150 mm 范围内，可以选用 A4 图幅；如果工程涉及的范围不超过长 400 m、宽 270 m，采用 1∶1 000 的比例，就只能选用 A3 图幅。当然如果不选用 A4 图幅，但依然绘制在 A4 图幅上，就可以根据实际情况，灵活调整比例。比如，工程涉及的范围在长 400 m、宽 270 m 以内，可以将比例改为 1∶2 000，其他情况依此类推。

在室内工程中，由于房间和建筑物内的范围有限，一般选用较小的比例即可满足需要。比如，绘制一个长 20 m 和宽 15 m 的机房，可以按照 1∶100 的比例把它绘制在 A4 图纸上，A4 图纸的尺寸为长 297 mm、宽 210 mm，机房按此比例绘制为 200 mm 长、150 mm 宽，如图 3-19 所示。

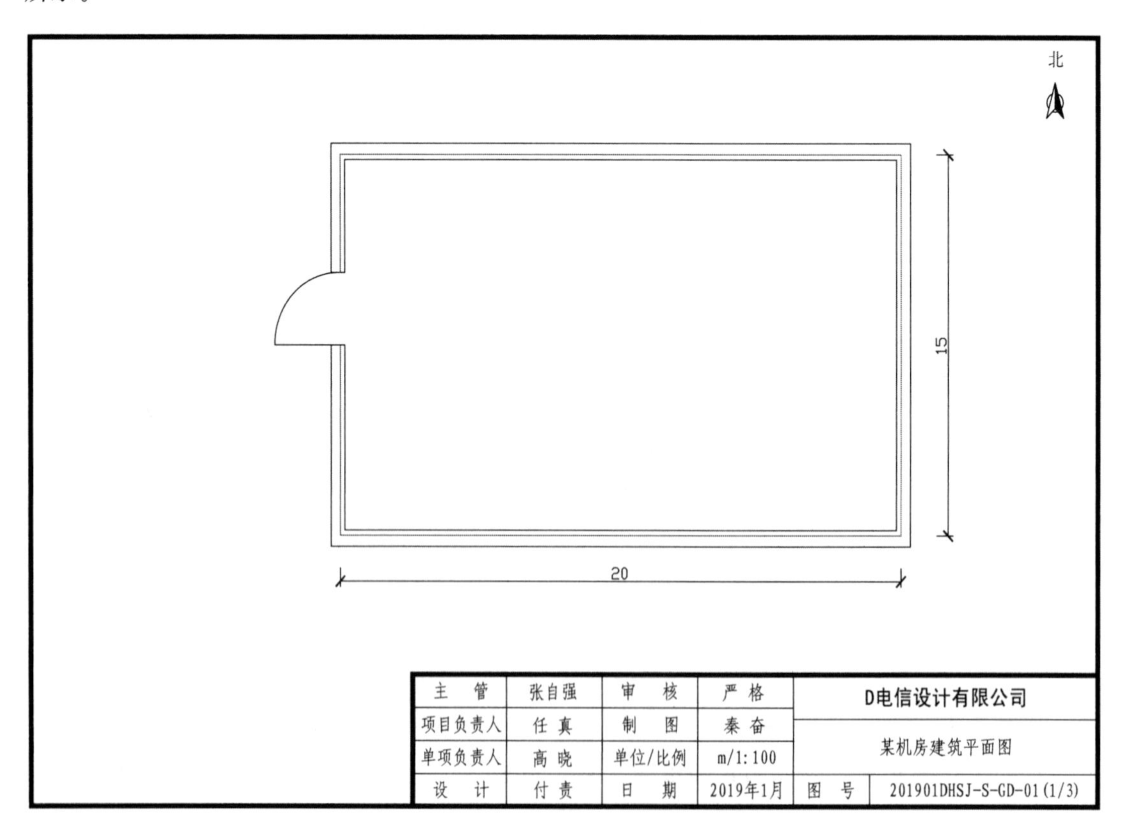

图 3-19 机房建筑示例

（4）指北符号和图衔

指北符号用于在图纸中指出正北方向。指北符号在室内机房图纸和室外机房图纸中是不同的，具体参见“图 3-8A 校区新建管道路由图”和“图 3-9 某基站机房设备平面布置图”。

图衔又称标题栏，以表格的形式存在。图衔包含图名、图号、各级负责人、绘图人、审核人等信息。可根据使用的需要设计或选用不同形式的图衔，这里给出常见的一种图衔，如图 3-20 所示。

图衔根据填写信息的不同和设计等单位要求的不同，各不相同。

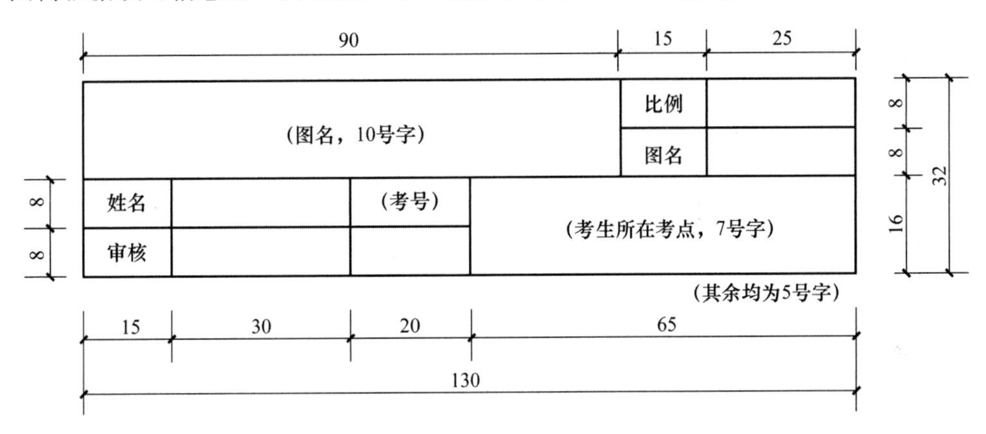

图 3-20　某图衔示例

（5）图例和文字说明

图例是给出工程中使用的图形符号的范例，一般符合国家通信行业制图规范的图形符号不需给出额外说明。

特殊的情况下，图纸上要表达的信息在国家规范中没有相关图形符号，需要自行定义，这时需要在图的左下方给出图例。

人、手孔图形的绘制在国家制图规范里已有定义，这里给出部分主要的管道工程人、手孔图例，如表 3-8 所示。

表 3-8　管道工程部分人、手孔列表

名称	图例	说明
直通人孔		人孔的一般符号
直角人孔		—
分歧人孔		—
手孔		手孔的一般符号

绘制图形时如国家规范没有提供相关图例，则需要给出图例并进行说明。

图纸上有些信息无法反映出来时，需要给出一些文字说明。

说明一般放置在图形的下方，特殊情况下，根据图纸幅面占用情况插空添加。图 3-21 为某接地系统图，对于接地等情况进行了说明，具体见图 3-21 右下角的“说明”。

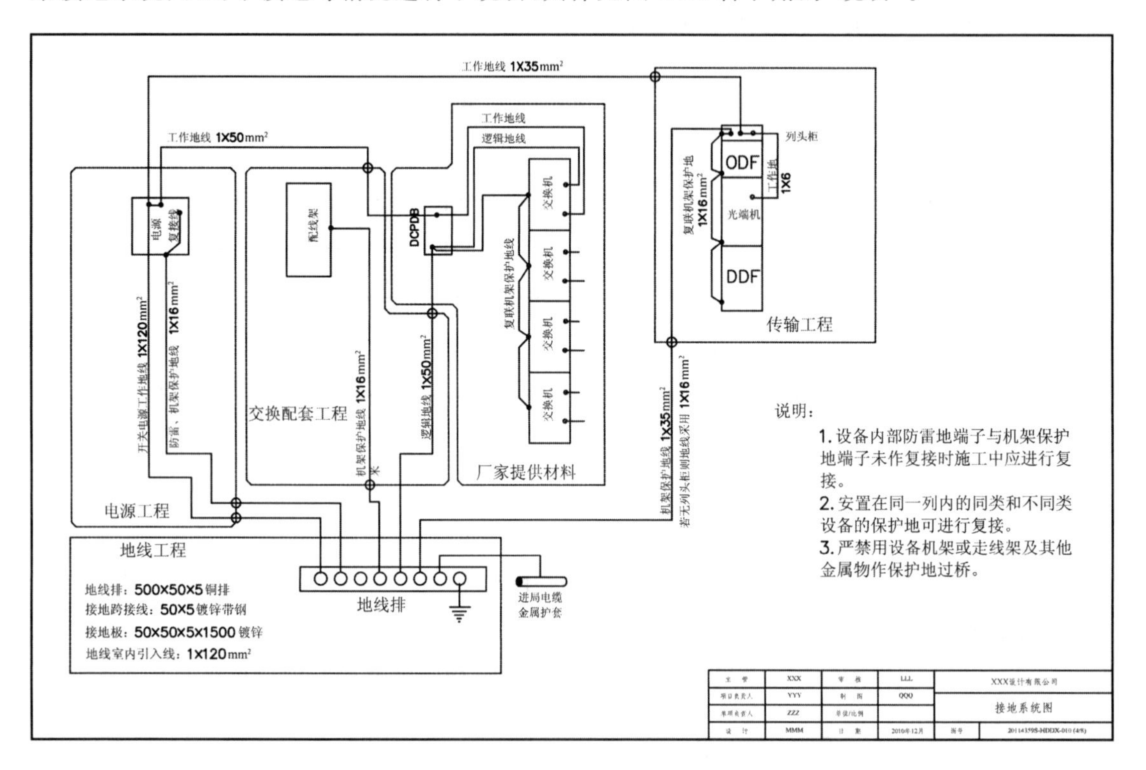

图 3-21　通信工程图纸中的说明实例

(6) 表格和其他图纸信息

图纸如需附加文字说明信息，信息中含有大量相同属性信息，需要逐条说明时，一般推荐采用表格的形式。使用表格可以更加直观、清晰地呈现图纸信息。

(7) 绘图顺序

绘图时可以从零开始绘图，也可以利用预先定义的样板绘制，或基于以往类似的图纸进行修改。

绘图时，一般按照图纸所描述的系统的工作顺序、线路走向、信息流向等顺序绘制各个组成部分。

一般按照“先主要，后次要”的原则绘制。一般情况下，在设备安装工程中，应先绘制设备布局，再绘制设备间走线；在线路工程中，一般应先绘制基础平面图，再绘制中间局点、接头，最后绘制线缆；同样地，在管道工程中，先绘制基础平面图，再绘制人、手孔和接头等处的设施，最后绘制管道。

(8) 视图重画与图形重生

视图重画与图形重生是不同的概念。

视图重画只是简单地清理屏幕，不重新进行视图显示计算。视图重画用于重画当前视图，删除编辑点标记，清理屏幕无关内容。

图形重生则是重新进行图形显示计算，并刷新数据库，将结果重新显示在屏幕上，因而需要较多的处理时间。

在使用 CAD 软件绘图的过程中，如果遇到图形显示失真，影响图形识别和绘制时，需要使用图形重生功能来修正图形的失真。

(9) 图形文件输出及其管理

图形文件输出包括将图形打印输出到纸张及其他打印介质上，或向他人直接提交图形电子文档，将图形链接到其他文档或程序中，输出到虚拟打印机，通过网络传递、发布图形等。

这些不同形式的输出与图形文件的用途联系在一起。

在通信工程中，主要是把图纸打印出来指导施工，这里介绍一下图纸如何打印。

在正确连接好打印机后，就可以开始打印了，调用打印命令的方式有以下几个。

① 命令行：Plot。

② 菜单：File→Plot。

③ 标准工具栏：单击打印机图标。

④ 键盘快捷键：Ctrl+P。

⑤ 右击菜单：在模型空间或图纸空间标签上右击，选择 Plot。

以上这些方式，根据使用情况进行灵活选择，在第一次打印前要进行打印设置。在模型界面下进入打印设置，如图 3-22 所示。

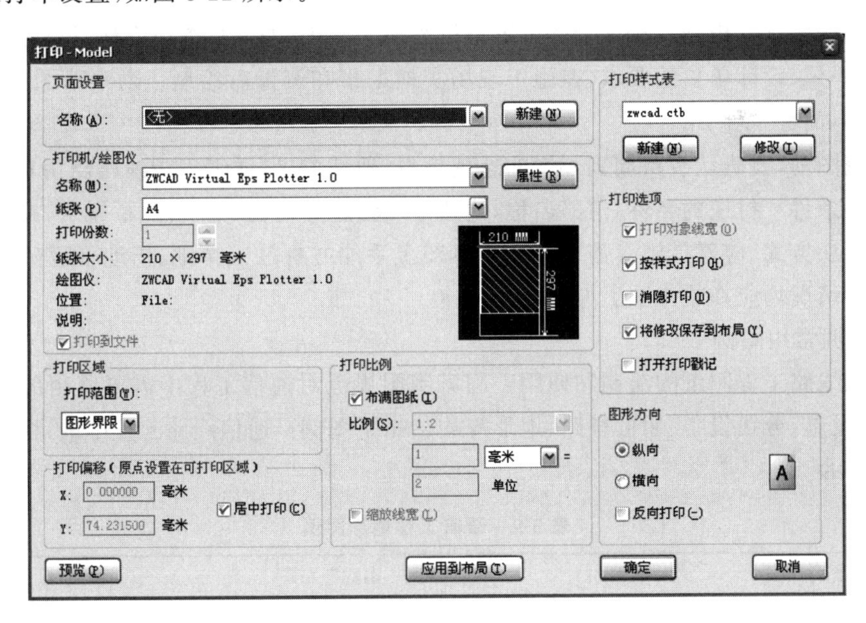

图 3-22　打印设置图

打印设置步骤如下。

① 设置打印机：选择一台直接连接本机或通过局域网连接的打印机。

② 选择打印“纸张”：如 A4 等。

③ 选择“打印范围”：选择打印范围的方式有窗口、显示、图形界限、范围等。

④ 设置“打印比例”为“布满图纸”或给出一个比例。

⑤ 选择打印样式,新建或使用默认的打印样式。

⑥ 设置“图形方向”:纵向或横向,并进一步可以根据朝向设置“反向打印”属性。

探 讨

- 视图重画与图形重生的主要区别是什么?
- 在什么情况下使用视图重画?
- 在什么情况下使用图形重生?
- 如何正确使用图层管理器设置各图层的属性及状态?

3.2 通信线路图纸绘制

通信线路工程主要涉及通信光(电)缆的直埋、架空、管道、海底等线路工程。在通信线路工程中,通过图纸标明线路的路由、施工方式等信息,方便施工单位和监理单位的使用。

通信线路工程图纸主要包括线路路由图、施工图等。

3.2.1 绘制前的准备

(1) 阅读勘察草图

通信工程图纸要根据工程的设计方案进行绘制。其中,勘察草图由勘察、设计人员按建设单位、勘察单位、设计单位的要求,在施工现场实地勘察和测量后绘制。勘察草图又被称作底(草)图,以下简称“草图”。

绘制草图前,要确认线路周围环境的地理信息、地址信息,详细记录线路路由周围约 50 m 以内的自然条件。村庄的名称,道路名称,线路穿(跨)越障碍物(如河流、桥梁、铁路、公路、山、沟等)的地点、方式、应对措施等需要在勘察草图上手绘并标注。草地、田地、地势、山、丘陵等地质和土质情况均应在施工图上标注。

(2) 掌握常用图例

为规范线路工程图纸的绘制和使用。国家制图规范对通信工程中需要绘制的光缆、通信线路、线路设施、分线设备、通信杆路、地形等均给出了图例。通信线路工程中的常见地形图例如表 3-9 所示。

表 3-9 通信工程地形图例

名称	图例	名称	图例
房屋		池塘	
在建房屋	建	阔叶独立树	

续 表

名称	图例	名称	图例
破坏房屋		天然草地	
一般公路			

一般通信线路，主要包括直埋、水下、海底、架空等施工方式，其图例如表 3-10 所示。

表 3-10　通信工程通信线路图例

名称	图例	说明
通信线路		通信线路的一般符号
直埋线路	或	—
水下线路、海底线路		—
架空线路		—

在线路工程中，如采用架空方式实现时，在沿路由方向的电杆上布放线缆。电杆根据固定方式的不同，分为带撑杆的电杆和带拉线的电杆；根据拉线的数量和方向等信息，可进一步分为单方拉线电杆、双方拉线电杆等。常用的杆路图例如表 3-11 所示。

表 3-11　通信工程通信杆路图例

名称	图例	说明
电杆的一般符号		可以用文字符号(A-B)/C 标注， 其中：A—杆路或所属部门；B—杆长；C—杆号
带撑杆的电杆		—
带撑杆拉线的电杆		—
通信电杆上装设避雷线		—
单方拉线		拉线的一般符号
双方拉线		—

通信线路工程中，光缆部分图例如表 3-12 所示。

表 3-12　通信工程光缆部分图例

名称	图例	说明
光缆		光纤或光缆的 一般符号
光缆参数标注	a/b	a—光缆芯数 b—光缆长度

线路工程中，根据施工需要在一些特殊地点盘留一些线缆，一些线路交接的地方使用交接箱，交接箱根据安装方式分为架空、落地、壁龛等，这些图例，详见表 3-13。

表 3-13　通信工程通信线路设施部分图例

名称	图例	说明
光缆电缆盘留		—
架空交接箱		—
落地交接箱		—
壁龛交接箱		—

查阅线路工程图例并学习线路工程中常用图例的绘制方法。

归纳思考

- 分类总结通信线路工程图中使用的图例。
- 列举不同安装方式下，交接箱的图例画法。

3.2.2　绘制图纸

在勘察草图的基础上，进一步明确设计方案，就可以开始施工图的绘制。在满足需要的前提下，在绘制通信线路工程施工图时，沿线路方向的参照物严格按比例绘制，其他横向参照物采用另外比例或按示意绘制。

沿途参照物（环境、地理、建筑、公路等信息）绘制完成后，接下来需要完成设计方案的绘制工作。通信线路工程涉及的主要工作包括：施工测量和开挖路面，敷设线缆〔按照敷设方式不同，分为埋式光电缆敷设、架空光（电）缆敷设、管道及其他光（电）缆敷设〕，光（电）缆接续与测试，安装线路设备，建筑与建筑群综合布线系统工程等。这些内容都能在工程设计图纸上得到一定程度的反映。

下面以“基站间（X 基站至 Y 基站）光缆线路工程”图纸绘制为例进行说明。

（1）勘察草图

现场定位、勘察 X 基站和 Y 基站，选择走线路由，并记录两基站间的参照物，测量尺寸，手绘记录勘察结果形成勘察草图，如图 3-23 所示。

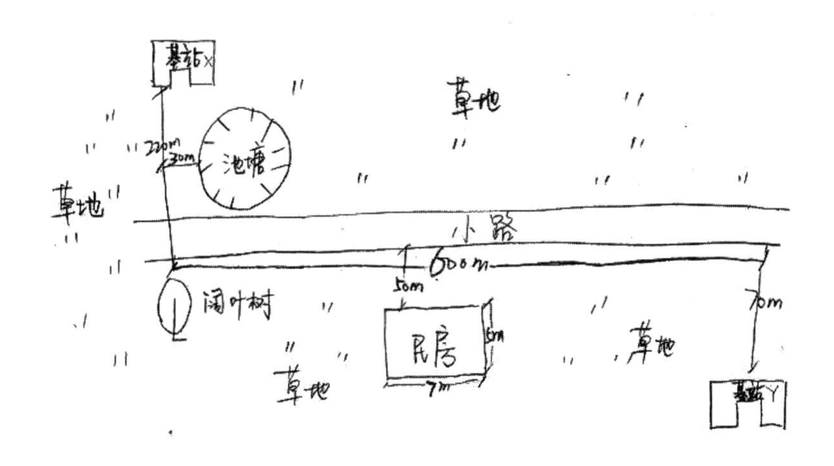

图 3-23　勘察草图

（2）图纸信息设置

以勘察草图为输入信息，准备绘制 CAD 图。本光缆线路工程施工图选择 A4 幅面，根据草图内容计算确定采用 1∶1 000 比例，字体采用仿宋体。图面布局合理，排列均匀，轮廓清晰，便于图纸的编辑、修改和使用。从勘察草图可知，光缆线路路由以基站 X 为起点，以基站 Y 为终点。选用合适的图线宽度，线路施工图常用粗实线和细实线以及虚线进行绘图。一般新建光（电）缆用粗实线表示，虚线表示待建部分，其他用细实线表示。在绘图图形时，应正确使用图标和行标规定的图形符号。

图例中的图形符号是工程语言，设计人员和施工人员要了解和掌握每个图形符号的含义和性质。派生新图标时，要按照要求加以注明。按规定设置图衔，注明相关信息。特别注意，图纸应按规则编号。

（3）图层设置

根据绘制图形的特征，建立不同的图层，对图层分别命名。分层绘制有利于图纸的绘制、图纸的打印、图纸的使用和图纸的管理。一般情况下，在“基础层”内绘制图幅、图框、指北符号、图衔等内容；在“地形层”绘制当地的山地、草地和树木等信息；在“线路层”绘制线杆和光缆等线路设施；在“标注层”标注尺寸。根据管理和其他需要，还可以设置不同图层。

（4）图纸绘制步骤

①首先，在基础层，绘制图框、指北符号和图衔等内容（经常使用的内容可以建立图纸样板并保存，便于重复使用），绘制完成，如图 3-24 所示。

② 在此基础上，依据设计方案，绘制线路地形、地理、植被、建筑物等环境信息，如图 3-25 所示，包括民房、池塘、基站，以及公路、阔叶树和草地等。

架空杆路对于过路部分采用塑料管套管保护，需要在图中标明。

给出绘图中使用的图例，绘制在图形文件的左下方，如图 3-26 所示。

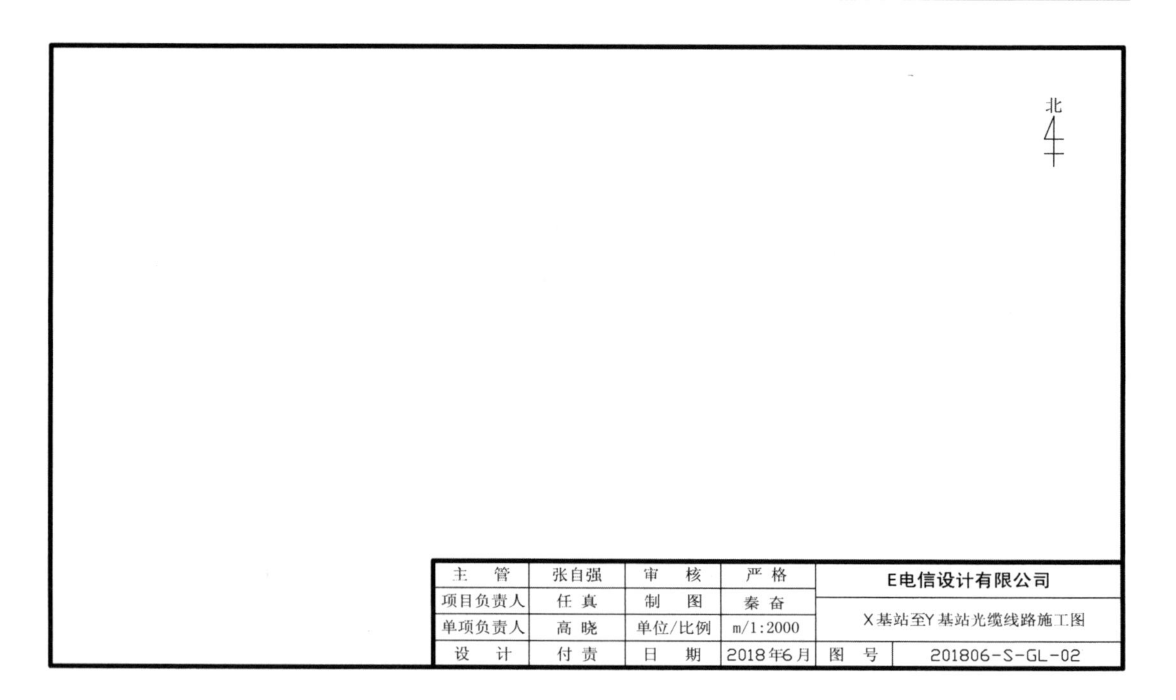

图 3-24　图框等基本信息

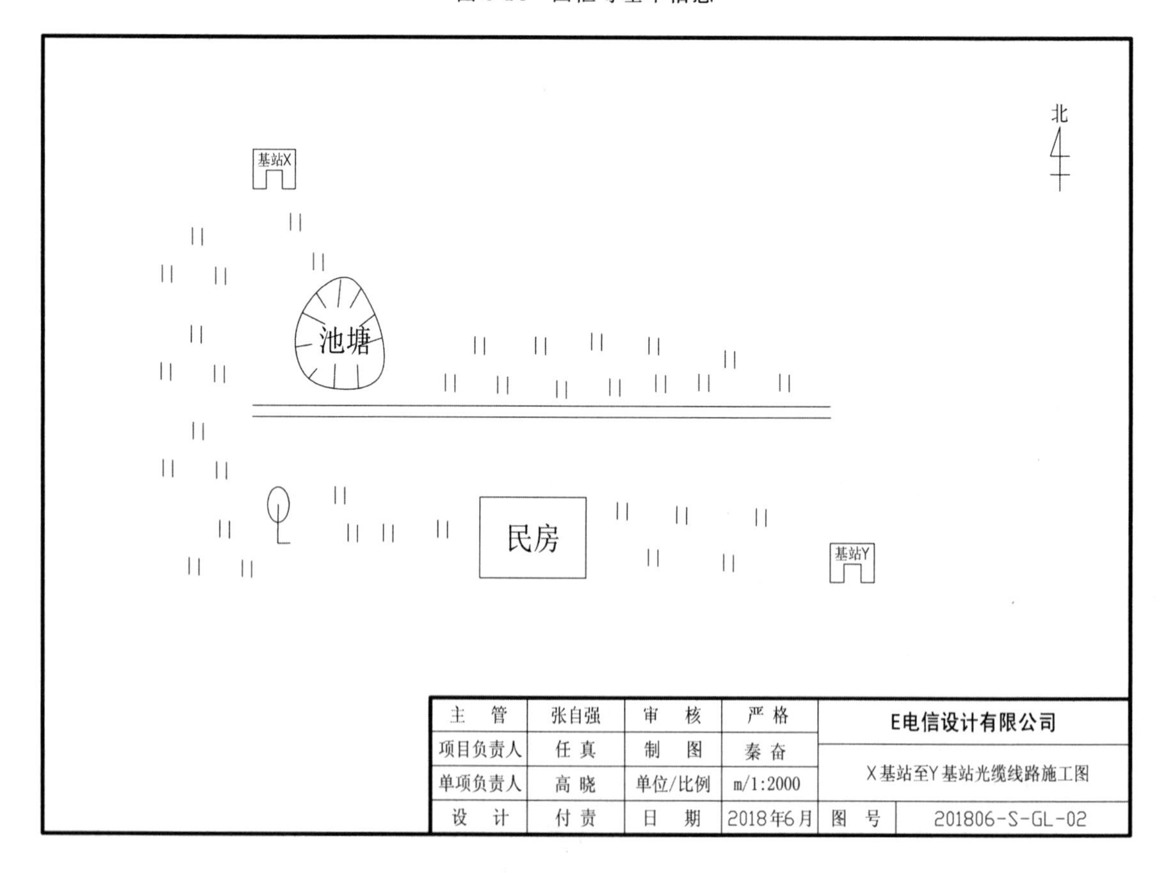

图 3-25　地理环境和植被等信息

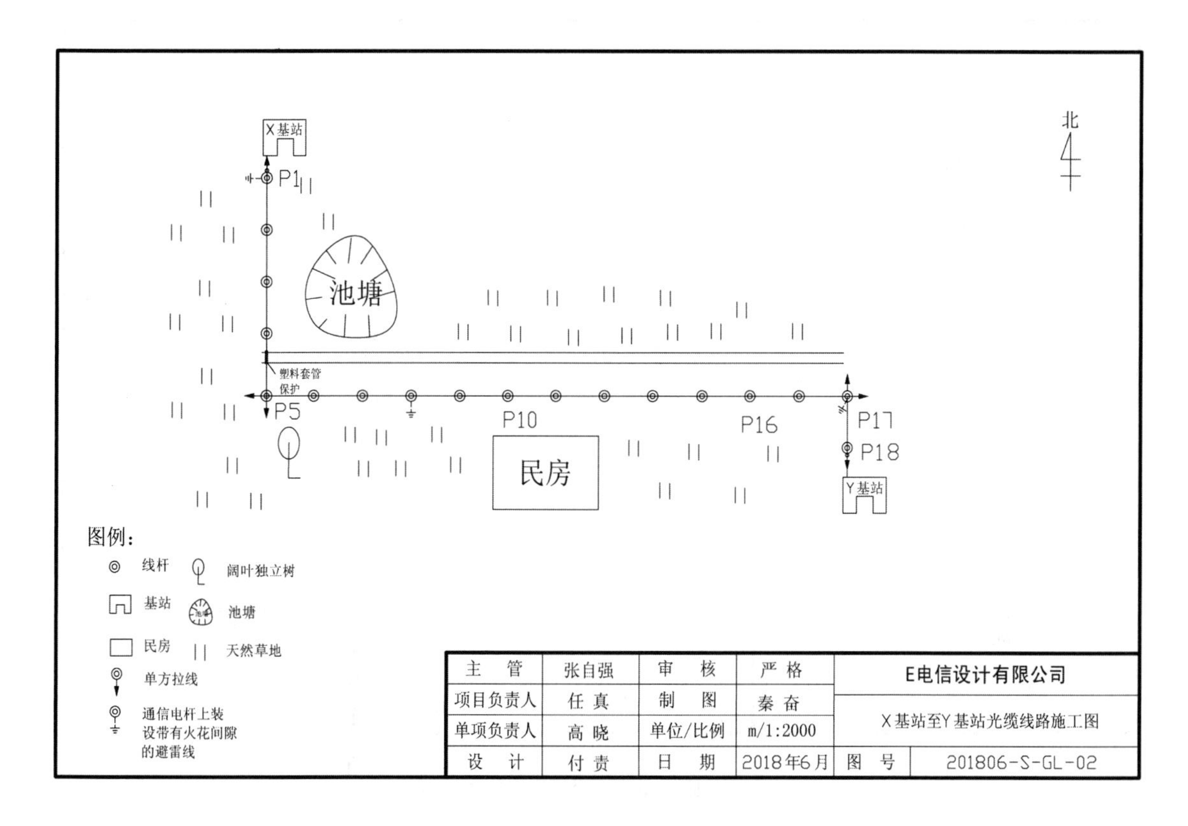

图 3-26　某线路工程路由图

③ 根据地形、建设单位要求等因素明确本工程走线路由、设计方案信息。

本方案计划采用架空形式敷设光缆线路，连接基站 X 与基站 Y。依据设计方案和通信线路规范，确定并标示路由。根据线杆的档距要求，在路由方向上确定并绘制线杆的位置。根据使用需要，设置拉线、接地线。

确定线杆的位置，并标示两线杆之间的距离于线上，从 X 基站开始，对于线杆按照 P1 至 P19 依次编号。

④ 本次工程线路长度以 m 为单位，与图衔中给出的单位一致，可不标注单位。若采用其他单位，应具体标明。

⑤ 对图中内容标注尺寸，如杆距等，杆距应顺着线路路由方向标注，并符合视图方向，标明杆距方向应与线路路由方向协调一致，并不得被其他图线穿过，如图 3-27 所示。

⑥ 在图纸上统计出主要工程量，并用表格的形式给出，列在图纸的右下方，如图 3-28 所示。

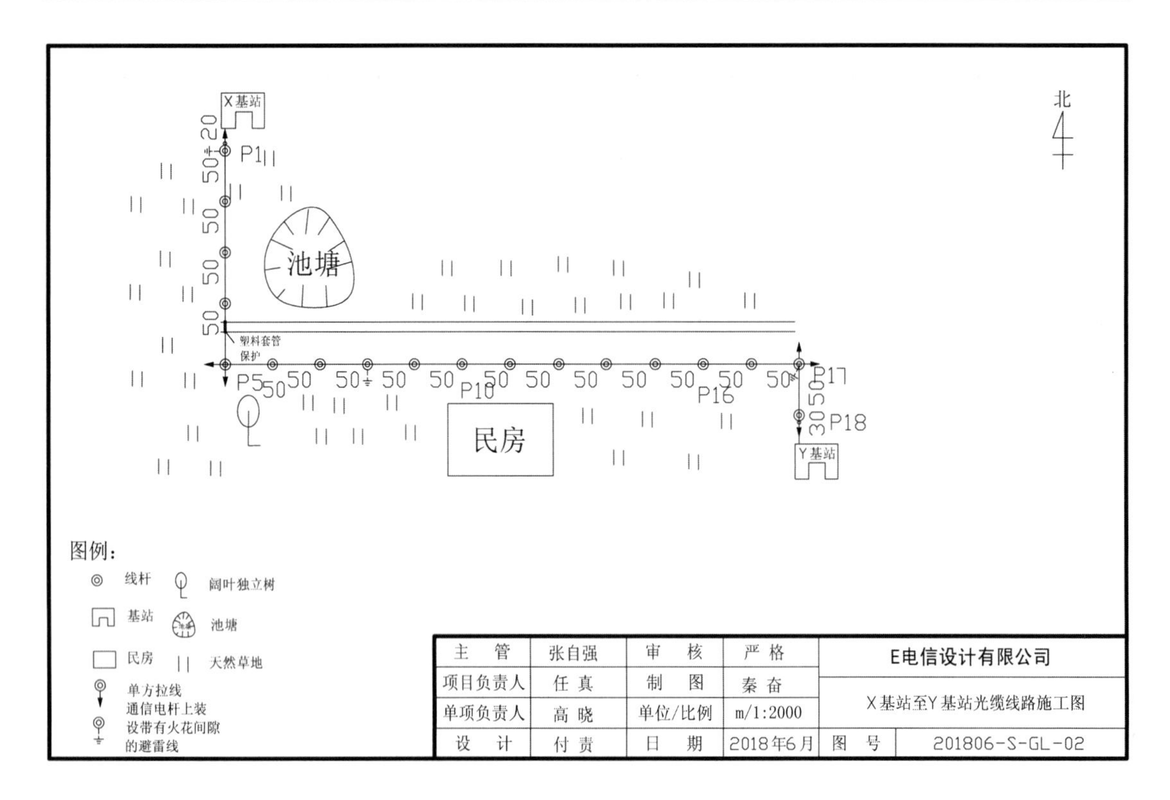

图 3-27　某线路工程路由图(标注尺寸)

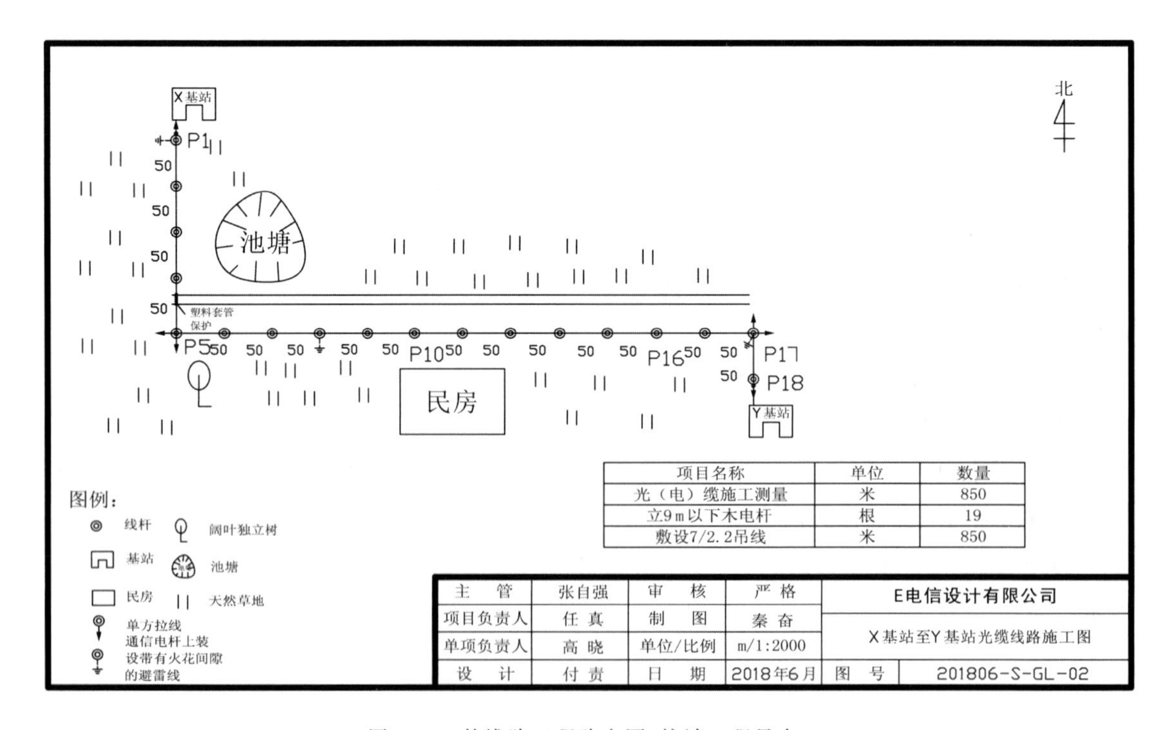

项目名称	单位	数量
光（电）缆施工测量	米	850
立9 m以下木电杆	根	19
敷设7/2.2吊线	米	850

图 3-28　某线路工程路由图(统计工程量表)

至此，就完成了一张线路工程图纸的绘制。

重点掌握

- 线路工程图纸的组成。
- 线路工程图纸绘制步骤。

3.3　通信管道图纸绘制

通信管道是指专门修建的通信专用管道，或者通用管道中通信使用的管孔。在城市中，管道以其不影响街道整洁和城市美观的特点，而越来越被普遍使用。管道工程中通过管道图纸来标示管道的路由、人手孔的位置和距离等信息。

为方便管道光缆布放及日常管理，在线路的特殊位置设置人孔或手孔。一般体积较大，人能下到管井内的称为人孔；体积较小，只能伸手进去的称为手孔。通信管道是连接人、手孔之间的部分，常用塑料管道。

3.3.1　绘制图纸前的准备

通信管道工程图纸要根据管道工程设计方案进行绘制。通信管道工程图纸包括管道路由附近的地理信息和地址信息。管道工程中，一般管道用直线表示，人、手孔的绘制在通信工程规范中有专门图例。直通型人孔、手孔和斜通型人孔的图例参见表 3-14。

表 3-14　通信工程通信管道部分图例

名称	图例	说明
直通型人孔		人孔的一般符号
手孔		手孔的一般符号
斜通型人孔		—

3.3.2　绘制图纸

① 首先创建基础层、管道层、标注层，并在基础层内绘制图框、指北符号和图衔，并按照图衔要求填写内容。根据本工程中所使用人、手孔的规格和型号，绘制相关的图例，置于图纸的左下方，见图 3-29 左下方图例。

② 画出管道所在地的地理环境，主要包括管道路由附近的道路和建筑物等参照物，并标明其名称等信息，如图 3-30 所示。

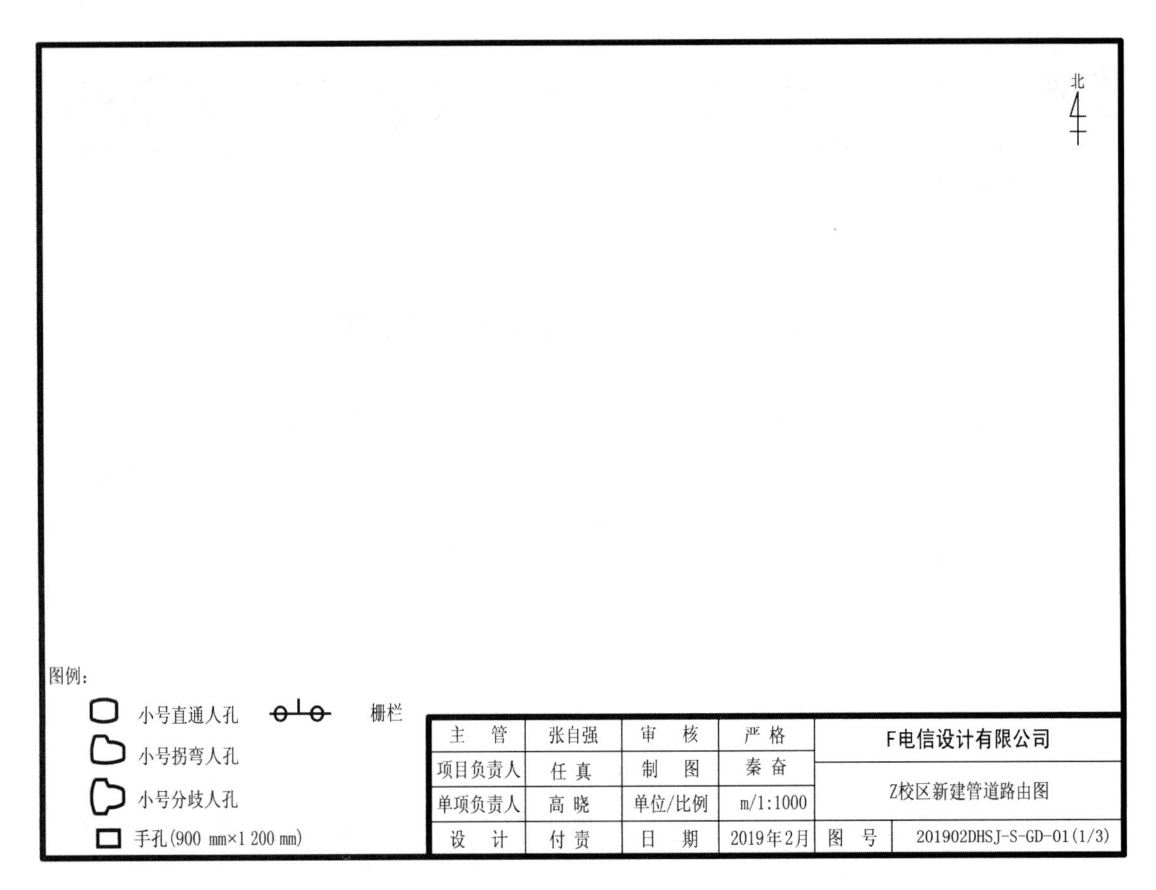

图 3-29　管道工程图图例

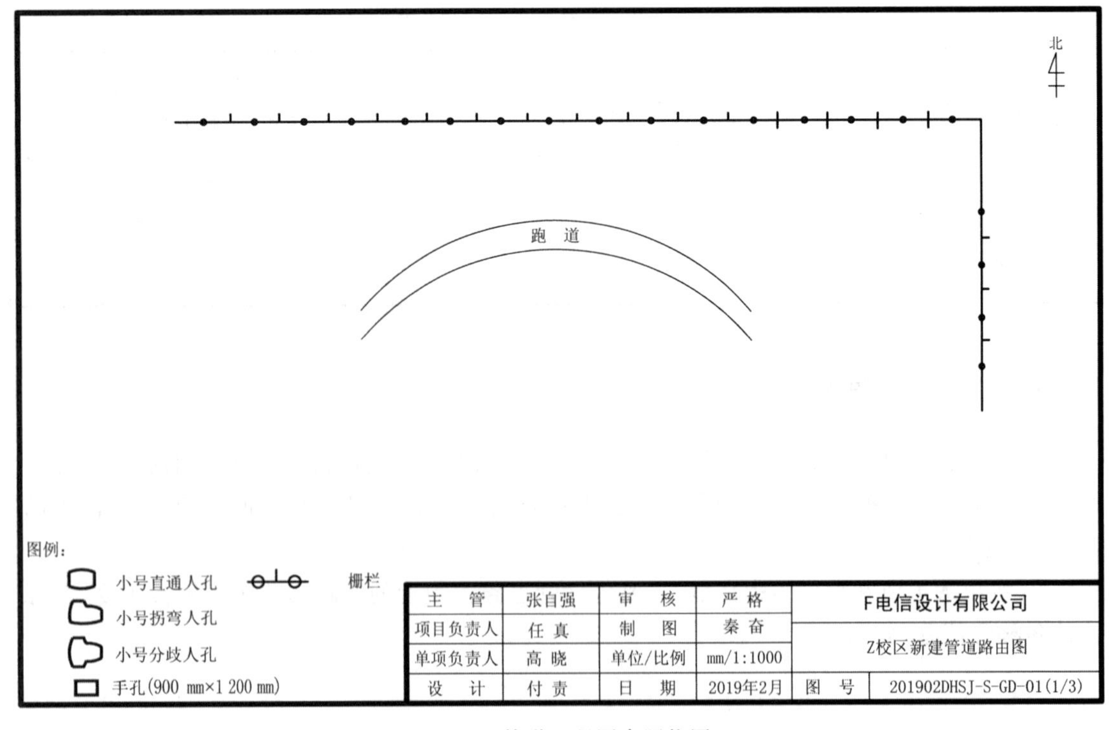

图 3-30　管道工程图参照物图

③ 从路由起点到终点,依次画出管道路由上的各个人、手孔,按照各种人手、孔图例样式绘制,并标注人、手孔之间的距离。根据管道的实现形式,如果是塑料管道应在其上标明类型和数量。例如,1 根七孔梅花管和 1 根波纹管可在路由上标示为“七孔梅花管×1+波纹管×1”,如图 3-31所示。

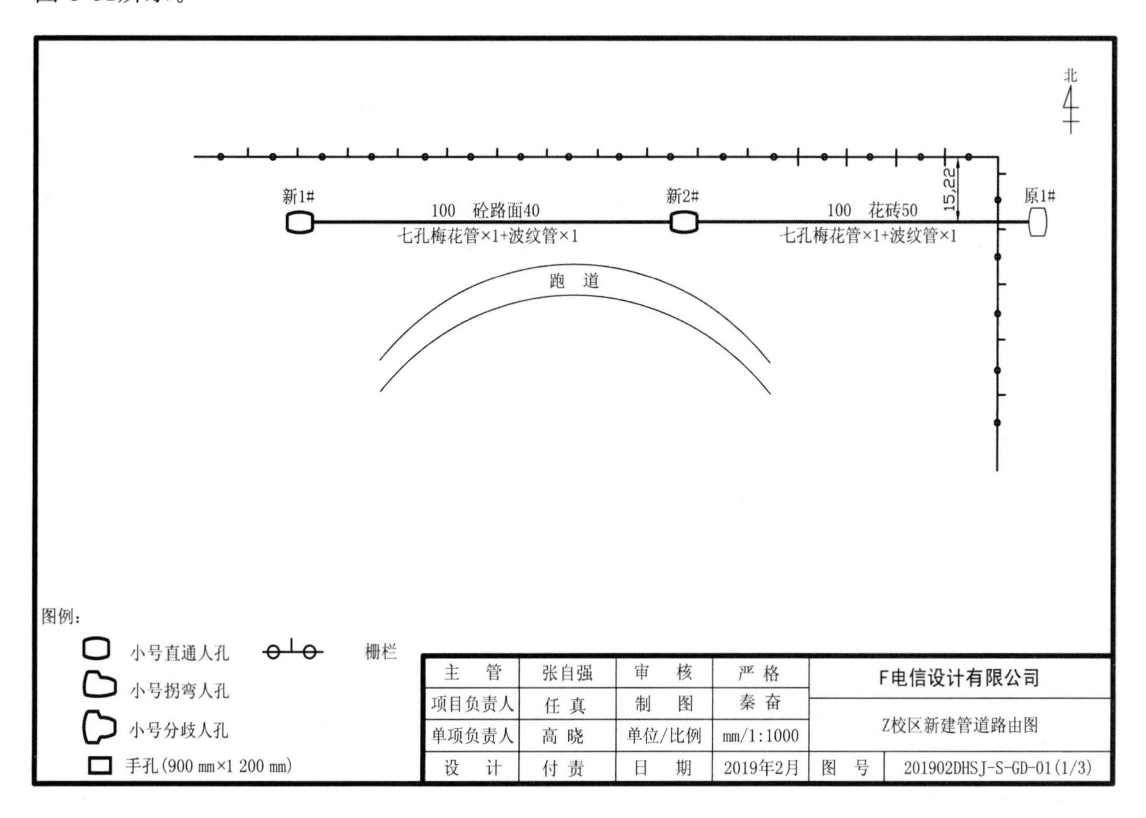

图 3-31　管道工程路由图

④ 管道路由图绘出了管道路由相对于参照物的走向等信息,而管道内各个管孔的排列及管道深度等信息有没表现出来,这些信息需要在管道断面图和剖面图上表述。

一般情况下断面图和剖面图与管道路由图的比例和单位均不同,为使图纸能清晰地显示管道构成情况,一般要使用较大的比例画出管道断面图和剖面图,且要标示单位。

管道断面图和剖面图一般绘制在整张图纸的左方或下方,且位于图例的上方,并根据图纸的情况插空布放。

管道断面图和剖面图清楚地说明管道各组成部分的尺寸,要通过管道断面图画出地基、管道基础、塑料管道的数量与排列方式、接头处的混凝土包封情况。

为具体标示管道不包封处和包封处的尺寸,剖面图如图 3-32 所示。管道剖面图清晰地绘制出了整条管道在接头处用混凝土包封,而在一般情况下没有采用包封的情况。从剖面图可以清晰地看出混凝土包封位于接头两侧各 50 cm 长,共 100 cm 长。管道上沿距包封顶部 5 cm 厚,管道下沿距包封底部 8 cm 厚,塑料管高度为 10 cm。

在工程图纸上增加断面图。A-A 断面图给出了塑料管道没加混凝土包封处的各个尺寸,如图 3-33(a)所示,管道距地面的距离大于 80 cm,七孔梅花管的宽度为 11 cm、高度为 10 cm,管道沟底七孔梅花管距离坡下沿的距离为 20 cm,管道口上沿宽度为 93 cm。

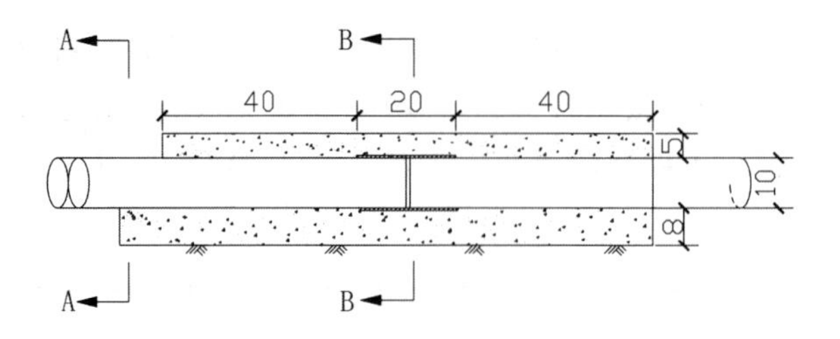

图 3-32　管道工程剖面图(接头包封示意图,单位:cm)

B-B 断面图中,要求管道包封上沿到地面的距离大于 80 cm,塑料管上沿到管道包封上沿的厚度为 5 cm,塑料管道壁的厚度为 5 cm,塑料管下沿到管道包封下沿的厚度为 8 cm。塑料管宽为 11 cm、高为 10 cm,管道口上沿宽度为 93 cm,如图 3-33(b)所示。

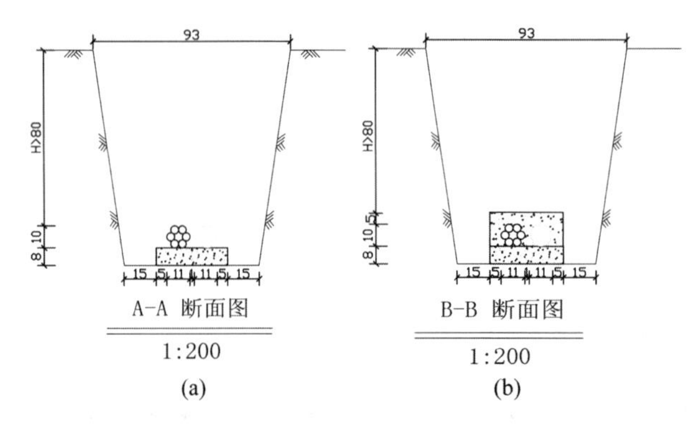

图 3-33　管道工程断面图(单位:cm)

⑤ 在工程图纸上增加剖面图和断面图。增加剖面图和断面图后的工程图纸如图 3-34 所示。

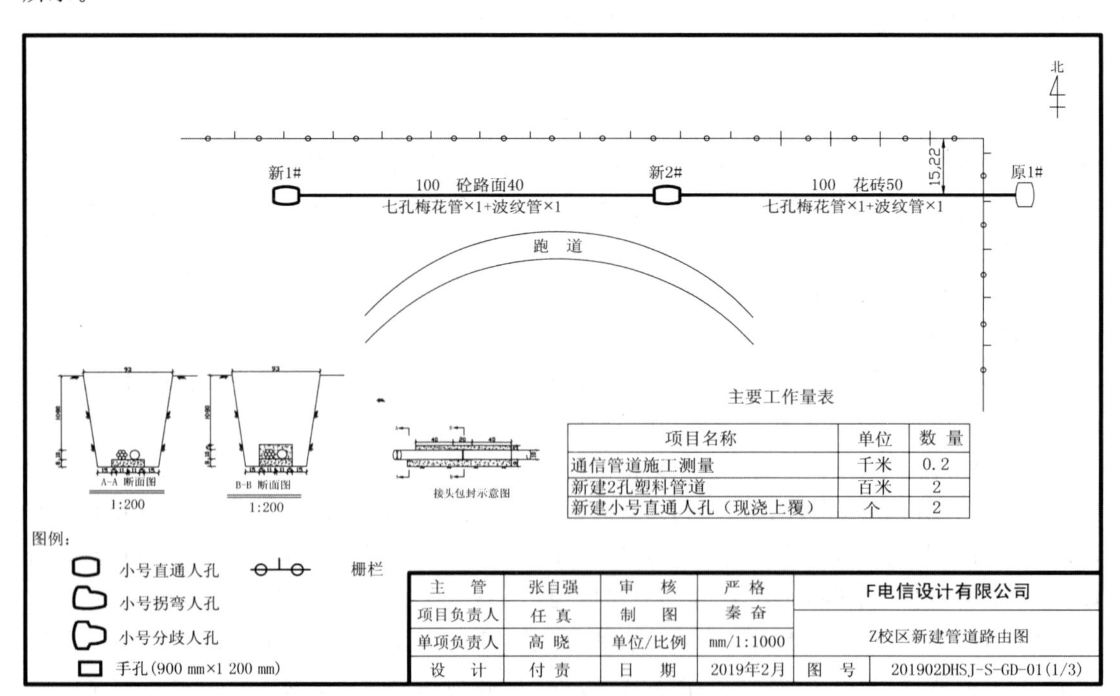

主要工作量表

项目名称	单位	数 量
通信管道施工测量	千米	0.2
新建2孔塑料管道	百米	2
新建小号直通人孔(现浇上覆)	个	2

主　管	张自强	审　核	严 格	F电信设计有限公司	
项目负责人	任 真	制　图	秦 奋	Z校区新建管道路由图	
单项负责人	高 晓	单位/比例	mm/1:1000		
设　计	付 责	日　期	2019年2月	图　号	201902DHSJ-S-GD-01(1/3)

图 3-34　管道路由图、管道断面图和剖面图

重点掌握

➢ 管道工程图纸的内容组成。

➢ 管道工程图纸的绘制方法。

3.4　通信设备机房图纸绘制

通信工程中，还有一类是机房内的设备安装工程，这类工程涉及通信电源设备安装工程、有线通信设备安装工程、无线通信设备安装工程等。室内设备安装工程图纸的绘制过程不同于室外管线工程。

3.4.1　绘制前的准备

通信设备机房的工程图纸要根据设计方案进行绘制。

通信设备机房图纸上的主要信息与前文所述通信线路工程和通信管道工程图纸上的主要信息有较大区别。通信设备机房图纸主要绘制室内机房，而通信线路和管道图纸主要绘制室外的通信线路和管道。

室内图形包含建筑信息，主要包括墙、门、窗、电梯、空洞、柱子等。

一般建筑，常见的墙有 240 mm 和 370 mm 两种厚度。建筑物分为外墙和隔断墙，外墙为建筑物外表面墙体，隔断墙一般为建筑物内分隔房间的墙体。在绘制建筑物平面图时，应注意区分外墙和隔断墙，两者厚度不同，外墙厚度一般为 370 mm，隔断墙厚度为 240 mm。

楼内门分为单扇门、双扇门等，窗户主要采用单层固定窗，电梯和楼梯画法也大不相同，墙上的孔洞和楼板的孔洞，以及柱子等内容，国家制图规范中都给出了图例。机房建筑及设施图例见表 3-15。

表 3-15　通信工程机房建筑及设施图例

名称	图例	说明
墙		墙的一般表示方法
墙预留洞		尺寸标注可采用(宽×高)或直径形式
空门洞		—
单扇门		包括平开或单面弹簧门， 作图时开度可为 45 度或 90 度
双扇门		包括平开或单面弹簧门， 作图时开度可为 45 度或 90 度
单层固定窗		—
电梯		—
隔断		包括玻璃、金属、石膏板等， 与墙的画法相同，厚度比墙小

续表

名称	图例	说明
栏杆		与隔断的画法相同,宽度比隔断小,应有文字标注
楼梯	上	应标明楼梯上(或下)的方向
房柱	或	可依照实际尺寸及形状绘制, 根据需要可选用空心或实心

3.4.2 绘制图纸

设备主要包括:电源设备、有线通信设备和无线通信设备等。虽然不同专业的设备存在各自的特点,但是设备安装工程图纸的绘图过程总体较为相似。

① 基站机房

基站设备属于无线通信设备的一种。这里以 Z 机房的数据设备安装工程图纸为例,进行介绍。首先,在图纸上绘制图幅、图框、图衔、指北符号等图形,为后续绘图做准备。然后,建立图层,图层主要包括:建筑层、走线架层、设备层、走线路由层、标注层、基础层(包括图框、指北符号等)。图层根据图纸选择选用。在图纸左下方绘制图例,图例中给出原有设备、新装设备、扩容机位、设备正面等图形样式和说明文字,如图 3-35 所示。

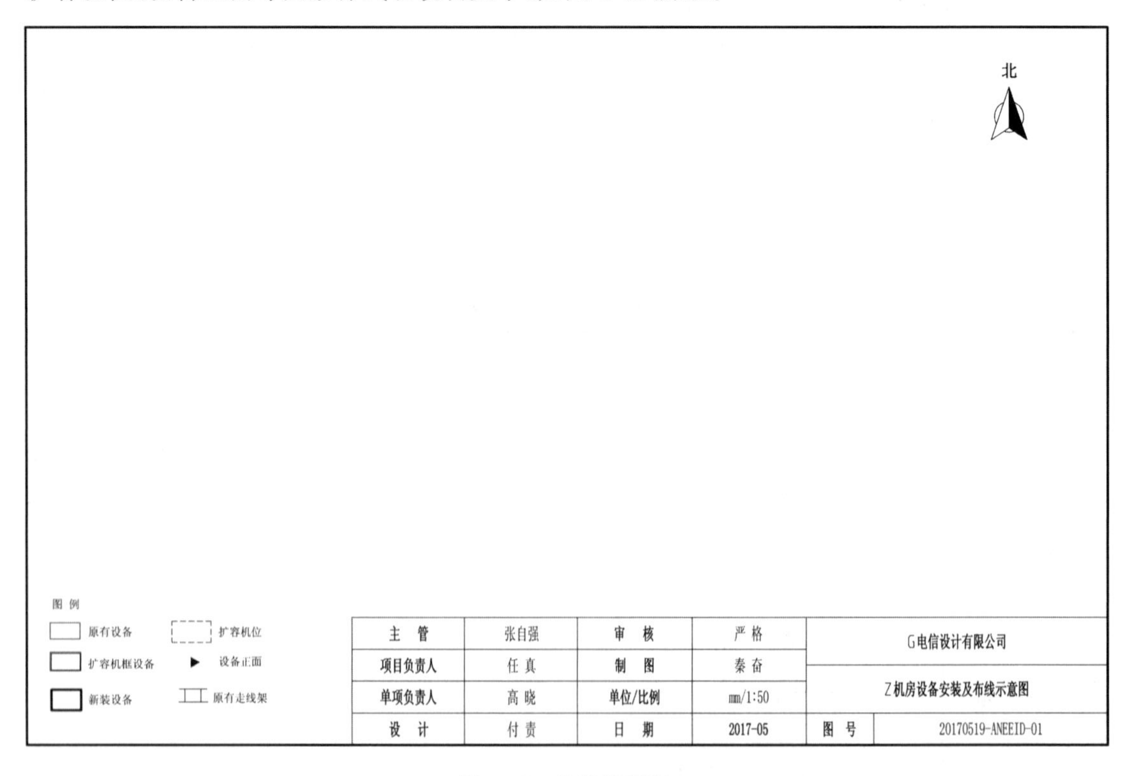

图 3-35 机房基础图

基础层绘制完成后,接下来再绘制其他图层,包括:建筑层、设备层、走线架层、走线路由层、标注层等。建筑层包括墙体、门、窗、走线洞等。

在设备层绘制路由器等设备,在走线架层绘制走线架,在走线路由层标明走线路由信息,如图 3-36 所示。

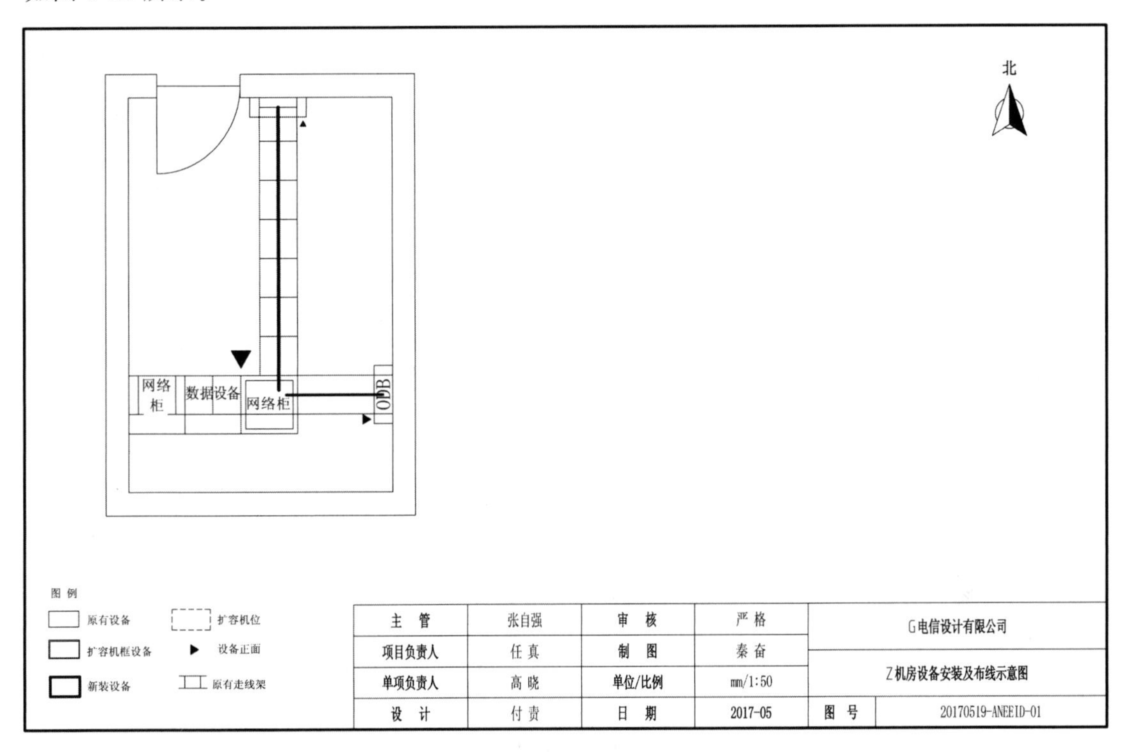

图 3-36 机房建筑平面图

还需要绘制设备面板图，并在标注层给出设备间的距离等标注，在图的左下方给出图例，若需要说明直流分线盒、光缆进线洞的位置，则在图中引出标注，如图 3-37 所示。

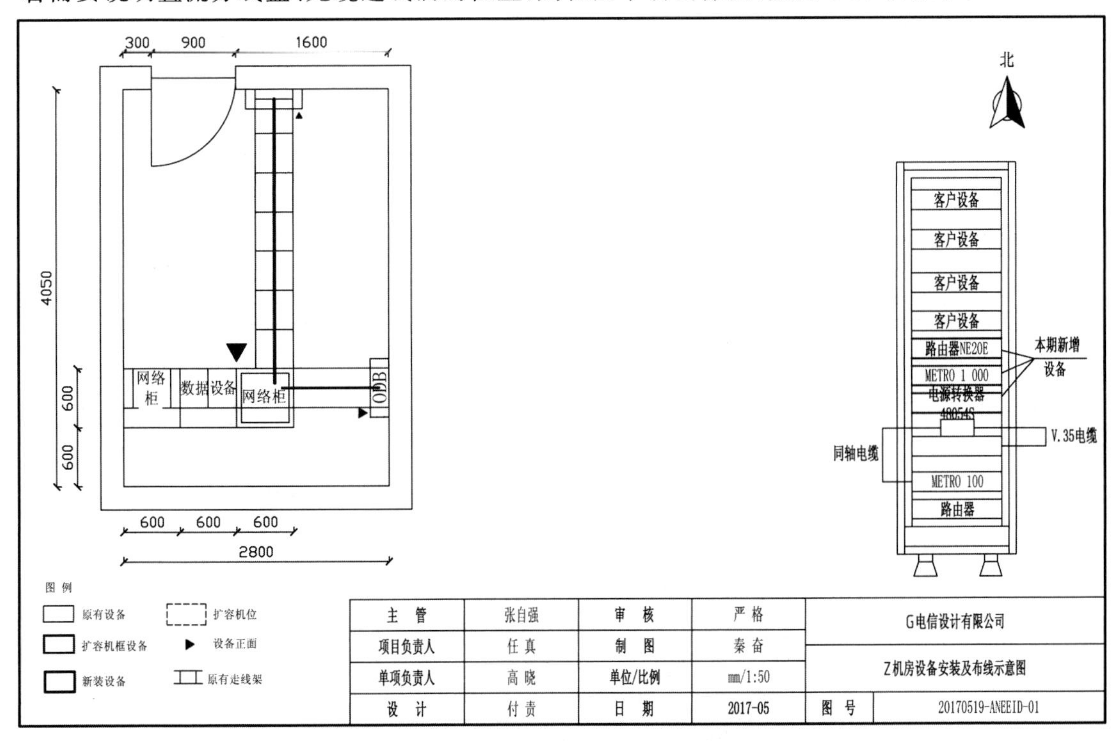

图 3-37 机房建筑平面图

最后，增加必要的说明文字，并插入数据表格，如图 3-38 所示。

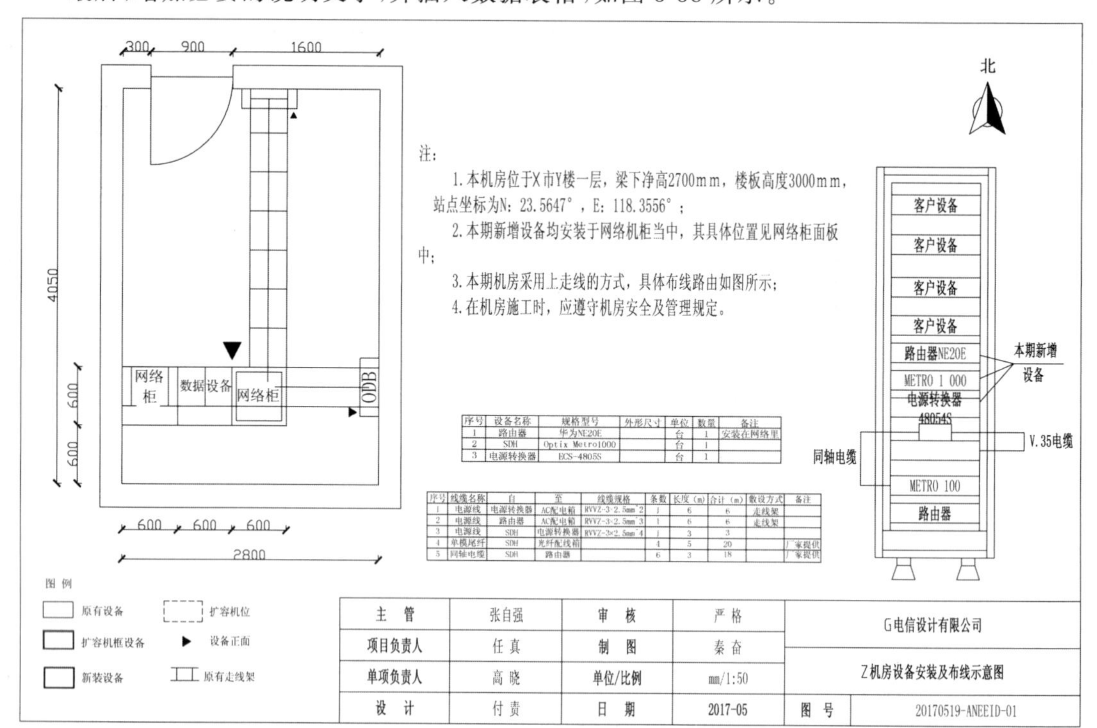

图 3-38 Z 机房设备安装及布线示意图

② 数据机房

图纸中有些信息常常以表格的形式给出。例如，设备布置图中的设备表就常常以表格形式，给出设备名称、规格型号、外形尺寸、单位和数量。

设备表一般借助 CAD 软件提供的插入"OLE 对象"功能来实现，OLE 即对象链接嵌入。要嵌入的设备配置表如表 3-16 所示。

表 3-16 设备配置表

序号	设备名称	规格型号	外形尺寸(高×宽×深)	单位	数量	备注
1	路由器	NE20E		台	1	安装在网络柜
2	SDH	METR0 100		台	1	安装在网络柜
3	电源转换器	4805S		台	1	安装在网络柜

使用插入"OLE 对象"的方法，把设备配置表添加在 CAD 图中。插入的方法如下。

第一步，在 EXCEL 软件界面制作表格，如图 3-39 所示，并保存在桌面上，命名为"局机房.XLS"。

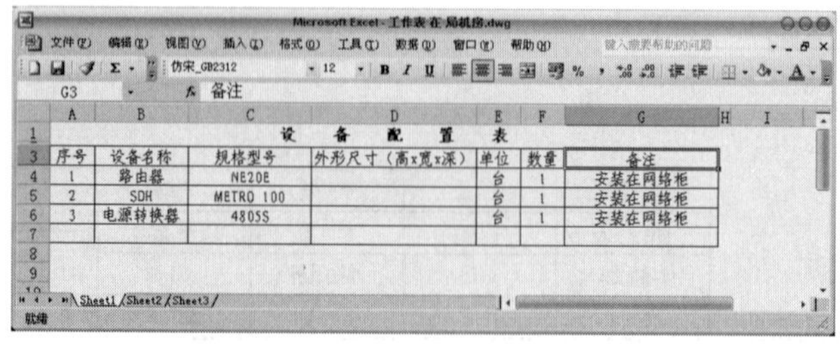

图 3-39 插入"OLE 对象"步骤一

第二步，在 CAD 软件界面，选择“插入”菜单项下的“OLE 对象”，如图 3-40 所示。

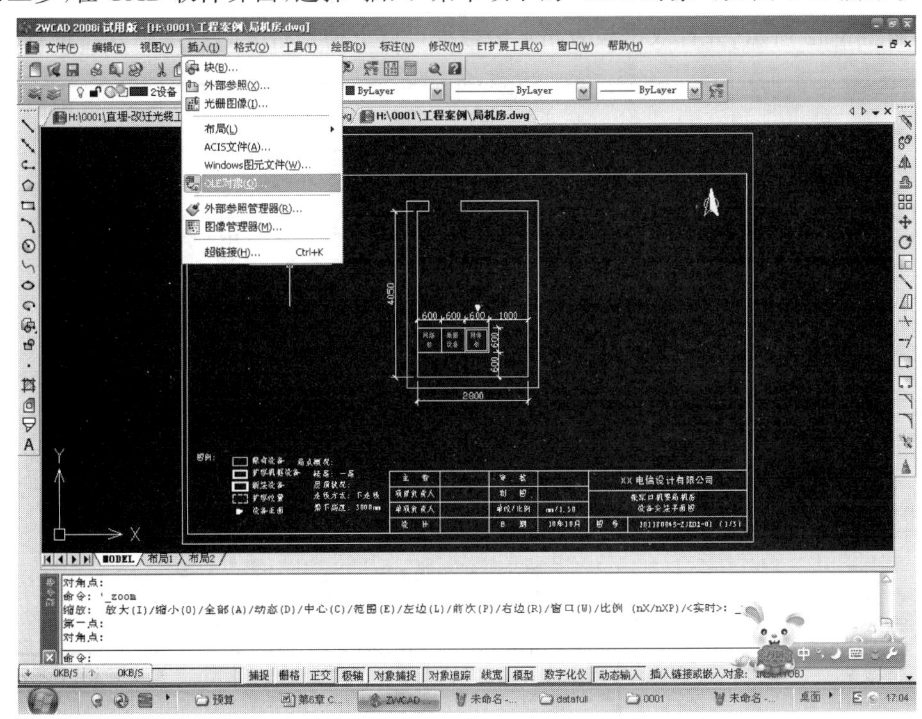

图 3-40　插入“OLE 对象”步骤二

第三步，在第二步得到的“插入对象”对话框内，选择“由文件创建”，单击“浏览”按钮，从弹出的窗体中选择“桌面/局机房. xls”，如图 3-41 所示。

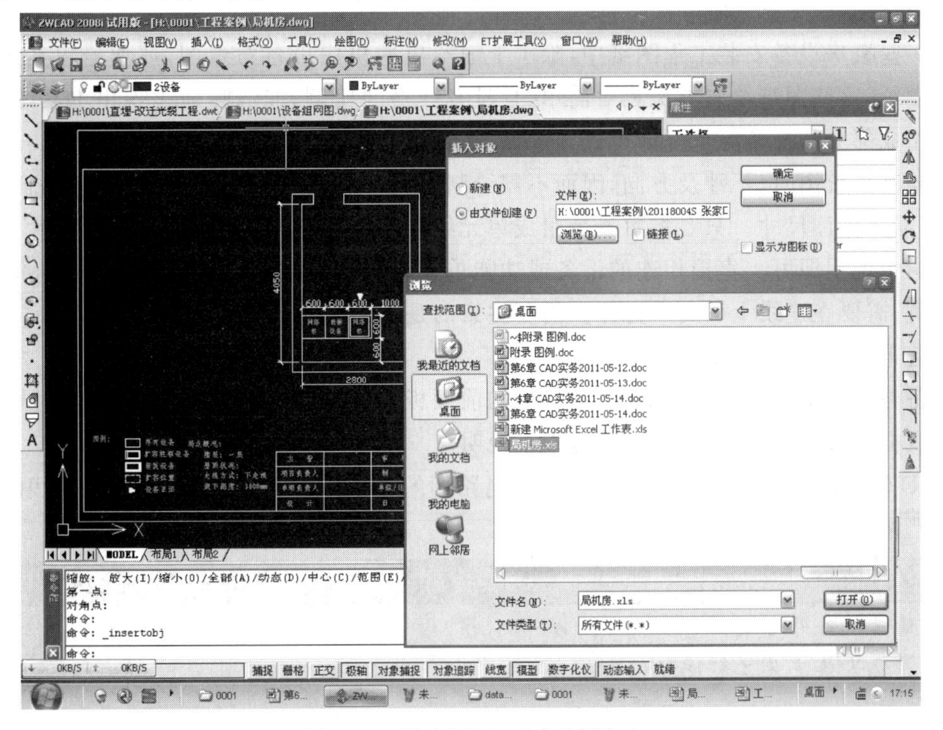

图 3-41　插入“OLE 对象”步骤三

第四步，选中文件后单击“打开”按钮，单击“确定”按钮。这样就在CAD图纸中插入了一张表格，如图3-42所示，并且双击该表格上的数据可以方便地进入表格编辑状态进行修改。

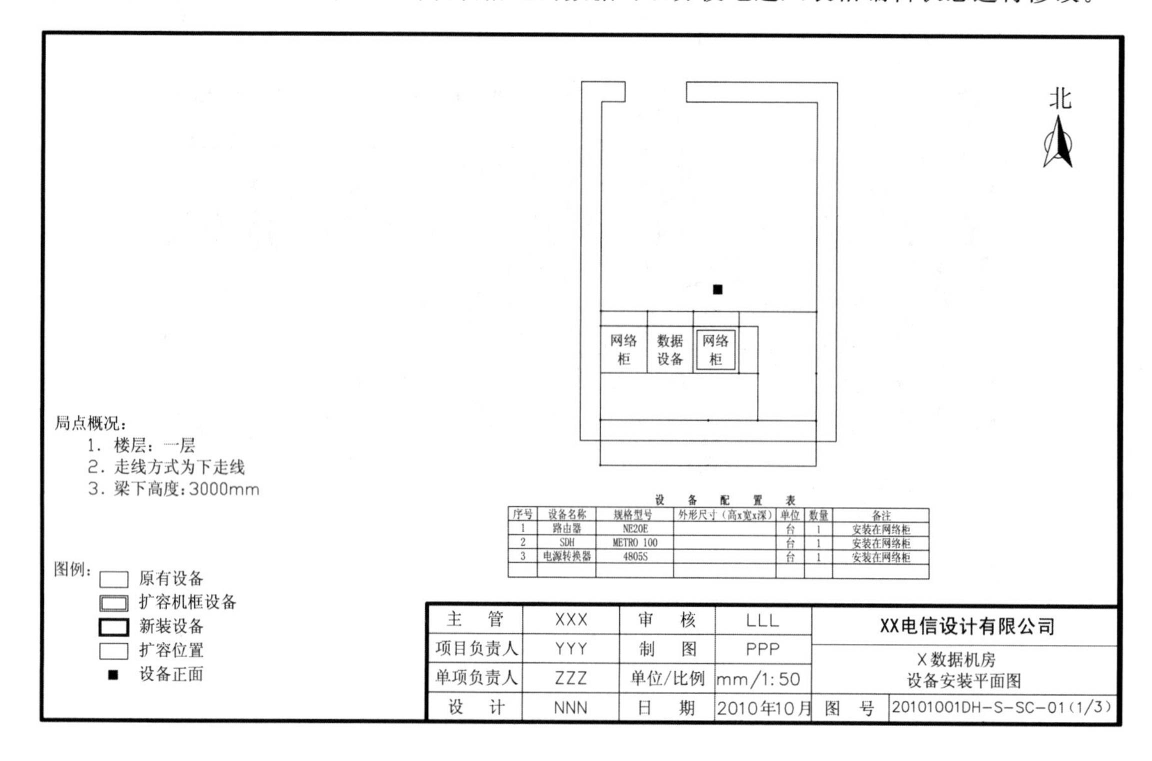

图3-42 插入“OLE对象”步骤四

③ 电源设备安装工程

在一些机房设备安装工程图纸中，除了上面给出的机房设备布置图，还要给出系统图、组网图等图纸，这些图纸绘制方法相对简单，且没有严格的比例，能清晰地表现出本系统或设备中各个组成部分的连接等情况即可。

在绘制系统图时，不涉及方向，因而不需绘制指北符号。图中各个图形也无须按照尺寸绘制，更不需要标注尺寸。只要将每一个组成单元绘制为一个方框，并对该方框的名称、特性等以文字给予说明即可。直接相连的设备或功能单元，用连线连接，以代表其连接关系，对于链路的带宽，需要在连线上以文字标注。需要注意的是若干功能单元组成一个整体时，应用单点画线框起来，并用文字标示。

设备外形图要按照一定比例，绘制机柜的前面板、背板和底座等图形。要求标注尺寸，并对主要机框和板卡采用引出标注，进行文字说明。

CAD软件绘制电路图时要完整地表现电路图的要求内容，绘制一个元件和连线时，对比例没有严格要求，不需要标注尺寸。

重点掌握

- 通信设备的分类。
- 通信设备安装工程图纸绘制方法。

3.5 实做项目及教学情境

实做项目一：勘察校门至所在宿舍楼的道路和两侧建筑物，并绘制图纸。

目的：掌握勘察方法，训练绘图技能。

实做项目二：勘察某机房，并绘制建筑平面图。

目的：掌握机房勘察和图纸绘制方法。

本章小结

本章主要介绍通信工程图纸的主要组成部分、通信工程制图的知识，以及通信室内、室外工程图纸及机器设备的安装及布线示意图的绘制方法；通信工程制图规范中图幅的分类、装订边、图例等相关规定；从参照物、管道（或线路）路由、标注的绘制管道工程图的绘制方法；机房图纸中轴线的编号定义、多线的使用、窗户和门的绘制方法。

复习思考题

(1) 简述通信工程图纸的主要组成。

(2) 列举通信线路工程的主要内容。

(3) 简述通信管道工程图纸按照内容的分类。

(4) 试比较通信设备工程图纸、管线工程图纸在绘制方法和步骤上的异同。

第 4 章　通信工程概预算

【本章内容】

- 定额的特点与分类
- 通信工程量的计算规则
- 通信工程概预算的编制

【本章重点】

- 通信工程量的计算规则
- 通信工程概预算的编制方法

【本章难点】

- 通信工程量的计算规则
- 通信工程概预算的编制方法

【本章学习目的和要求】

- 掌握通信工程量的计算规则
- 掌握通信工程概预算的编制方法

【本章课程思政】

- 严格遵循通信工程概预算的定额与工程量的计算方法,培养规范意识

【本章建议学时】

- 12 学时

4.1 定额概述

4.1.1 定额的概念

为了预计某一工程所花费的全部费用,需要引入工程造价的概念。工程造价是指进行某

项工程建设所花费的全部费用。工程造价是一个广义概念，在不同的场合，工程造价含义不同。由于研究对象不同，工程造价分为建设工程造价、单项工程造价、单位工程造价以及建筑安装工程造价等。

通信工程概预算是工程实施阶段工程造价的基础，以定额为计价依据。

所谓定额，就是在一定的生产技术和劳动组织条件下，完成单位合格产品在人力、物力、财力的利用和消耗方面应当遵守的标准。

在生产过程中，为了完成某一单位合格产品，就要消耗一定的人工、材料、机具设备和资金。由于这些消耗受技术水平、组织管理水平及其他客观条件的影响，所以其消耗水平是不相同的。因此，为了统一考核其消耗水平，便于经营管理和经济核算，就需要有一个统一的平均消耗标准，这个标准就是定额。

定额反映了行业在一定时期内的生产技术和管理水平，是企业搞好经营管理的前提，也是企业组织生产、引入竞争机制的手段，是进行经济核算和贯彻按劳分配原则的依据。定额是管理科学中的一门重要学科，属于技术经济范畴，是实行科学管理的基础工作之一。

重点掌握

- 通信工程概预算是对通信工程建设所需要全部费用的概要计算。通信工程建设费用为

$$\sum(\text{工程量}\times\text{单价})+\sum\text{设备材料费用}+\text{相关费用}$$

- 工程量及单价的计算依据国家颁布相关的定额。

4.1.2　定额的特点

1. 科学性

科学性是由现代社会化大生产的客观要求所决定的，包含两方面含义：

(1) 工程建设定额必须和生产力发展水平相适应，反映工程建设中生产消费的客观规律。

(2) 工程建设定额管理在理论、方法和手段上必须科学化，以适应现代科学技术和信息社会发展的需要。

2. 系统性

工程建设本身是一个实体系统，包括了农林水利、轻纺、机械、煤炭、电力、石油、冶金、交通运输、科学教育文化、通信工程等二十多个行业，而工程建设定额就是为这个实体系统服务的，因而工程建设本身的多种类、多层次特点决定了以它为服务对象的工程建设定额的多种类、多层次特点。这种由多种定额结合而成的有机的整体，构成了定额的系统性。

3. 统一性

工程建设定额的统一性，由国家对经济发展的有计划的宏观调控职能决定。为了使国民经济按照既定的目标发展，需要借助于某些标准、定额、参数等，对工程建设进行规划、组织、调节、控制。而这些标准、定额、参数等必须在一定范围内具有统一的尺度，才能实现上述职能，即利用它们对项目的决策、设计方案、投标报价、成本控制进行比较、选择和评价。

4. 权威性和强制性

工程建设定额的权威性在一些情况下具有经济法规性质和执行的强制性。强制性，即刚性约束，意味着在规定范围内，对于定额的使用者和执行者来说，不论主观上愿意不愿意，都必须按定额的规定执行。

5. 稳定性和时效性

工程建设定额中的任何一种都是一定时期技术发展和管理水平的反映，因而在一段时期内都表现出稳定的状态。根据具体情况不同，稳定的时间有长有短。保持工程建设定额的稳定性是维护其权威性所必需的，更是有效贯彻工程建设定额所必需的。

稳定性是相对的，生产力向前发展了，原有工程建设定额就会与发展了的生产力不相适应，其原有作用会逐步减弱乃至消失，甚至产生负效应。因此，工程建设定额在具有稳定性的同时，也具有时效性。当定额不再起促进生产力发展的作用时，就需要重新编制或修订。

4.1.3 定额的分类

1. 按物质消耗内容分类

(1) 劳动消耗定额，简称劳动定额，指完成单位合格产品所规定的活劳动消耗的数量标准，仅指活劳动的消耗，而不是活劳动和物化劳动的全部消耗。由于劳动定额大多采用工作时间消耗量来计算活劳动消耗的数量，所以劳动定额的主要表现形式是时间定额。有时，劳动定额也表现为产量定额。

(2) 材料消耗定额，简称材料定额，指完成单位合格产品所规定的材料消耗的数量标准。材料是指工程建设中使用的原材料、成品、半成品、构配件等。

(3) 机械消耗定额，简称机械定额，指完成单位合格产品所规定的施工机械消耗的数量标准。机械消耗定额的主要表现形式是机械时间定额，但同时也以产量定额的形式表现。机械消耗定额主要以一台机械一个工作班(8 小时)为计量单位，所以机械消耗定额又称为机械台班定额。

(4) 仪表消耗定额，指完成单位合格产品所规定的仪表消耗的数量标准。仪表消耗定额主要以一台仪表一个工作班(8 小时)为计量单位，所以仪表消耗定额又称为仪表台班定额。

重点掌握

工程建设定额按物质消耗内容分类：

- 劳动消耗定额
- 材料消耗定额
- 机械消耗定额
- 仪表消耗定额

2. 按主编单位和管理权限分类

(1) 行业定额，是各行业主管部门根据行业工程技术特点，以及施工生产和管理水平编制的，在本行业范围内使用的定额。例如，《信息通信建设工程费用定额》等。

(2) 地区性定额，包括省、自治区、直辖市定额，是各地区主管部门考虑本地区特点而编制的，在本地区范围内使用的定额。例如，《北京市建设工程预算定额》等。

(3) 企业定额，是企业考虑本企业的具体情况，参照行业或地区性定额的水平而编制的定额。企业定额只在本企业内部使用。例如，《××公司 FTTH 工程补充定额》。

(4) 临时定额，是指随着设计、施工技术的发展，在现行各种定额不能满足需要的情况下，为了补充缺项而由设计单位会同建设单位编制的定额。

4.1.4 预算定额和概算定额

1. 预算定额

预算定额是编制预算时使用的定额，是确定一定计量单位的分部分项工程或结构构件的人工(工日)、机械(台班)、仪表(台班)和材料的消耗数量标准。

(1) 预算定额的作用

① 预算定额是编制施工图预算、确定和控制建筑安装工程造价的计价基础。

② 预算定额是落实和调整年度建设计划，对设计方案进行技术经济分析比较的依据。

③ 预算定额是施工企业进行经济活动分析的依据。

④ 预算定额是编制标底、投标报价的基础。

⑤ 预算定额是编制概算定额和概算指标的基础。

(2) 信息通信工程建设预算定额编制原则

① 控制量：指预算定额中的人工、主要材料(主材)、机械台班、仪表台班消耗量是法定的，任何单位和个人不得擅自调整。

② 量价分离：指预算定额只反映人工、主材、机械台班、仪表台班的消耗量，而不反映其单价。单价由主管部门或造价管理归口单位另行发布。

③ 技普分开：凡是由技工操作的工序内容均按技工计取工日，凡是由非技工操作的工序内容均按普工计取工日。通信设备安装工程均按技工计取工日(即普工为零)，通信线路和通信管道工程分别计取技工工日和普工工日。

2. 概算定额

概算定额是编制概算时使用的定额。概算定额是在初步设计阶段确定建筑(构筑物)概略价值、编制概算、进行设计方案经济比较的依据。

与预算定额相比，概算定额的项目划分比较粗，例如，挖土方的概算只综合成一个项目，不再划分一、二、三、四类土，而预算却要按分类计算。因此，根据概算定额计算出的费用要比预算定额计算出的费用有所增加。

概算定额是编制初步设计概算时，计算和确定扩大分项工程的人工、材料、机械、仪表台班耗用量(或货币量)的数量标准。它是预算定额的综合扩大，因此概算定额又称扩大结构定额。

概算定额的作用包括：

(1) 概算定额是初步设计阶段编制建设项目概算和技术设计阶段编制修正概算的依据；

(2) 概算定额是设计方案比较的依据；

(3) 概算定额是编制主要材料需要量的计算基础；

(4) 概算定额是工程招标和投资估算指标的依据；

(5) 概算定额是工程招标承包制中，对已完工工程进行价款结算的主要依据。

4.1.5 信息通信建设工程预算定额的使用方法

现行《信息通信建设工程预算定额》按通信专业工程分册，包括五册：第一册为《通信电源设备安装工程》（册名代号：TSD），第二册为《有线通信设备安装工程》（册名代号：TSY），第三册为《无线通信设备安装工程》（册名代号：TSW），第四册为《通信线路工程》（册名代号：TXL），第五册为《通信管道工程》（册名代号：TGD）。《信息通信建设工程预算定额》由总说明、册说明、章节说明和定额项目表等构成，其中总说明、册说明、章节说明内容见本书附录。定额项目表列出了分部分项工程所需的人工、主材、机械台班、仪表台班的消耗量，通常所说的查询定额即指查询此内容。

下面以“光（电）缆工程施工测量”为例，介绍定额的具体使用方法。

1. 定额项目表

预算定额项目表是预算定额的主要内容，例如，《通信线路工程》分册第一章“施工测量、单盘检验与开挖路面”第一节“施工测量与单盘检验”中的部分定额项目表如表 4-1 所示。

表 4-1　施工测量定额项目表

定额编号			TXL1—001	TXL1—002	TXL1—003	TXL1—004
项目			光（电）缆工程施工测量①			
			直埋	架空	管道	海上
定额单位			百米			
名称		单位	数量			
人工	技工	工日	0.56	0.46	0.35	4.25
	普工	工日	0.14	0.12	0.09	—
机械	海缆施工自航船（5 000 t 以下）	艘班	—	—	—	(0.02)
	海缆施工驳船（500 t 以下）带拖轮	艘班	—	—	—	(0.02)
仪表	地下管线探测仪	台班	0.05	—	—	—
	激光测距仪	台班	0.04	0.05	0.04	—
	GPS 定位仪	台班	—	—	—	—

注：① 施工测量不分地形和土（石）质类别，为综合取定的工日。

表 4-1 中，“定额编号”所在行表示定额子目的编号，如 TXL1—002；“项目”所在行表示具体子目名称，每个子目代表一个具体工作，如光（电）缆工程施工测量（包括直埋、架空、管道、海上 4 种情况）。每个子目编号所在列列出了该子目所需的人工、主材（本项目未用到材料故未显示材料表）、机械、仪表的消耗量，如 TXL1—001 所在列，列出了直埋光（电）缆工程施工测量 1 百米所需人工（技工 0.56 工日、普工 0.14 工日）、机械（本项目未用到机械故未显示消耗量）、仪表（地下管线探测仪 0.05 台班、激光测距仪 0.04 台班）。需要注意的是，若表中数字带有括号，如 TXL1—004 所在列的“(0.02)”，表示此消耗量供设计选用。另外，查表时须注意表下有无“注”的内容，如本表 4-1 下的“注”。

表 4-1 中的预算定额子目编号，如 TXL1—001，由 3 个部分组成：第一部分为册代号，表示通信行业的各个专业，由汉语拼音（字母）缩写组成；第二部分为定额子目所在的章号，由 1 位阿拉伯数字表示；第三部分为定额子目在章内的序号，由 3 位阿拉伯数字表示。其具体编号方法如图 4-1 所示。

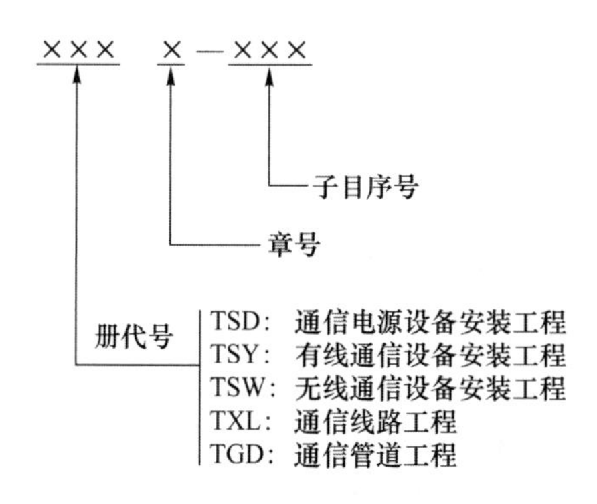

图 4-1　预算定额子目编号示意图

2. 定额查询方法

对于“光（电）缆工程施工测量”的工序，可以查阅现行《信息通信建设工程预算定额》第四册《通信线路工程》，在第一章第一节的“施工测量”部分，可以查到不同工程对应的定额子目，即可确定测量 1 百米所需的人工、主材、机械、仪表的消耗量。

3. 定额套用方法

编制预算时，用图纸统计出的“施工测量”数量乘以根据上述方法查询到的定额值，即可计算出所需的人工、主材、机械、仪表的总消耗量。例如，假设直埋光（电）缆工程施工测量了10 000 米，“施工测量”数量即为 100 百米，按相应乘法即可算出其所需的人工（技工工日＝100×0.56＝56，普工工日＝100×0.14＝14）、仪表（地下管线探测仪台班＝100×0.05＝5、激光测距仪台班＝100×0.04＝4）。

4. 预算定额项目选用的原则

选用预算定额项目时要注意以下几点：

（1）只有定额项目的名称、设计概、预算的计量单位与定额规定的项目内容相对应时，才能直接套用定额值。定额数量的换算应按定额规定的系数调整。

（2）定额的计量单位要合理。编制预算定额时，为了保证预算价值的精确性，对许多定额项目采用了扩大计量单位的办法。使用定额时必须注意计量单位的规定，避免出现小数点定位的错误。例如，通信线路工程的施工测量以百米为单位，不要错用米为单位。

（3）定额中的项目是根据分项工程对象和工种、材料品种、机械类型划分的，套用时要注意工艺、规格的一致性。

（4）注意定额项目表下的注释，因为注释说明了人工、主材、机械消耗量的使用条件和增减的规定。

4.2 通信工程量的计算规则

4.2.1 工程量计算的基本原则

工程量统计的基本原则包括以下几点：

(1) 工程量项目的划分、计量单位的取定、有关系数的调整换算等，应按工程量的计算规则进行。例如，通信线路工程中的施工测量分为直埋光(电)缆工程施工测量、架空光(电)缆工程施工测量、管道光(电)缆工程施工测量、海上光(电)缆工程施工测量，其定额计量单位均为百米，因此，在统计工程量时，要区分开是哪种敷设方式。

(2) 工程量的计量单位包括物理计量单位和自然计量单位。按相关规定，长度的物理计量单位为"米""百米""千米"等，例如，通信线路工程敷设光缆以千米为计量单位；质量用"克""千克"等；例如，在材料的使用统计中，铁线用"千克"进行计量。自然计量单位常用的有台、套、个、架、副、系统等，例如，在通信电源设备安装工程中，安装带高压开关柜以台为计量单位，送配电装置系统调试以系统为计量单位。

(3) 通信建设工程计算工程量时，初步设计及施工图设计均需依据设计图纸统计。

(4) 工程量计算应以设计规定的所属范围和设计分界线为准，布线走向和部件设置以施工验收技术规范为准，工程量的计量单位必须与定额计量单位相一致。例如，通信线路工程中施工测量的定额计量单位为百米，则依据图纸统计出施工测量长度(如 12 385 米)后要换算成以百米为单位的值(即 123.85 百米)。

(5) 分项项目工程量应以完成后的实体安装工程量净值为准，而在施工过程中实际消耗的材料用量不能作为安装工程量。因为在施工过程中所用材料的实际消耗数量在工程量的基础上又包括了材料的各种损耗量。

4.2.2 通信设备安装工程的工程量计算规则

通信设备安装工程包括通信电源设备安装工程、有线通信设备安装工程和无线通信设备安装工程 3 类。其工程量计算规则主要包括以下内容。

1. 设备机柜、机箱的安装工程量计算

所有设备机柜、机箱的安装大致可分为以下 3 种情况计算工程量。

(1) 以设备机柜、机箱整架(台)的自然实体为一个计量单位，即机柜(箱)架体、架内组件、盘柜内部的配线、对外连接的接线端子以及设备本身的加电检测与调试等均作为一个整体来计算工程量。通信设备安装工程的多数设备安装均属于这种情况。例如，TSY1—019 子目为"安装 1 000 回线以下落地式总配线架"，按成套考虑，即把配线铁架及其内部组件作为一个整体(即 1 架)来计算工程量。

(2) 设备机柜、机箱按照不同的组件分别计算工程量，即机柜架体与内部的组件或附件不作为一个整体的自然单位进行计量，而是将设备结构划分为若干个部分，分别计算安装的工程量。这种情况常见于机柜架体与内部组件的配置成非线性关系的设备。例如，TSD1—053 子目为"安装蓄电池屏"，其内容是：屏柜安装不包括屏内蓄电池组的安装，也不包括蓄电池组的

充放电过程。整个设备安装过程需要分 3 个部分分别计算工程量，即安装蓄电池屏（空屏）、安装屏内蓄电池组（根据设计要求选择电池容量和组件数量）、屏内蓄电池组充放电（按电池组数量计算）。

（3）设备机柜、机箱主体和附件的扩装，即在原有安装设备的基础上进行增装内部盘、线。这种情况主要用于扩容工程。例如，TSD3—070 子目为“安装高频开关整流模块 50 A 以下”，就是为了满足在已有开关电源架的基础上扩充生产能力的需要，所以是以模块个数作为计量单位统计工程量的。与前面将设备划分为若干组合部分分别计算工程的概念所不同的是，已安装设备主体和扩容增装部件的项目是不能在同一期工程中同时列项的，否则属于重复计算。

以上设备的 3 种工程量计算方法需要认真了解定额项目的相关说明和工作内容，避免工程量漏算、重算、错算。

几个需要特别说明的设备安装工程量计算规则如下：

（1）安装测试 PCM 设备工程量：单位为“端”，由复用侧 1 个 2 Mbit/s 口、支路侧 32 个 64 Kbit/s口为一端。

（2）安装测试光纤数字传输设备工程量：分为基本子架公共单元盘和接口单元盘 2 个部分。基本子架包括交叉、拇管、公务、时钟、电源等除群路、支路、光放盘以外所有内容的机盘，以“套”为单位；接口单元盘包括群路侧、支路侧接口盘的安装和本机测试，以“端口”为单位。例如，SDH 终端复用器 TM 有各种速率的端口配置，计算工程量时按不同的速率分别统计端口数量，“一收一发”为 1 个端口。安装分插复用器 ADM、数字交叉连接设备 DXC 时均依此类推。

（3）WDM 波分复用设备的安装测试分为基本配置和增装配置。基本配置含相应波数的合波器、分波器、功放、预放；增装配置是在基本配置的基础上增加相应波数的合波器、分波器，并进行本机测试。

2. 设备缆线布放工程量计算

缆线的布放包括两种情况：设备机柜与外部的连线、设备机架内部跳线。

（1）设备机柜与外部的连线

设备机柜与外部的连线分为两种计算方法。

第一种方法对应通信设备中需要使用芯数较多的电缆的情况。布放缆线计算工程量时分两步，即先放绑后成端。

第一步：计算放绑设备电缆工程量。按布放长度计算工程量，数量为

$$N = \sum_{1}^{k} \frac{L_i n_i}{100}\text{（百米条）} \tag{4-1}$$

其中，k 表示放线段内同种型号设备电缆的总放线量（米条），L_i 表示第 i 个放线段的长度（米），n_i 表示第 i 个放绑段内同种电缆的条数。应按电缆类别（局用音频电缆、局用高频对称电缆、音频隔离线、SYV 类射频同轴电缆、数据电缆）分别计算工程量。

第二步：计算编扎、焊（绕、卡）接设备电缆工程量。按长度放绑电缆之后，再按电缆终端的制作数量计算成端的工程量，每条电缆终端制作工程量主要与电缆的芯数有关，不同类别的电缆要分别统计终端处理的工程量。

例如，在有线通信设备安装工程中布放设备电缆（如布放 24 芯以下局用音频电缆）的工程量计算步骤如下：

第一步为计算放绑设备电缆工程量。TSY1—049 为“放绑 24 芯以下局用音频电缆”，计算布放 24 芯以下局用音频电缆工程量时，应先对这个子目的工序（放绑）进行工程量统计。

第二步为计算编扎、焊（绕、卡）接设备电缆工程量。TSY1—059 为“编扎、焊（绕、卡）接 24 芯以下局用音频电缆”，计算布放 24 芯以下局用音频电缆工程量时，第二步为对这个子目的工序（成端）进行工程量统计。

所以，布放 24 芯以下局用音频电缆的总工程量应为上述两步计算的工程量的和。

第二种方法对应通信设备中使用电缆芯数较少或单芯的情况。布放缆线计算工程量时放绑、成端同时完成，布放缆线的工程内容包含了终端头处理的工作。布放缆线工程量为

$$N = \sum_{1}^{k} \frac{L_i n_i}{10} \text{（十米条）} \tag{4-2}$$

其中，k 表示放线段内同种型号设备电缆的总放线量（米条），L_i 表示第 i 个放线段的长度（米），n_i 表示第 i 个放绑段内同种电缆的条数。

（2）设备机架内部跳线

设备机架内部跳线主要是指在配线架内布放跳线，对于其他通信设备，内部配线均已包括在设备安装工程量中，不再单独计算缆线工程量（有特殊情况需单独处理）。

例如，TSY1—075 子目为“布放总配线架跳线（百条）”，总配线架跳线用量应按架计取，每增加一架，增加跳线 70 米，工日不变。

配线架内布放跳线的特点是长度短、条数多，统计工程量时以处理端头的数量为主，放线内容包含在其中，应按照不同类别的线型、芯数分别计算工程量。

3. 安装附属设施的工程量计算

安装设备机柜、机箱定额子目除已说明包含附属设施内容的，其余均应按工程技术规范书的要求安装相应的防震、加固、支撑、保护等设施，各种构件分为成品安装和材料加工并安装两类，计算工程量时应按定额项目的说明区别对待。例如，TSW1—076 子目为制作“抗震机座”，抗震机座、加固设施及支撑铁架所需材料由设计按实计列。

4. 系统调测

通信设备在安装后，大部分需要进行本机测试和系统调测，除了设备安装定额项目注明已包括设备测试工作的，其他需要测试的设备均需统计各自的测试工程量，并且需要对所有完成的系统都进行系统性能的调测。系统调测的工程量计算规则按不同的专业确定。

（1）所有的供电系统（高压供电系统、低压供电系统、发电机供电系统、供油系统、直流供电系统、UPS 供电系统）都需要进行系统调试。调试多以“系统”为单位，“系统”的定义和组成按相关专业的规定。例如，发电机组供油系统调测以每台机组为一个系统计算工程量。

（2）光纤传输系统性能调测包括线路段光端对测和复用设备系统调测两部分。线路段光端对测的工程量计量单位为“方向 · 系统”。其中，“系统”是指“一发一收”的两根光纤；“方向”是指某一个站和相邻站之间的传输段关系，有几个相邻的站就有几个方向。终端站只有一个相邻的站，因此只对应一个传输方向，再生中继站有两个相邻的站，它完成的是两个站之间的传输。复用设备系统调测的工程量计量单位为“端口”。各种数字比特率的“一收一发”为“一个端口”。统计工程量时应包括所有支路端口。

(3) 移动通信基站系统调测分为 2G、3G 和 LTE/4G 这 3 种站型。2G 基站系统调测工程量时，按“载频”的数量分别统计工程量，例如，“8 个载旗的基站”可分解成“6 载频以下”及 2 个“每增加一个载频”的工程量。3G 基站系统调测工程量时，以“载·扇”为计量单位(即扇区数量乘以载频数量)计算工程量。LTE/4G 基站系统调测工作量时，以“载·扇”为计量单位(即扇区数量乘以载频数量)计算工程量。

(4) 微波系统调测分为中继段调测和数字段调测，这两种调测是从“段”的两端共同参与调测的角度来考虑的，计算工程量时可以按站分摊计算。微波中继段调测工程量时，单位为“中继段”，每个站分摊的“中继段调测”工程量分别为$\frac{1}{2}$中继段；中继站是两个中继段的连接点，所以同时分摊的两个“中继段调测”工程量，即 $\frac{1}{2}$段×2=1 段。微波数字段调测工程量时，单位为“数字段”。各站分摊的“数字段调测”工程量分别为$\frac{1}{2}$数字段。

(5) 卫星地球站系统调测分为地球站内环测、地球站系统调测工程量，VSAT 中心站站内环测工程量和网内系统对测工程量。地球站内环测、地球站系统调测工程量时，单位为“站”，应按卫星天线直径大小统计工程量。VSAT 中心站站内环测工程量时，单位为“站”。网内系统对测工程量时，单位为“系统”，“系统”包括网内所有的端站。

4.2.3　通信线路工程的工程量计算规则

1. 线路工程施工测量长度计算

光(电)缆工程施工测量长度=室外路由长度　　(4-3)

2. 挖、填光(电)缆沟长度计算

挖、填光(电)缆沟长度=图末长度-图始长度-截流长度-过路顶管长度　　(4-4)

3. 线路工程开挖(填)土(石)方

开挖(填)土(石)方工程量计算规则如表 4-2 所示。光(电)缆沟结构示意图如图 4-2 所示。

表 4-2　开挖(填)土(石)方工程量计算规则

计算项目	子项	计算规则	备注
光(电)缆接头坑个数	埋式光缆接头坑个数	初步设计按 2 km 标准盘长或每 1.7～1.8 km取一个接头坑；施工图设计按实际取定	—
	埋式电缆接头坑个数	初步设计按 1 km 取 5 个确定；施工图设计按实际取定	—
光(电)缆沟土(石)方开挖工程量(百立方米)	光(电)缆沟土(石)方开挖工程量(百立方米)	(缆沟上口宽度 B+缆沟下口宽度 A)×缆沟深度 H×缆沟长度 $L/2/100$，其中 A 为人工挖沟，一般取 0.4 m。光(电)缆沟结构示意图如图 4-3 所示	同沟敷设缆间的平行净距不宜小于 10 cm
埋式光(电)缆沟土(石)方回填量	埋式光(电)缆沟土(石)方回填量	埋式光(电)缆沟土(石)方回填量与开挖量相等	光(电)缆体积可以忽略不计

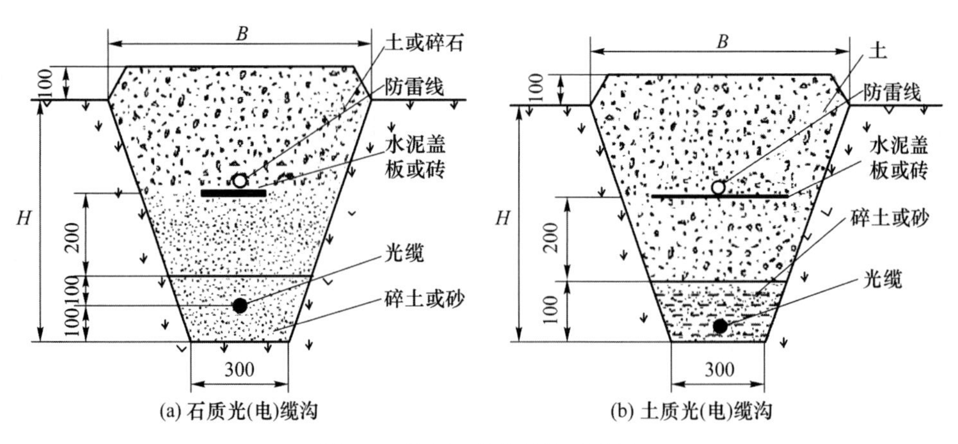

(a) 石质光(电)缆沟　　(b) 土质光(电)缆沟

图 4-2　光(电)缆沟结构示意图

4. 光(电)缆敷设

光(电)缆敷设计算规则如表 4-3 所示。

表 4-3　光(电)缆敷设计算规则

计算项目	计算方法	备注
光(电)缆敷设长度	光(电)缆敷设长度=施工丈量长度×(1+0.K%)+设计预留,其中 K 为光(电)缆自然弯曲系数,埋式 K=7,管道 K=10,架空 K=7～10	理解敷设光(电)缆长度和光(电)缆使用长度的区别
光(电)缆使用长度	光(电)缆使用长度=敷设长度(1+0.σ%),其中 σ 为光(电)缆损耗率,埋式 σ=5,架空 σ=7,管道 σ=15	

5. 光(电)缆保护与防护

(1) 护坎

护坎示意图如图 4-3 所示。

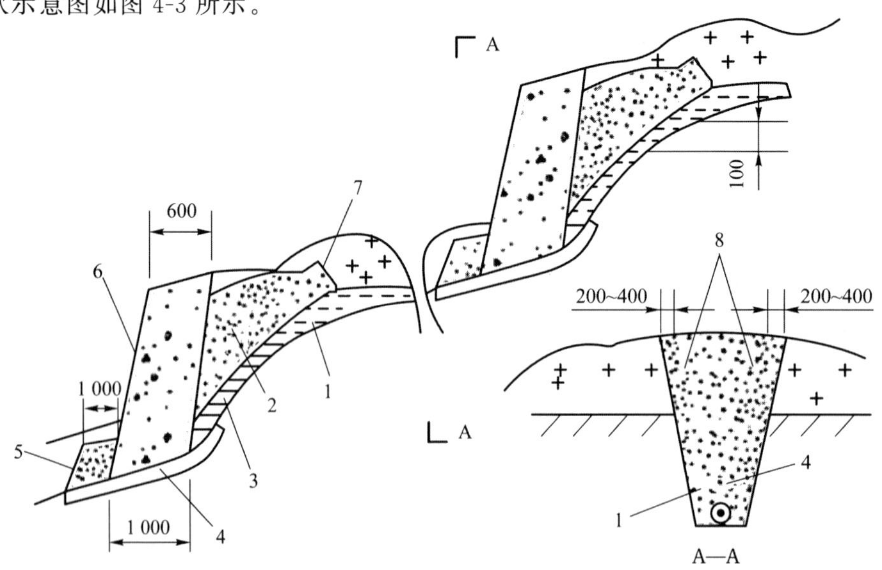

1—光(电)缆或硅芯管；2—原土分层夯实；3—回填细土或砂；
4—半硬塑料管(硅芯管道无此塑料管)；5—原土夯实；6—石砌护坎；
7—1∶1护坡；8—缆沟边

图 4-3　护坎示意图

护坎工程量：

$$V=H\times A\times B \tag{4-5}$$

其中：V 为护坎体积(m^3)；H 为护坎高度，即地面以上坎高＋光缆沟深；A 为护坎平均厚度；B 为护坎平均宽度。注意，护坎土方量按“石砌”“三七土”分别计算工程量。

(2) 护坡工程量

护坡工程量：

$$V=H\times L\times B \tag{4-6}$$

其中，V 为护坡体积(m^3)；H 为护坡高度；L 为护坡宽度；B 为护坡平均厚度。

(3) 堵塞

光(电)缆沟堵塞示意图如图 4-4 所示。

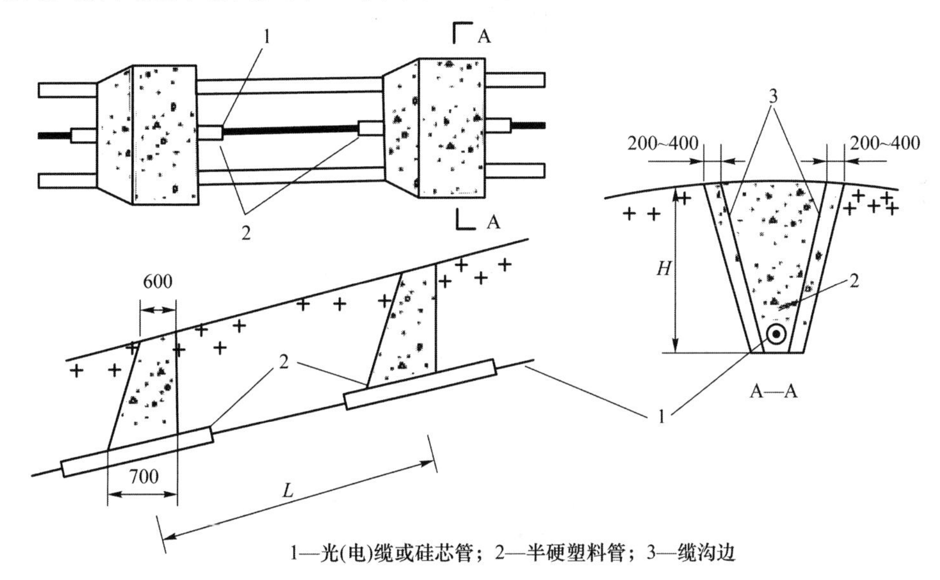

1—光(电)缆或硅芯管；2—半硬塑料管；3—缆沟边

图 4-4　光(电)缆沟堵塞示意图

单个堵塞工程体工程量：

$$V=H\times A\times B \tag{4-7}$$

其中，V 为堵塞体积(m^3)；H 为光缆沟深；A 为堵塞平均厚度；B 为堵塞平均宽度。

(4) 水泥砂浆封石沟

水泥砂浆封石沟示意图如图 4-5 所示。

水泥砂浆封石沟工程量：

$$V=h\times a\times L \tag{4-8}$$

其中，V 为水泥砂浆封石沟体积(m^3)；h 为封石沟水泥砂浆厚度；a 为封石沟宽；L 为封石沟长度。

(5) 漫水坝

漫水坝示意图如图 4-6 所示。

漫水坝工程量：

$$V=H\times L\times (a+b)/2 \tag{4-9}$$

其中，V 为漫水坝体积(m^3)；H 为漫水坝坝高；L 为漫水坝坝长；a 为漫水坝脚厚度；b 为漫水坝顶厚度。

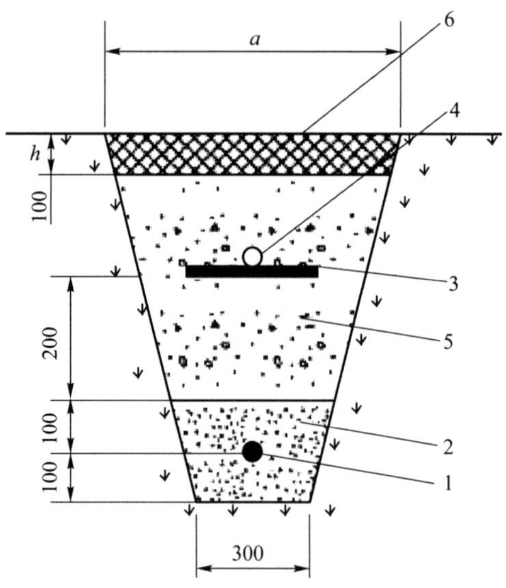

1—光(电)缆或硅芯管；2—细土或砂；3—水泥盖板或砖；
4—排流线；5—原土；6—水泥砂浆封沟；7—沟上宽

图 4-5　水泥砂浆封石沟示意图

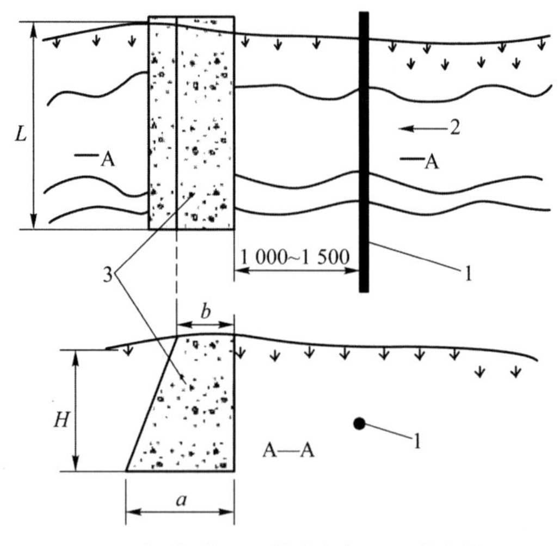

1—光(电)缆；2—流水方向；3—漫水坝

图 4-6　漫水坝示意图

4.2.4　通信管道工程的工程量计算规则

1. 管道工程施工测量长度计算

$$\text{管道工程施工测量长度}=\text{路由长度} \tag{4-10}$$

2. 管道工程开挖深度计算

(1) 人孔坑挖深

通信人孔设计示意图如图 4-7 所示。

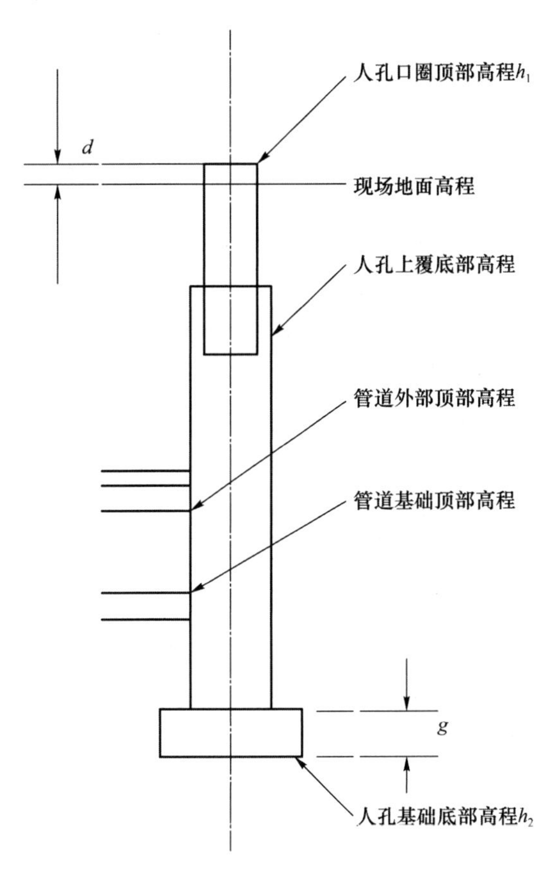

图 4-7　通信人孔设计示意图

$$H=h_1-h_2+g-d \tag{4-11}$$

其中，H 为人孔坑挖深；h_1 为人孔口圈顶部高程；h_2 为人孔基础底部高程；g 为人孔基础厚度；d 为路面厚度。各变量单位均为 m。

(2) 管道沟挖深

管道沟挖深和通信管道设计示意图如图 4-8、图 4-9 所示。

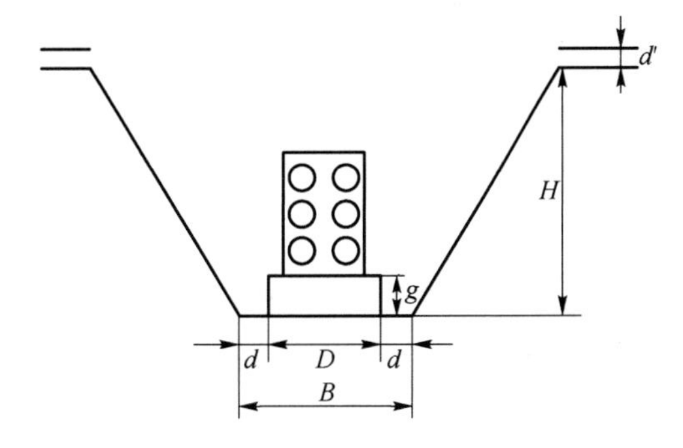

图 4-8　管道沟挖深示意图

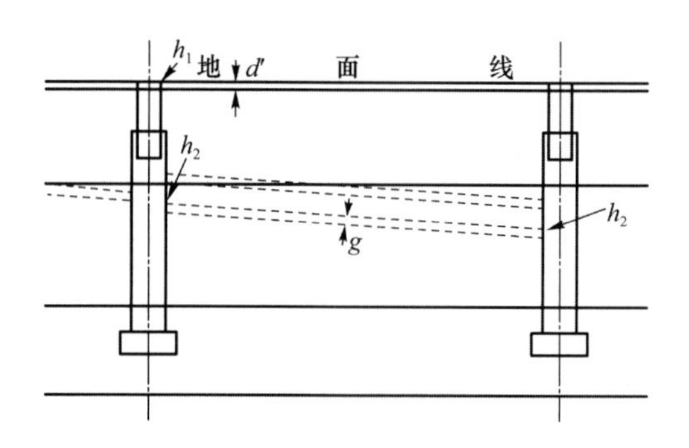

图 4-9　通信管道设计示意图

$$H=[(h_1-h_2+g)_{人孔1}+(h_1-h_2+g)_{人孔2}]/2-d \tag{4-12}$$

其中，H 为管道沟挖深；h_1 为人孔口圈顶部高程；h_2 为管道基础顶部高程；g 为管道基础厚度；d 为路面厚度。各变量单位均为 m。

3. 管道工程开挖面积计算

管道工程开挖面积计算规则如表 4-4 所示。人孔坑设计示意图如图 4-10 所示。

表 4-4　管道工程开挖面积计算规则

计算项目	子项	计算规则	备注
开挖路面面积	不放坡开挖管道路面面积（百平方米）	沟底宽度 B×管道沟路面长 $L/100$ 其中，B=管道基础宽度 D+施工余度（m）；L 为两相邻人孔坑边间距（m）	施工余度：管道基础宽度 > 630 mm 时，为 0.6 m，每侧为 0.3 m；管道基础宽度≤630 mm 时，为 0.3 m，每侧为 0.15 m
	放坡开挖管道路面面积（百平方米）	A=（2×沟深 H×放坡系数 i+沟底宽度 B）×管道沟路面长 $L/100$ 其中，i 由设计规范确定；B 同上	
	不放坡开挖人孔坑路面面积（百平方米）	人孔坑底长度 a×人孔坑底宽度 $b/100$）	坑底长度＝人孔外墙长度+0.8 m=人孔基础长度+0.6 m；坑底宽度=人孔外墙宽度+0.8 m=人孔基础宽度+0.6 m
	放坡开挖人孔坑路面面积（百平方米）	A=（2×坑深 H×放坡系数 i+人孔坑底长度 a）×（2×坑深 H×放坡系数 i+人孔坑底宽度 b）/100	
	开挖路面总面积（百平方米）	各人孔开挖路面面积总和+各管道沟开挖路面面积总和	

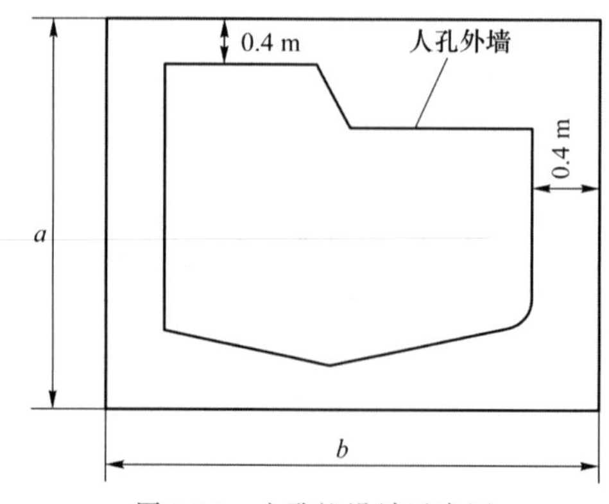

图 4-10　人孔坑设计示意图

4. 管道工程开挖(填)土方体积计算

管道工程开挖(填)土方体积计算规则如表 4-5 所示。

表 4-5　管道工程开挖(填)土方体积计算规则

计算项目	子项	计算规则	备注
开挖土方体积工程量	不放坡挖管道沟土方体积(百立方米)	V=沟底宽度 B×沟深 H×沟长 $L/100$ 其中,H 为不包含路面的厚度;L 为两相邻人孔坑坑口边距	B 为沟底宽度
	放坡挖管道沟土方体积(百立方米)	V=(沟深 H×放坡系数 i+沟底宽度 B)×沟深 H×沟长 $L/100$ 其中,L 为两相邻人孔坑坑坡中点间距	
	不放坡挖一个人孔坑土方体积(百立方米)	V=人孔坑长度 a×人孔坑宽度 b×人孔坑深 $H/100$ 其中,H 为不包含路面厚度	a 为人孔坑底长度、b 为人孔坑底宽度
	放坡挖一个人孔坑土方体积(百立方米)	$V=\frac{H}{3}[ab+(a+2Hi)(b+2Hi)$ $+\sqrt{ab(a+2Hi)(b+2Hi)}$ 其中,V 为挖沟体积(百立方米);a 为人孔坑长度(m);b 为人孔坑宽度(m);H 为人孔坑深(不包含路面厚度)(m);i 为放坡系数(由设计规范确定)	
	总开挖土方体积(百立方米)	各人孔开挖土方体积总和+各段管道沟开挖土方体积总和	无路面
回填土方工程量		挖管道沟与人孔坑土方量之和-(管道建筑体积(基础、管群、包封)+人孔建筑体积)	
余土方工程量		管道建筑体积(基础、管群、包封)+人孔建筑体积	

5. 管道工程包封混凝土计算

管道工程包封混凝土示意图如图 4-11 所示。

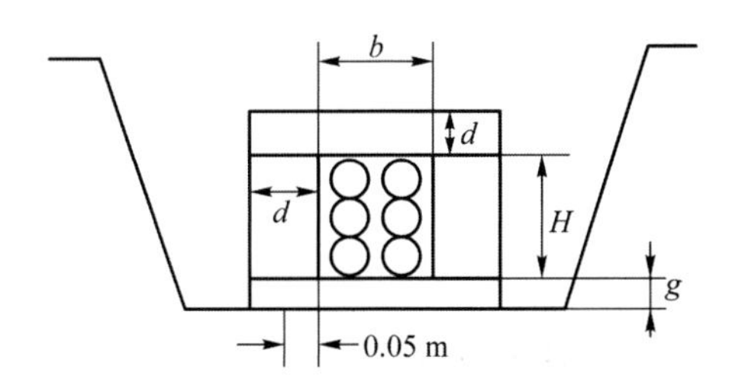

图 4-11　管道工程包封混凝土示意图

管道工程包封混凝土工程量计算规则如表 4-6 所示。

表 4-6　管道工程包封混凝土工程量计算规则

计算项目	子项	计算规则
包封混凝土工程量(m^3)	管道基础侧包封混凝土体积 V_1(m^3)	(包封厚度 $d-0.05$)×管道基础厚度 g×2×管道基础长度 L，其中，0.05 为基础每侧外露宽度(单位为 m)；L 为相邻两人孔外壁间距
	管道基础以上管群侧包封混凝土体积 V_2(m^3)	2×包封厚度 d×管群侧高 H×管道基础长度 L
	管道顶包封混凝土体积 V_3(m^3)	(管道宽度 $b+2$×包封厚度 d) ×包封厚度 d×管道基础长度 L
	通信管道包封混凝土总体积	$V=(V_1+V_2+V_3)$

重点掌握

➢ 熟练掌握通信线路及管道的计算规则

4.3　通信工程概预算的编制

4.3.1　通信工程设计阶段概预算的编制

信息通信建设工程概算、预算应按《工业和信息化部关于印发信息通信建设工程预算定额、工程费用定额及工程概预算编制规程的通知》(工信部通信〔2016〕451 号)等标准进行编制。我国规定:初步设计要编概算,施工图设计要编预算,竣工要编结(决)算。

1. 一阶段设计

一阶段设计只有施工图设计,仅编制施工图预算,并计列预备费、投资贷款利息等费用。

2. 二阶段设计

二阶段设计包括初步设计和施工图设计,分别编制设计概算、施工图预算,施工图预算中不计列预备费。

3. 三阶段设计

三阶段设计包括初步设计、技术设计和施工图设计,分别编制设计概算、修正概算、施工图预算,施工图预算中不计列预备费。

4.3.2　通信工程概预算的编制依据

1. 设计概算的编制依据

设计概算的编制依据主要包括以下资料：

① 批准的可行性研究报告；

② 初步设计图纸及有关资料；

③ 国家相关部门发布的有关法律、法规、标准规范；

④《信息通信建设工程预算定额》《信息通信建设工程费用定额》及有关文件；

⑤ 建设项目所在地政府发布的有关土地征用和赔补费用等有关规定；

⑥ 有关合同、协议等。

2. 施工图预算的编制依据

施工图预算的编制依据主要包括以下资料：

① 批准的初步设计概算或可行性研究报告及有关文件；

② 施工图、通用图、标准图及说明；

③ 国家相关部门发布的有关法律、法规、标准规范；

④《信息通信建设工程预算定额》《信息通信建设工程费用定额》及有关文件；

⑤ 建设项目所在地政府发布的有关土地在用和赔补费用等有关规定；

⑥ 有关合同、协议等。

通信工程概、预算的其他编制依据参见本书第 2 章。

4.3.3 通信工程概预算的编制程序

通信工程概预算的编制程序主要包括以下步骤。

1. 熟悉设计图纸、收集资料

在编制概算、预算前，针对工程具体情况和所编概算、预算内容收集有关资料，包括概算、预算定额、费用定额以及材料、设备价格等，并对施工图进行一次全面详细的检查，查看图纸是否完整，明确设计意图，检查各部分尺寸是否有误，以及有无施工说明。

2. 计算工程量、套用定额

工程量是编制概算、预算的基本数据，计算得准确与否直接影响到工程造价的准确度。计算工程量时要注意以下几点：

① 首先要熟悉图纸的内容和相互关系，注意搞清有关标注和说明；

② 计算单位应与所要依据的定额单位相一致；

③ 要防止错算、误算、漏算和重复计算：

④ 将同类项加以合并，并编制工程量汇总表。

工程量经核对无误后套用定额。套用相应定额时，由工程量分别乘以各自人工、主材、机械、仪表的消耗量，计算出各分项工程的人工、主材、机械、仪表的用量，然后汇总得出整个工程各类实物的消耗量。套用定额时应核对工程内容与定额内容是否一致，以防错误套用。

3. 选用设备、器材及价格

根据设计方案选定相应的设备及器材，用当时、当地或行业标准的实际单价乘以相应的人工、材料、机械、仪表的消耗量，计算出人工费、材料费、机械使用费、仪表使用费，并汇总得出直接工程费。

4. 计算各种费用

按照工程项目的费用构成和《信息通信建设工程费用定额》规定的费率及计费基础，分别计算各项费用，然后汇总出工程总造价，并以《信息通信建设工程概预算编制规程》所规定的表格形式，编制出全套概算和预算表格。

5. 复核

对上述的表格内容进行全面检查,即检查所列项目、工程量计算结果、套用定额、选用单价、取费标准以及计算数值等是否正确。

6. 写编写说明

复核无误后,进行对比、分析,写出编制说明。凡是概算、预算表格不能反映的一些事项以及编制中必须说明的问题,都应用文字表达出来,以供审批单位审查。

7. 审核出版

审核无误后正式出版。

4.3.4 通信工程概预算文件的组成

概预算文件由编制说明和概预算表组成。

1. 编制说明

编制说明主要包括以下内容:

① 工程概况、概预算总价值,主要说明项目规模、用途、概预算总价值、生产能力、公用工程及项目外工程的主要情况等。

② 编制依据及取费标准、计算方法的说明,主要说明编制时所依据的技术、经济文件、各种定额、材料设备价格、地方政府的有关规定、主管部门未做统一规定的费用计算依据和说明。

③ 工程技术、经济指标分析,主要说明各项投资的比例及与类似工程投资额的比较、分析投资额高低的原因、工程设计的经济合理性、技术的先进性及其适宜性等。

④ 需要说明的相关问题,如建设项目的特殊条件和特殊问题,需要上级主管部门和有关部门帮助解决的其他有关问题等。

2. 概预算表

对通信建设工程应采用实物工程量法,按单项(或单位)工程和工程量计算规则进行编制。概预算表包括以下10部分:

① 建设项目总概(预)算表(汇总表),供编制建设项目总概预算使用;

② 工程概(预)算总表(表一),供编制单项(单位)工程总费用使用;

③ 建筑安装工程费用概(预)算表(表二),供编制建安费使用;

④ 建筑安装工程量概(预)算表(表三)甲,供编制建安工程量、计算技工工日和普工工日使用;

⑤ 建筑安装工程机械使用费概(预)算表(表三)乙,供编制建安机械费使用;

⑥ 建筑安装工程仪器仪表使用费概(预)算表(表三)丙,供编制建安仪表费使用;

⑦ 国内器材概(预)算表(表四)甲,供编制国内器材(需安装设备、不需要安装设备、主要材料)的购置费使用;

⑧ 进口器材概(预)算表(表四)乙,供编制进口国外器材(需安装设备、不需要安装设备、主要材料)的购置费使用;

⑨ 工程建设其他费概(预)算表(表五)甲,供编制工程建设其他费使用;

⑩ 引进设备工程建设其他费概(预)算表(表五)乙,供编制引进设备工程建设其他费使用。

4.3.5　通信工程概预算的编制方法

警　示

➢ 在编制通信工程预算前，一要看懂工程设计图纸；二要清楚工程预算书中表与表之间的关系。

下面按工信部通信〔2016〕451 号文件的要求，说明通信工程概预算编制的方法。

1. 预算说明的编制

(1) 概述

预算按照不同的专业分别说明，主要内容包括：工程名称；工程地点；用户需求及工程规模；采用的安装方式；预算总值；投资分析等。

(2) 编制依据

编制依据主要包括：委托书；采用的定额和取费标准；设备及器材价格；政府及相关部门的规定；文件及合同；建设单位的规定等。

(3) 需要说明的问题

这主要包括与工程相关的一些特殊问题。

2. 概预算表格的填写

通信工程概预算文件共有 5 种表格 10 张表，单项工程的概预算不含建设项目总概(预)算表(汇总表)。单项工程概预算表格间的关系如图 4-12 所示。

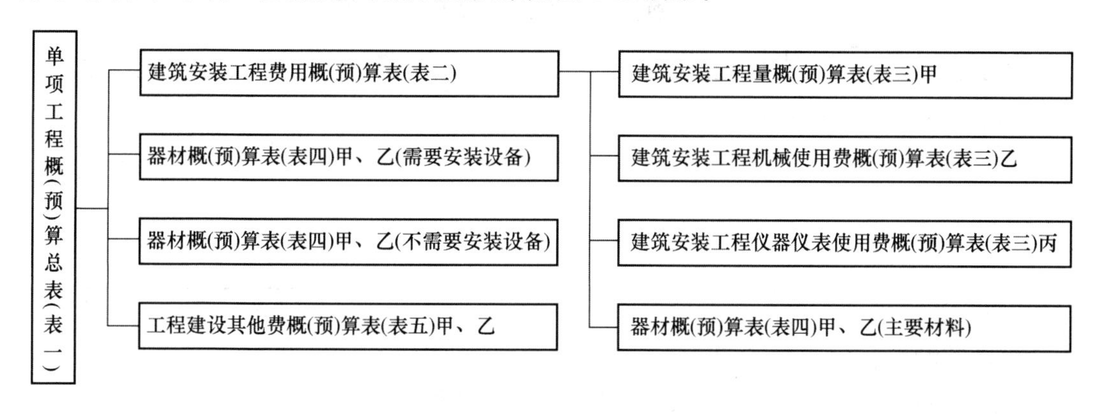

图 4-12　单项工程概预算表格间的关系

由图 4-12 可知，若确定了表三甲(以下表格名称皆用简称)、表三乙、表三丙、则表四也就明确了。若确定了工程量、器材价格和台班价格，则表二中的建筑安装工程费也就能计算出来，再加上表四中的设备(需安装的与不需安装的)费用，即可计算出表五中的工程建设其他费，再加上预备费和建设期利息，就能算出这项工程的总概(预)算费用了，即表一。因此，单项工程概预算表格填写顺序如图 4-13所示。

下面按图 4-13 说明表格填写方法。

表格标题、表首填写说明：各类表格标题中的“____”应根据编制阶段填写“概”或“预”；表格的表首填写具体工程的相关内容。具体表格填写方法如下。

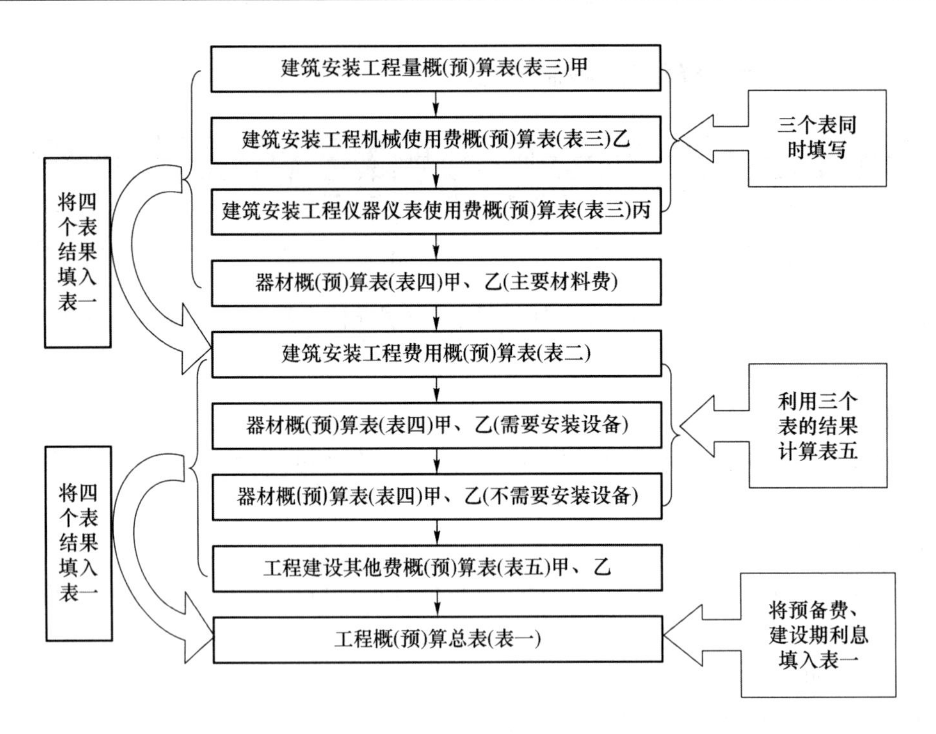

图 4-13　单项工程概预算表格填写顺序

(1) 表三甲

表三甲如表 4-7 所示。

表 4-7　建筑安装工程量____算表(表三)甲

工程名称：　　建设单位名称：　　表格编号：　　第　页

序号	定额编号	项目名称	单位	数量	单位定额值(工日)		合计值(工日)	
					技工	普工	技工	普工
Ⅰ	Ⅱ	Ⅲ	Ⅳ	Ⅴ	Ⅵ	Ⅶ	Ⅷ	Ⅸ

设计负责人：　　审核：　　编制：　　编制日期：　　年　月

① 表三甲填写说明

a. 表三甲供编制工程量、计算技工和普工总工日使用。

b. 第Ⅱ栏根据《信息通信建设工程预算定额》填写所套用预算定额子目的编号。若没有相关的子目，则需临时估列工作内容子目，在本栏中标注"估列"二字；对于两项以上的"估列"条目，应编估列序号。

c. 第Ⅲ、Ⅳ栏根据《信息通信建设工程预算定额》分别填写所套用定额子目的名称、单位。

d. 第Ⅴ栏填写根据定额子目的工作内容，并依据图纸计算出的工程量数值。

e. 第Ⅵ、Ⅶ栏填写所套用定额子目的工日单位定额值。

f. 第Ⅷ栏为第Ⅴ栏与第Ⅵ栏的乘积。

g. 第Ⅸ栏为第Ⅴ栏与第Ⅶ栏的乘积。

② 表三甲的填写要求

填写表三甲的核心问题是工程量的统计和预算定额的查找。统计工程量要认真、准确，查找预算定额要坚持三要素，即找对子目、看好单位、确认有无额外说明。具体内容如下：

a. 预算定额是确定工程中人工、材料、机械和仪器仪表合理消耗量的标准，是确定工程造价的依据。它是国家或行业标准，具有法令性，不得随意调整。根据项目名称，套准定额，高套、错套、重套都是不对的。对没有预算定额的项目，可套用近似的定额标准或相关行业的定额标准。如无参照标准，可让工程管理部门或工程设计部门提供补充或临时定额暂供执行。待相关管理部门制定的定额标准下达后，再按上级定额标准执行。这类问题主要出现在设备安装工程中，因为设备更新快，定额制定跟不上需要。

b. 计量单位是确定工程量计量的标准，工程量计取时要准确使用计量单位。

c. 工程量是工程预算中建安费组成的基础。工程量不实，就无法计算出准确的工程造价。工程量的多少是根据勘察结果和工程施工图纸计算出来的，多计或少计都是错误的。应按每章、每节说明和工程量计算规则要求来完成。

③ 表三甲应注意的问题

a. 工程量的计算应按工程量的计算规则进行。特别注意，在通信线路工程中，施工测量长度＜光电缆敷设长度＜光电缆使用长度。

b. 手工填表时，注意计量单位、定额标准是否写错，注意小数点。

c. 扩建系数的取定是指在原设备上扩大通信能力，并需要带电作业，采取保安措施的接触部分的预算工日才能计取。

d. 各种调整系数只能相加，不能连乘。

e. 设备采购合同中如果包括了设备安装工程中的安装、调测等费用，在工程设计中不得重复计列。成套设备安装工程中有许多类似的情况，应特别注意。

(2) 表三乙

表三乙如表 4-8 所示。

① 表三乙填表说明

a. 表三乙供编制本工程所列的机械使用费使用。

表 4-8　建筑安装工程机械使用费____算表(表三)乙

工程名称：　　建设单位名称：　　表格编号：　　第　页

序号	定额编号	项目名称	单位	数量	机械名称	单位定额值		合计值	
						数量(台班)	单价(元)	数量(台班)	合价(元)
Ⅰ	Ⅱ	Ⅲ	Ⅳ	Ⅴ	Ⅵ	Ⅶ	Ⅷ	Ⅸ	Ⅹ

设计负责人：　　审核：　　编制：　　编制日期：　　年　月

b. 第Ⅱ、Ⅲ、Ⅳ和Ⅴ栏分别填写所套用定额子目的编号、名称、单位，以及该子目工程量数值。

c. 第Ⅵ、Ⅶ栏分别填写定额子目所涉及的机械名称及此机械的单位定额值。

d. 第Ⅷ栏填写根据《信息通信建设工程费用定额》查找到的相应机械台班单价。

e. 第Ⅸ栏填写第Ⅶ栏与第Ⅴ栏的乘积。

f. 第Ⅹ栏填写第Ⅷ栏与第Ⅸ栏的乘积。

② 表三乙的填写要求

a. 根据国家关于机械使用费编制办法规定，机械使用费由两类费用组成：一类费用（折旧费、大修理费、经常修理费、安拆费）是不变费用，是全国统一的；二类费用（人工费、燃料动力费、养路费及车船税）是可变费用，可由各省或行业确定。

b. 本地网工程的台班单价，由建设单位确定。

③ 表三乙应注意的问题

a. 定额标准是否写错。

b. 机械定额单价是否有错。

(3) 表三丙

表三丙如表 4-9 所示。

① 表三丙填写说明

表 4-9　建筑安装工程仪器仪表使用费____算表(表三)丙

工程名称：　　建设单位名称：　　表格编号：　　第　页

序号	定额编号	项目名称	单位	数量	仪表名称	单位定额值		合计值	
						数量(台班)	单价(元)	数量(台班)	合价(元)
Ⅰ	Ⅱ	Ⅲ	Ⅳ	Ⅴ	Ⅵ	Ⅶ	Ⅷ	Ⅸ	Ⅹ

设计负责人：　　审核：　　编制：　　编制日期：　　年　月

a. 本表供编制本工程所列的仪表费用汇总使用。

b. 第Ⅱ、Ⅲ、Ⅳ和Ⅴ栏分别填写所套用定额子目的定额编号、名称、单位，以及该子目工程量数值。

c. 第Ⅵ、Ⅶ栏分别填写定额子目所涉及的仪表名称及此仪表的单位定额值。

d. 第Ⅷ栏填写根据《信息通信建设工程费用定额》查找到的相应仪表的使用单价。

e. 第Ⅸ栏填写第Ⅶ栏与第Ⅴ栏的乘积。

f. 第Ⅹ栏填写第Ⅷ栏与第Ⅸ栏的乘积。

② 表三丙的填写要求

根据国家关于仪器仪表使用费编制办法规定，仪器仪表使用费由两类费用组成：一类费用（折旧费、经常修理费）是不变费用，是全国统一的；二类费用（人工费、年检费）是可变费用，可由各省或行业确定。

③ 表三丙应注意的问题

a. 定额标准是否写错。

b. 仪器仪表单价是否有错。

(4) 表四

表四甲用于国内器材的概(预)算，如表 4-10 所示。

① 表四甲填表说明

表 4-10　国内器材____算表(表四)甲

(　　　　　　　　　)表

工程名称：　　　　　　　　建设单位名称：　　　　　　　　表格编号：　　　　　　　　第　　页

序号	名称	规格程式	单位	数量	单价(元)	合价(元)			备注
					除税价	除税价	增值税	含税价	
Ⅰ	Ⅱ	Ⅲ	Ⅳ	Ⅴ	Ⅵ	Ⅶ	Ⅷ	Ⅸ	Ⅹ

设计负责人：　　　　　审核：　　　　　编制：　　　　　编制日期：　　年　　月

a. 表四甲供编制本工程的主要材料、设备和工器具的数量和费用使用。

b. 表四甲中“增值税”栏目中的数值，均为建设方应支付的进项税额。在计算乙供主材时，表四中的“增值税”及“含税价”栏可不填写。

c. 表四甲标题下面的括号内根据需要填写主要材料或需要安装和不需要安装的设备、工器具、仪表。特别注意，本表需要拆分，因为主要材料费要填入表二，设备费要填入表一。

d. 第Ⅱ、Ⅲ、Ⅳ、Ⅴ、Ⅵ栏分别填写主要材料或需要安装和不需要安装的设备、工器具、仪表的名称、规格程式、单位、数量、单价。第Ⅵ栏为不含税单价。

e. 第Ⅶ栏填写第Ⅵ栏与第Ⅴ栏的乘积。

f. 第Ⅷ、Ⅸ栏分别填写合计的增值税及含税价。

g. 第Ⅹ栏填写需要说明的有关问题。

h. 依次填写需要安装和不需要安装的设备、工器具、仪表之后，还需填写计取的费用，包括：小计、运杂费、运输保险费、采购及保管费、采购代理服务费、合计。

i. 编制主要材料表时，应将主要材料分类后按小计、运杂费、运输保险费、采购及保管费、采购代理服务费、合计计取相关费用，然后进行总计。

② 表四乙填表说明

表四乙用于进口器材的概(预)算，如表 4-11 所示。

表 4-11　进口器材____算表(表四)乙

(　　　　　　　　　)表

工程名称：　　　　　　　　建设单位名称：　　　　　　　　表格编号：　　　　　　　　第　　页

序号	中文名称	外文名称	单位	数量	单价		合价			
					外币()	折合人民币(元)	外币()	折合人民币(元)		
						除税价		除税价	增值税	含税价
Ⅰ	Ⅱ	Ⅲ	Ⅳ	Ⅴ	Ⅵ	Ⅶ	Ⅷ	Ⅸ	Ⅹ	Ⅺ

设计负责人：　　　　　审核：　　　　　编制：　　　　　编制日期：　　年　　月

a. 表四乙供编制引进工程的主要材料、设备和工器具的费用使用。

b. 表四乙标题下面的括号内根据需要填写主要材料、需要安装或不需要安装的设备、工器具、仪表。

c. 第Ⅵ、Ⅶ、Ⅷ、Ⅸ、Ⅹ、Ⅺ栏分别填写对应的外币金额及折算人民币的金额，并按引进工程的有关规定填写相应费用。其他填写方法与表四甲基本相同。

③ 表四的填写要求

a. 通信工程中器材价格是按实际价，而不是按预算价确定的，一般采用办法是：国内的器材以国家有关部委规定的出厂价（调拨价）或指定的交货地点的价格为原价；地方材料按当地主管部门规定的出厂价或指定的交货地点的价格为原价；市场物资按当地商业部门规定的批发价为原价；进口器材无论从何国引进，一律以到岸价（CIF）的外币折成人民币价为原价。

b. 目前，通信建设工程中的器材一般都是由建设单位的相关部门统一采购和管理，器材中绝大多数都可以直接送达到指定的施工集配地点。在通信设备安装工程中，可以以中标厂家或代理商在供货合同中所签订的价格为准，若以出厂价或指定交货地点（非施工集配地点）的价格为原价，则可另加相关费用；在通信线路工程中，一般采用的是施工单位包清工、建设单位提供器材的方式，这样可以以建设单位供应部门提供的器料清单及合同采购价格为准，可另加相关费用；在通信管道工程中，由于各地区地方材料价格不同，对工程可采用施工单位包工包料的方式，所以对水泥、钢材、木材、沙石、砖、石灰等地方材料的价格，原则上可按当地工程造价部门公布的工程造价信息和建设单位招标的价格为准，另加采保费，包干使用，不再计取其他三项费用。

c. 通过招标方式采购器材，应以与中标厂（商）家签订的合同价为准。

④ 表四应注意的问题

a. 对于利旧的设备及器材，不但要列出数量，而且还要列出重估价值。

b. 表中的设备、器材数量应与表三甲的工程量相对应，多供或少供都不合理。对于光（电）缆，工程实际用料＝图纸净值＋自然伸缩量＋接头损耗量＋引上用量＋盘留量。

c. 注意计量单位、定额标准、单价是否写错，特别注意小数点的位置是否写错。

d. 进口设备无论从何国引进，一律以到岸价（CIF）的外币折成人民币价为原价。引进设备的税费，应按国家或有关部门的规定计取。

e. 对不需要安装的设备、工器具，要到现场进行落实，列出清单。

（5）表二

表二及相关费用计算方法如表 4-12 所示。

① 表二填写说明

a. 表二供编制建筑安装工程费使用。

b. 第Ⅲ栏根据《信息通信建设工程费用定额》相关规定填写第Ⅱ栏中各项费用的计算依据和方法。具体计算方法及要求参见本书附录。

c. 第Ⅳ栏填写第Ⅱ栏中各项费用的计算结果。

表 4-12　建筑安装工程费用____算表(表二)

工程名称：　　　　建设单位名称：　　　　表格编号：　　　　第　　页

序号	费用名称	依据和计算方法	合计（元）	序号	费用名称	依据和计算方法	合计（元）
Ⅰ	Ⅱ	Ⅲ	Ⅳ	Ⅰ	Ⅱ	Ⅲ	Ⅳ
	建筑安装工程费（含税价）	一＋二＋三＋四		7	夜间施工增加费	人工费×费率	
	建筑安装工程费（除税价）	一＋二＋三		8	冬、雨季施工增加费	人工费×费率	
一	直接费	(一)＋(二)		9	生产工具、用具使用费	人工费×费率	
(一)	直接工程费	1＋2＋3＋4		10	施工用水电蒸气费	按实计列	
1	人工费	(1)＋(2)		11	特殊地区施工增加费	补贴金额×总工日	
(1)	技工费	技工总工日×114		12	已完工程及设备保护费	人工费×费率	
(2)	普工费	普工总工日×61		13	运土费	工程量×运费单价	
2	材料费	(1)＋(2)		14	施工队伍调遣费	单程定额×人数×2	
(1)	主要材料费	国内主材费		15	大型施工机械调遣费	运价×运距×2	
(2)	辅助材料费	主要材料费×费率		二	间接费	(一)＋(二)	
3	机械使用费	机械费合计		(一)	规费	1＋2＋3＋4	
4	仪表使用费	仪表费合计		1	工程排污费		
(二)	措施费	1＋2＋…＋15		2	社会保障费	人工费×28.5%	
1	文明施工费	人工费×费率		3	住房公积金	人工费×4.19%	
2	工地器材搬运费	人工费×费率		4	危险作业意外伤害保险费	人工费×1.0%	
3	工程干扰费	人工费×费率		(二)	企业管理费	人工费×27.4%	
4	工程点交费、场地清理费	人工费×费率		三	利润	人工费×20.0%	
5	临时设施费	人工费×费率		四	销项税额	相关规定①	

设计负责人：　　　审核：　　　编制：　　　编制日期：　　　年　　月

注：① 销项税额＝(人工费＋乙供主材费＋辅材费＋机械使用费＋仪表使用费＋措施费＋规费＋企业管理费＋利润)×适用税率＋甲供主材费×适用税率

② 表二的填写要求

a. 表二所列出的计费标准均为上限。

b. 措施费、企业管理费、利润属于指导性费用，实施时可下浮。

③ 表中应注意的问题

取费时，要明确是按人工标准计费单价方式取费还是按人工综合评价方式取费；按人工标准计费单价方式取费时，要明确取费的项目。

(6) 表五

① 表五甲填写说明

表五甲如表 4-13 所示。

表 4-13 工程建设其他费____算表(表五)甲

工程名称： 建设单位名称： 表格编号： 第 页

序号	费用名称	计算依据及方法	金额(元)			备注
			除税价	增值税	含税价	
Ⅰ	Ⅱ	Ⅲ	Ⅳ	Ⅴ	Ⅵ	Ⅶ
1	建设用地及综合赔补费					
2	项目建设管理费					
3	可行性研究费					
4	研究试验费					
5	勘察设计费					
6	环境影响评价费					
7	建设工程监理费					
8	安全生产费					
9	引进技术及引进设备其他费					
10	工程保险费					
11	工程招标代理费					
12	专利技术使用费					
13	其他费用					
	总计					
14	生产准备及开办费(运营费)					
	合　　计					

设计负责人： 审核： 编制： 编制日期： 年 月

a. 表五甲供编制国内工程计列的工程建设其他费使用。

b. 第Ⅲ栏根据《信息通信建设工程费用定额》相关费用的计算规则填写，参见本书附录。

c. 第Ⅶ栏根据需要填写补充说明的内容事项。

② 表五乙填写说明

表五乙如表 4-14 所示。

表 4-14　引进设备工程建设其他费用____算表(表五)乙

工程名称：　　建设单位名称：　　表格编号：　　第　页

序号	费用名称	计算依据及方法	外币（ ）	折合人民币(元)			备注
				除税价	增值税	含税价	
Ⅰ	Ⅱ	Ⅲ	Ⅳ	Ⅴ	Ⅵ	Ⅶ	Ⅷ

设计负责人：　　审核：　　编制：　　编制日期：　　年　月

a. 表五乙供编制引进设备工程计列的工程建设其他费使用。

b. 第Ⅲ栏根据国家及主管部门的相关规定填写。

c. 第Ⅳ、Ⅴ、Ⅵ、Ⅶ栏分别填写各项费用的外币与人民币数值。

d. 第Ⅷ栏根据需要填写补充说明的内容事项。

③ 表五填写要求

a. 表五中有多项指标与政府政策规定有关,参照相关文件进行填写。

b. 其他费应根据实际情况由双方商定,但必须要有依据,并列出清单。

(7) 表一

表一如表 4-15 所示。

表 4-15　工程____算总表(表一)

建设项目名称：

项目名称：　　建设单位名称：　　表格编号：　　第　页

序号	表格编号	费用名称	小型建筑工程费	需要安装的设备费	不需要安装的设备、工器具费	建筑安装工程费	其他费用	预备费	总价值			
			(元)						除税价	增值税	含税价	其中外币()
Ⅰ	Ⅱ	Ⅲ	Ⅳ	Ⅴ	Ⅵ	Ⅶ	Ⅷ	Ⅸ	Ⅹ	Ⅺ	Ⅻ	XⅢ

设计负责人：　　审核：　　编制：　　编制日期：　　年　月

表一填写说明：

a. 表一供编制单项(单位)工程概(预)算使用。

b. 表头“建设项目名称”填写立项工程项目全称。

c. 第Ⅱ栏根据本工程各类费用概(预)算表格编号填写。

d. 第Ⅲ栏根据本工程概(预)算各类费用名称填写。

e. 第Ⅳ～Ⅷ栏根据相应的各类费用合计填写。

f. 第Ⅹ栏为第Ⅳ～Ⅸ栏的各项费用之和。

g. 第Ⅺ栏填写第Ⅳ～Ⅸ栏的各项费用中建设方应支付的进项税额之和。

h. 第Ⅻ栏填写第Ⅹ栏和第Ⅺ栏的各项费用之和。

i. 第XⅢ栏填写本工程引进技术和设备所支付的外币总额。

j. 当工程有回收金额时，应在费用项目总计下列出“其中回收费用”，其金额填入第Ⅷ栏。此费用不冲减总费用。

完成以上内容，单项通信工程预算书的编制完成。

（8）汇总表

如果通信工程包含多个单项工程，则需要填写汇总表，如表 4-16 所示。

表 4-16　建设项目总____算表(汇总表)

建设项目名称：　　建设单位名称：　　表格编号：　　第　页

序号	表格编号	工程名称	小型建筑工程费	需要安装的设备费	不需安装的设备、工器具费	建筑安装工程费	其他费用	预备费	总价值				生产准备及开办费
			（元）						除税价	增值税	含税价	其中外币()	（元）
Ⅰ	Ⅱ	Ⅲ	Ⅳ	Ⅴ	Ⅵ	Ⅶ	Ⅷ	Ⅸ	Ⅹ	Ⅺ	Ⅻ	XⅢ	XⅣ

设计负责人：　　审核：　　编制：　　编制日期：　　年　月

汇总表填写说明：

a. 汇总表供编制建设项目总概(预)算使用，建设项目的全部费用在汇总表中汇总。

b. 第Ⅱ栏根据各工程相应总表(表一)编号填写。

c. 第Ⅲ栏根据建设项目的各工程名称依次填写。

d. 第Ⅳ～Ⅸ栏根据工程项目的总表(表一)中相应各栏的费用合计填写，费用均为除税价。

e. 第Ⅹ栏为第Ⅳ～Ⅸ栏的各项费用之和。

f. 第Ⅺ栏填写Ⅳ～Ⅸ栏的各项费用中建设方应支付的进项税之和。

g. 第Ⅻ栏填写第Ⅹ栏和第Ⅺ栏的各项费用之和。

h. 第XⅢ栏填写以上各列费用中以外币支付的总额。

i. 第XⅣ栏填写各工程项目需单列的“生产准备及开办费”金额。

j. 当工程有回收金额时，应在费用项目总计下列出“其中回收费用”，其金额填入第Ⅷ栏。此费用不冲减总费用。

重点掌握

➢ 预算表格的填写方法及相关注意事项。

4.4　实做项目及教学情境

实做项目一：结合校园光缆工程，查阅《信息通信建设工程预算定额》。

目的：理解定额含义，掌握定额使用方法，了解相关注意事项。

实做项目二：根据图 4-14，进行工程量统计，并填写表三甲、乙、丙。

目的：掌握工程量的统计方法，初步认识表三的填写方法。

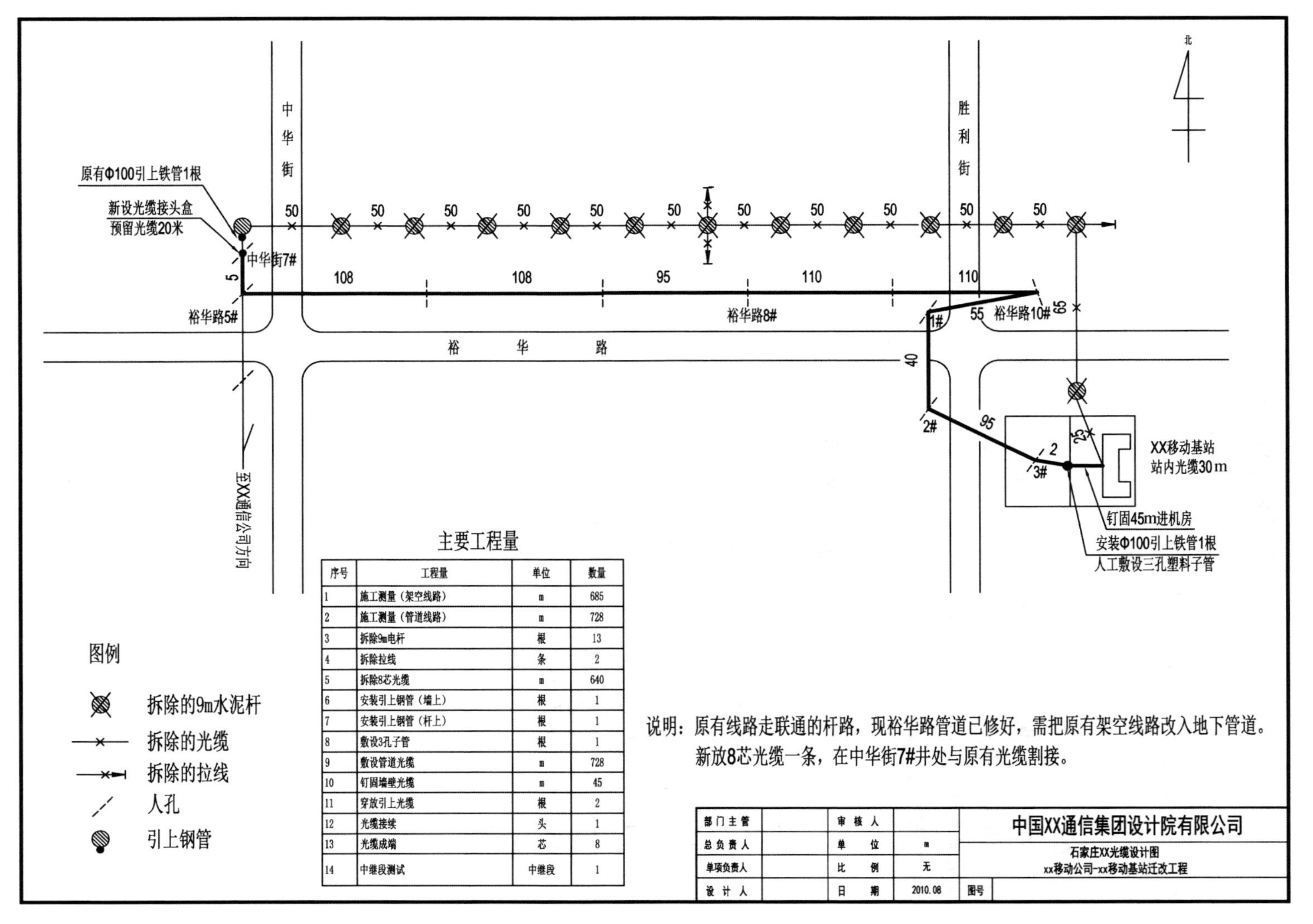

主要工程量

序号	工程量	单位	数量
1	施工测量（架空线路）	m	685
2	施工测量（管道线路）	m	728
3	拆除9m电杆	根	13
4	拆除拉线	条	2
5	拆除8芯光缆	m	640
6	安装引上钢管（墙上）	根	1
7	安装引上钢管（杆上）	根	1
8	敷设3孔子管	根	1
9	敷设管道光缆	m	728
10	钉固墙壁光缆	m	45
11	穿放引上光缆	根	2
12	光缆接续	头	1
13	光缆成端	芯	8
14	中继段测试	中继段	1

图 4-14　光缆接入工程施工图

本章小结

本章主要介绍通信工程概预算的计算规则和编制，主要内容包括：

(1) 定额的基本知识，包括定额的概念、特点、分类、预算定额和概算定额以及预算定额的查询方法。

(2) 通信建设项目工程量的计算规则，包括工程量统计的基本原则，具体包括通信设备安装工程工程量的计算规则、通信线路及管道工程的工程量计算规则。

(3) 通信工程概预算编制，预算表格的填写顺序为：首先同时填写表三甲、表三乙、表三丙并记录用到的材料，其次填写表四(主材与设备分开填写)，再次填写表二(注意销项税额的计算)，然后填写表五，最后填写表一。

复习思考题

(1) 简述定额的概念及其特点、分类。

(2) 简述通信工程量统计的基本原则。

(3) 简述通信设备安装工程的工程量计算方法。

(4) 简述通信线路工程的工程量计算方法。

(4) 简述通信管道工程的工程量计算方法。

(5) 试述概预算表格的填写方法。

第5章　通信工程概预算编制实例

【本章内容】

- 通信工程概预算的编制特点
- 通信工程概预算的编制方法
- OLT 机房设备装工程施工图预算
- 线路整改单项工程一阶段设计施工图预算

【本章重点】

- 概预算的编制特点
- 概预算的编制方法

【本章难点】

- 拆除工程的概预算编制
- 建筑安装工程费中措施费的计算
- 表五项目建设管理费的计算方法

【本章学习目的和要求】

- 掌握通信设备安装工程的概预算编制
- 掌握通信管线工程的概预算编制

【本章课程思政】

- 严格遵循通信工程概预算定额标准和规范,培养遵规守范的意识

【本章建议学时】

- 10 学时

5.1 通信工程概预算的编制特点

通信工程通常包括通信设备安装工程和通信管线工程。为了更好地理解通信工程概预算的编制，本章以某 OLT 机房设备安装工程和某线路改造工程为实例，介绍这两类工程的概预算编制。

通信设备安装工程概预算编制有如下特点：

(1) 通信设备安装工程技术含量较高，人工绝大部分为技工；

(2) 室内部分的勘察工作量较少，通常不计勘察费。

通信管线工程概预算编制有如下特点：

(1) 工程量统计时，通信管线工程需要进行施工测量；

(2) 通常 ODF 架是通信设备安装工程和通信管线工程的分界线，ODF 架属于通信设备安装工程的设计范围；

(3) 通信管线工程人工工日小于 200 工日时，需要进行工日调整。

5.2 通信工程概预算的编制步骤

通信工程概预算的编制步骤如下。

(1) 根据设计图纸以及设计说明，进行工程量统计

统计工程量时，定额子目编号、单位应与定额手册相一致。选用定额时，须仔细阅读定额手册上该定额子目的工作内容以及对该定额子目的注释，避免工程量重复统计或者统计遗漏。

(2) 根据统计的工程量填写表三甲、乙、丙，并统计主材消耗

根据当前工程量，查询定额手册的相应子目，找到单位工程量的技工工日消耗和普工工日消耗，乘以工程量得到技工工日和普工工日的总消耗。对于拆除工程量，人工工日需要考虑拆除系数。

在填写表三甲的同时填写表三乙和表三丙，根据定额手册子目查找机械和仪表的台班消耗，计算所需机械仪表总台班。机械仪表台班单价在《信息通信建设工程费用定额　信息通信建设工程概预算编制规程》中规定。所需机械仪表总台班与台班单价的乘积即为机械仪表消耗，单位为元。对于拆除工程量，由于机械消耗减少，不需要仪表测量，因此机械消耗要乘以拆除系数，仪表消耗不予统计。

查定额时，主材消耗也要记录下来，填写到主材统计表(见表 5-1)中，便于填写表四。主材统计表中的项目有：序号、定额编号、主材名称、规格型号、单位、数量等。

表5-1　主材统计表

序号	定额编号	主材名称	规格型号	单位	数量
1					
2					

完成上述工作后，继续填写下一个工程量。在所有工程量填写完成后，统计表三甲中技工和普工的总消耗。对于通信管线工程，需要考虑小工日调增。表三乙和表三丙各自统计机械、仪表的使用费。

(3) 根据主材统计表填写表四甲

首先，根据统计好的主材统计表进行合并主材，对于名称和规格型号完全相同的主材可以合并在一起。然后，按照运杂费费率表对主材进行分类，根据分类填写表四甲，填写时按照材料除税价计算，增值税和含税价根据需要选填。因表二中的销项税额含进项税额和增值税，主材的增值税属于进项税额，因此统计主材时按照除税价计算，可以避免重复计取。接着，根据分类分别计算该类主材除税价的和价，得到小计。以小计为基数，计算运杂费、运输保险费和采购及保管费。采购代理服务费根据需要列支。将此类别费用求和得到合计。最后，将所有主材消耗类别合计求和，得到总计。

(4) 填写表二

根据表三计算出的人工、机械和仪表消耗，以及表四甲计算出的主材消耗，计算表二中的直接工程费。根据人工费计算措施费、规费、企业管理费、利润和销项税额。将以上费用求和得到表二中的建筑安装工程费，该费用有含税价和除税价两种，两者的差别在于是否包含销项税额。

(5) 填写表四

表四(设备表)中的设备均属同一类，不需要分类，按照固定运杂费费率计算运杂费、运输保险费、采购保管费及采购代理服务费。由于设备费需要汇总于表一，因此填写表四时，应当采用含税价。

(6) 填写表五甲

填写表五甲时，建设用地及综合赔补费应根据当地政府规定确定。可行性研究费、研究试验费、勘察设计费、环境影响评价费、建设工程监理费、安全生产费、引进技术和引进设备其他费、工程保险费、工程招标代理费、专利及专有技术使用费和其他费用按照市场合同定价进行计算。表五甲中的项目建设管理费(原建设单位管理费)应当最后计算。项目建设管理费的计算方法是用总概算额乘以建设单位管理费费率。建设单位管理费费率参见附录中附表27。

总概算≈[建筑安装工程费＋设备费＋其他费用(不含建设单位管理费)]×(1＋预备费费率)

另一种严谨的计算方法是将建设单位管理费设为未知数X，求解一元一次方程即可，此一元一次方程如下：

(建筑安装工程费＋其他费用(不含X)＋X)×(1＋预备费费率)×建设单位管理费费率＝X

（7）填写表一

将表二中的建筑安装工程费、表四中的设备工器具购置费和表五中的工程建设其他费列入表一，并根据预备费费率（参见附录中的附表28）计算预备费，将上述几项求和得到项目工程费。生产准备及开办费应当计入项目运营费，不属于工程造价，在此仅列写。

5.3 OLT机房设备安装工程施工图预算

1. 已知条件

（1）工程简介

本工程为××市××区OLT机房新建一阶段设计，其设备安装工程连接示意图如图5-1所示。主要新建OLT设备（华为MA5680T）、144口ODF架和DCDU直流分配单元。

（2）设计范围

① 直流分配单元DCDU（含）是本工程与电源工程的分界点。

② 走线架是利旧设施，不属于本次设计范围。

③ ODF架（含）是本工程与小区接入工程的分界点。

（3）主要工程量

① 新安装机柜、OLT设备、DCDU和ODF架。其中，OLT设备配置2块16口GPON业务板（GPFD-16）、2个SCUN主控板（附带4GE上行光口）、2块电源板（PRTE）。

② 新连接OLT设备至DCDU的−48 V电力线（1.5 mm^2 两芯1米）2条，每条电力线一端带有OLT电源专用连接端头，另一端需要DT-2.5端子2个。

③ 新连接ODF架至OLT设备的光纤跳线4条，上行连接至SNI。

④ 新连接ODF架至OLT设备的光纤跳线32条，下行连接至小区用户。

（4）需要说明的问题

① 施工企业距离施工现场40 km，施工地点非特殊地区。

② 设备及材料运距均在100 km以内。

③ 本工程不计“水电蒸汽使用费”“运土费”“工程排污费”“建设用地及综合赔补费”“可行性研究费”“研究试验费”“环境影响评价费”“劳动安全卫生评价费”“引进技术及引进设备其他费”“工程招标代理费”和“专利及专有技术使用费”。

④ 本工程的合同约定工程保险费为3 000元，勘察设计费为30 000元，建设工程监理费为8 000元。以上价格均为除税价。

（5）设备材料价格

设备材料价格如表5-2所示，其中单价为除税价，OLT设备和ODF架由甲方采购，其余均由乙方采购。

（6）增值税率

甲方采购税率为17%，乙方税率为11%，服务业税率为6%，建设用地及综合赔补费、安全生产费和其他费用税率均为 11%。

表 5-2　设备材料价格

序号	名称	规格型号	单位	单价(元)
1	OLT 设备	MA5680T(2×SCUN,2×PRTE,2×GPFD-16)	台	8 000
2	ODF 架	ODF(144 口)	套	640
3	电力电缆线	RVVZ-2×2.5 mm^2	米	7.5
4	接线端子	DT-2.5	个	0.8
5	光纤跳线	2 m	条	1.6
6	机柜	600×600×2 200 mm	个	1 500
7	DCDU	10 路	个	260
8	加固角钢夹板组		套	52

2. 工程量统计

(1) 安装机柜。机柜安装在图 5-2 中的虚线位置,数量 1 个。

(2) 安装 OLT 设备 MA5680T。MA5680T 配置如下:

① 华为 MA5680T 机框、风扇;

② SCUN 主控板主用、备用各 1 块;

③ PRTE 电源板主用、备用各 1 块;

④ GPFD 业务板 2 块。

其中,机框、电源极属于安装基本子架和公共单元盘,GPFD 业务板属于接口板,SCUN 主控板具有 2 个上行光口,也属于接口板。因此,业务量主要有:

① 安装测试基本子架及公共单元盘(架式)1 套;

② 安装接口盘 3 块;

③ SNI 接口测试,OLT 设备本机测试上联 SNI 接口,共 4 端口;

④ 光接口测试,OLT 设备本机测试下联光接口,共 32 端口;

⑤ 通道测试,OLT 上联通道测试,共 1 系统。

(3) 布放电力线 RVVZ-2×2.5 mm^2 2 条,共 2 m。

(4) 安装 144 口光分配架 1 架。

(5) 布放软光纤。上行跳纤共 4 条;下行跳纤共 32 条。因此,共布放软光纤 36 条。

3. 填写概预算表格

确定了工程量,明确了设计意图后,就可以填写表三甲(见表 5-3)和表三丙(见表 5-4)了。查定额时,应仔细阅读定额手册上的注释,例如,两芯电力线的人工消耗应为单芯电力线的 1.35 倍。统计人工消耗的同时,也要统计工程量涉及的主要材料和设备,为填写表四做准备。

表四甲包括国内乙供主要材料表(见表 5-5)和国内需要安装设备表(见表 5-6)。进行国内乙供主要材料统计时应当使用除税价,按照先合并后分类的原则,逐类进行计算。进行国内需要安装设备统计时,无需分类,按照同一类别进行统计即可,统计时需要按照含税价进行统计。

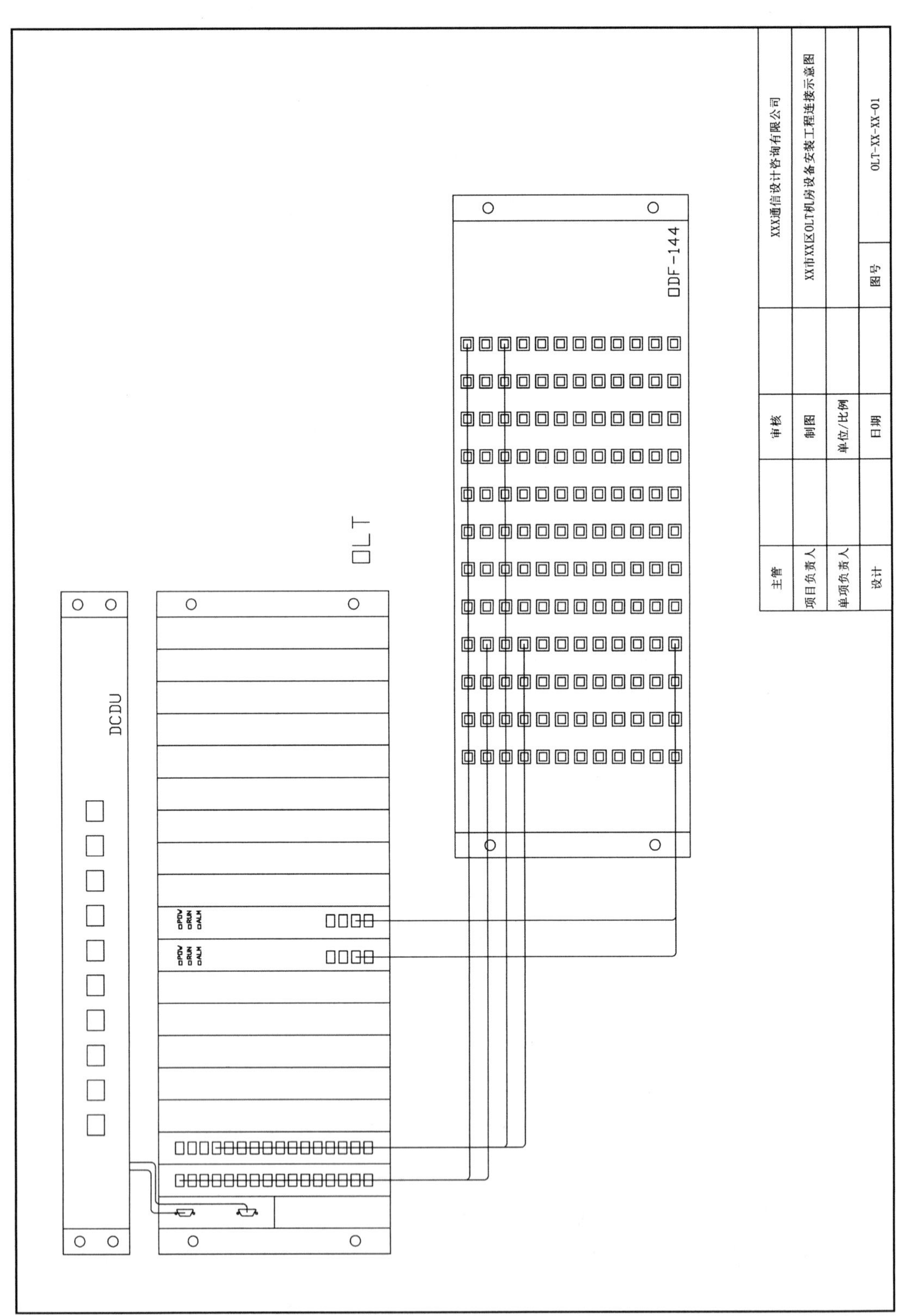

图 5-1　××市××区 OLT 机房设备安装工程连接示意图

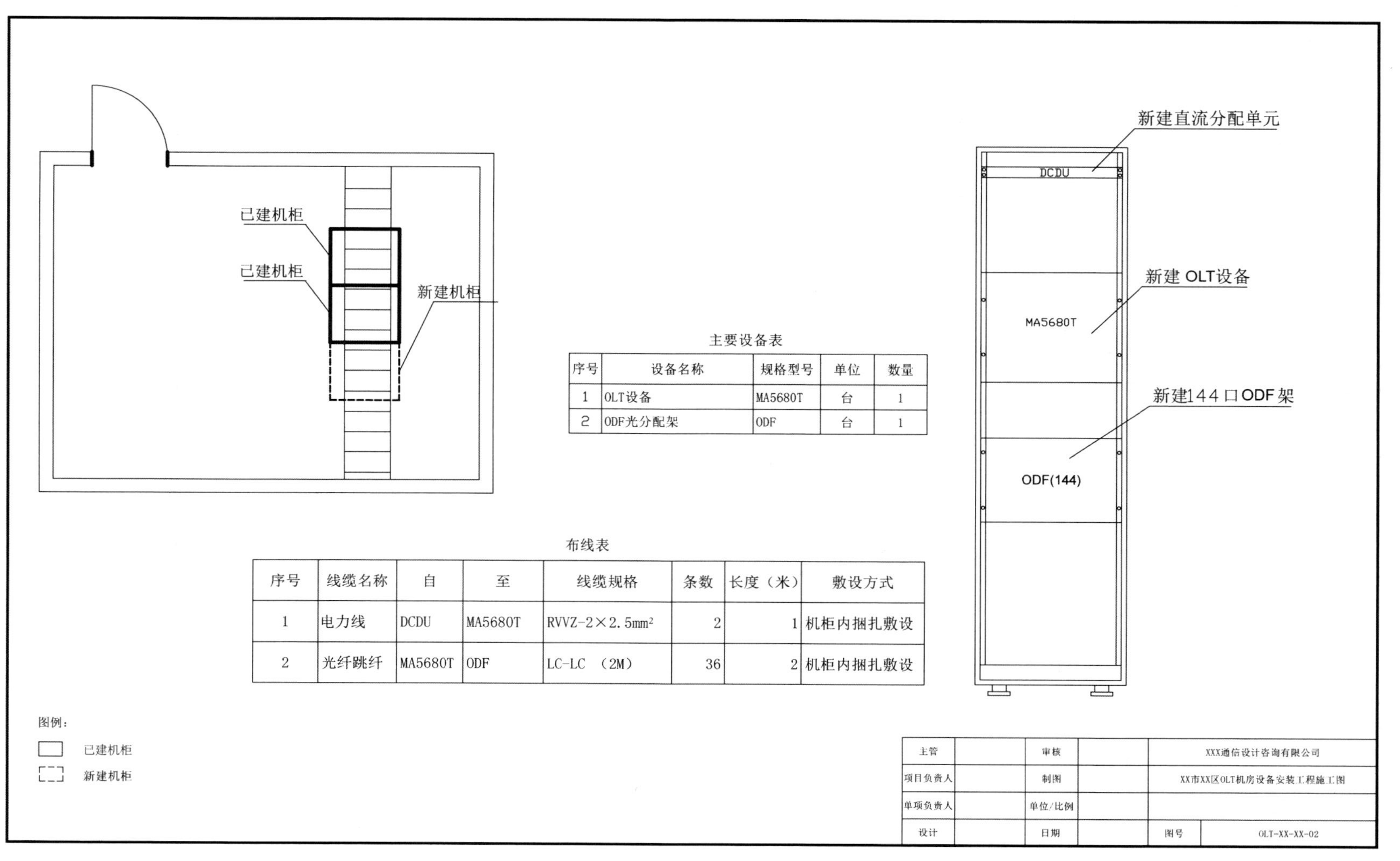

主要设备表

序号	设备名称	规格型号	单位	数量
1	OLT设备	MA5680T	台	1
2	ODF光分配架	ODF	台	1

布线表

序号	线缆名称	自	至	线缆规格	条数	长度（米）	敷设方式
1	电力线	DCDU	MA5680T	RVVZ-2×2.5mm²	2	1	机柜内捆扎敷设
2	光纤跳纤	MA5680T	ODF	LC-LC （2M）	36	2	机柜内捆扎敷设

图 5-2　××市××区 OLT 机房设备安装工程施工图

计算表二(见表-7)中的措施项目费时注意:由于本工程是有线通信设备安装工程,因此不计算其中的工程干扰费;冬雨季施工增加费仅针对通信设备安装工程室外部分计算,因此本工程不计冬雨季施工增加费;本工程不涉及运土环节,因此不计运土费;根据本工程实际情况,不计工程排污费;施工企业离施工现场距离为 40 km,因此需要计算施工队伍调遣费。在施工队伍单程调遣费定额表中查到单程调遣费为 141 元,在施工队伍调遣人数定额表中查到本工程技工总工日在 500 工日以下,因此调遣人数应为 5 人。因此,施工队伍调遣费应为

$$施工队伍调遣费=141\times2\times5=1\,410\text{ 元}$$

计算工程建设其他费(见表 5-8)时,安全生产费由建筑安装工程费(建安费)乘以安全生产费费率(1.5%)计算所得。勘察设计费、建设工程监理费、建设用地及综合赔补费、可行性研究费、研究试验费、环境影响评价费、劳动安全卫生评价费、引进技术及引进设备其他费、工程保险费、工程招标代理费、专利及专利技术使用费等,均按照市场定价,以双方签订的服务合同价为依据计取。项目的建设单位管理费费率按照 2%计取,依照本章第 2 节中的方法计算。

最后,将表二、表四、表五相关结果汇总到表一(见表 5-9)中,即得 OLT 机房设备安装工程预算。

表 5-3 建筑安装工程量预算表(表三)甲

建设单位名称:

工程名称:××城市××区 OLT 机房设备安装工程　　表格编号:-B3　　第全页

序号	定额编号	项目名称	单位	数量	单位定额值(工日)		合计值(工日)	
					技工	普工	技工	普工
Ⅰ	Ⅱ	Ⅲ	Ⅳ	Ⅴ	Ⅵ	Ⅶ	Ⅷ	Ⅸ
1	TSY1—005	安装室内有源综合架(柜)落地式	个	1	1.86		1.86	
2	TSY1—030	安装光分配架子架	个	1	0.19		0.19	
3	TSY1—003	安装电源分配架(柜)、架顶式	架	1	0.6		0.6	
4	TSY2—086	安装测试基本子架及公式单元盘架式	套	1	1.05		1.05	
5	TSY2—088	安装接口盘	块	3	0.08		0.24	
6	TSY2—089	OLT 设备本机测试上联 SNI 接口	端口	4	0.06		0.24	
7	TSY2—090	OLT 设备本机测试下联光接口	端口	32	0.06		1.92	
8	TSY2—098	OLT 上联通道测试	系统	1	0.5		0.5	
9	TSY1—089	布放电力电缆(单芯相线截面积)16 mm^2 以下	10 米条	0.2	0.18		0.05	
10	TSY1—079	放、绑软光纤设备机架之间放、绑 15 m 以下	条	36	0.29		10.44	
		默认页合计					17.09	

设计负责人:×××　　审核:　　编制:×××　　编制日期:2021 年 6 月

表 5-4　建筑安装工程仪表使用费预算表(表三)丙

建设单位名称：

工程名称：××城市××区 OLT 机房设备安装工程　　表格编号：-B3B　　第全页

序号	定额编号	工程及项目名称	单位	数量	仪表名称	单位定额值		合计值	
						消耗量（台班）	单价（元）	消耗量（台班）	合价（元）
Ⅰ	Ⅱ	Ⅲ	Ⅳ	Ⅴ	Ⅵ	Ⅶ	Ⅷ	Ⅸ	Ⅹ
1	TSY2—089	OLT 设备本机测试上联 SNI 接口	端口	4	稳定光源	0.1	117	0.4	46.8
2	TSY2—089	OLT 设备本机测试上联 SNI 接口	端口	4	光可变衰耗器	0.03	129	0.12	15.48
3	TSY2—089	OLT 设备本机测试上联 SNI 接口	端口	4	光功率计	0.1	116	0.4	46.4
4	TSY2—089	OLT 设备本机测试上联 SNI 接口	端口	4	网络测试仪	0.05	166	0.2	33.2
5	TSY2—090	OLT 设备本机测试下联光接口	端口	32	稳定光源	0.05	117	1.6	187.2
6	TSY2—090	OLT 设备本机测试下联光接口	端口	32	光可变衰耗器	0.05	129	1.6	206.4
7	TSY2—090	OLT 设备本机测试下联光接口	端口	32	网络测试仪	0.05	166	1.6	265.6
8	TSY2—090	OLT 设备本机测试下联光接口	端口	32	PON 光功率计	0.05	116	1.6	185.6
9	TSY2—098	OLT 上联通道测试	系统	1	稳定光源	0.2	117	0.2	23.4
10	TSY2—098	OLT 上联通道测试	系统	1	光功率计	0.2	116	0.2	23.2
11	TSY2—098	OLT 上联通道测试	系统	1	网络测试仪	0.1	166	0.1	16.6
		默认页合计							1 049.88

设计负责人：×××　　审核：　　编制：×××　　编制日期：2021 年 6 月

表 5-5　国内器材预算表(表四)甲

(国内乙供主要材料)表

建设单位名称：

工程名称：××城市××区 OLT 机房设备安装工程　　　表格编号：-B4A-M　　　第全页

序号	名称	规格程式	单位	数量	单价(元)			合计(元)			备注
					除税价	增值税	含税价	除税价	增值税	含税价	
Ⅰ	Ⅱ	Ⅲ	Ⅳ	Ⅴ	Ⅵ	Ⅶ	Ⅷ	Ⅸ	Ⅹ	Ⅺ	Ⅻ
1	软光纤	双头	条	36	1.6	0.18	1.78	57.6	6.34	63.94	
	小计 1(光缆类)							57.60			
	运杂费 1(小计 1×1.3%)							0.75			
2	电力电缆		m	2.03	7.5	0.83	8.33	15.23	1.67	16.90	
	小计 2(电缆类)							15.23			
	运杂费 2(小计 2×1%)							0.15			
3	接线端子		个/条	4	0.8	0.09	0.89	3.20	0.35	3.55	
4	电源分配柜(架)/箱		架	1	260	28.6	288.6	260.00	28.6	288.6	
5	综合机柜(架)		个	1	1 500	165	1 665	1 500.00	165	1 665	
6	加固角钢夹板组		组	2.02	52	5.72	57.72	105.04	11.55	116.59	
	小计 3(其他类)							1 868.24			
	运杂费 3(小计 3×3.6%)							67.26			
	合计(小计 1+小计 2+小计 3)							1 941.07			
	运杂费(运杂费 1+运杂费 2+运杂费 3)							68.16			
	运输保险费(合计×0.1%)							1.94			
	采购及保管费(合计×0.1%)							19.41			
	总计(合计 1+合计 2+合计 3)							2 030.58			

设计负责人：×××　　审核：　　编制：×××　　编制日期：2021 年 6 月

表 5-6　国内器材预算表(表四)甲

(国内需要安装设备)表

建设单位名称：

工程名称：××城市××区 OLT 机房设备安装工程　　　表格编号：-B4A-E　　　第全页

序号	名称	规格程式	单位	数量	单价(元)			合计(元)			备注
					除税价	增值税	含税价	除税价	增值税	含税价	
Ⅰ	Ⅱ	Ⅲ	Ⅳ	Ⅴ	Ⅵ	Ⅶ	Ⅷ	Ⅸ	Ⅹ	Ⅺ	Ⅻ
1	OLT(含主控、电源和业务板)	MA5680T	台	1	8 000	1 360	9 360	8 000	1 360	9 360.00	
2	ODF 单元	144 口	个	1	640	108.8	748.8	640	108.8	748.80	
	小计 1							8 640.00			
	运杂费(小计 1×0.8%)							69.12			
	运输保险费(小计 1×0.4%)							34.56			
	采购及保管费(小计 1×0.82%)							70.85			
	合计 1							8 814.53			
	总计							8 814.53	1 498.47	10 313.00	

设计负责人：×××　　　审核：　　　编制：×××　　　编制日期：2021 年 6 月

表 5-7　建筑安装工程费用概预算表(表二)

建设单位名称：

工程名称：××城市××区 OLT 机房设备安装工程　　表格编号：-B2　　第全页

序号	费用名称	依据和计算方法	合计(元)	序号	费用名称	依据和计算方法	合计(元)
Ⅰ	Ⅱ	Ⅲ	Ⅵ	Ⅰ	Ⅱ	Ⅲ	Ⅵ
	建筑安装工程费(含税价)	一+二+三+四	9 255.83	6	工程车辆使用费	人工费×2.2%	42.86
	建筑安装工程费(除税价)	一+二+三	8 338.59	7	夜间施工增加费	人工费×2.1%	40.91
一	直接费	直接工程费+措施费	6 758.76	8	冬雨季施工增加费	不计取	0
(一)	直接工程费		5 089.64	9	生产工具用具使用费	人工费×0.8%	15.59
1	人工费	技工费+普工费	1 948.26	10	施工用水电蒸气费	不计取	0
(1)	技工费	技工总计×114	1 948.26	11	特殊地区施工增加费	不计取	0
(2)	普工费	普工总计×61	0.00	12	已完工程及设备保护费	不计取	0
2	材料费	主要材料费+辅助材料费	2 091.50	13	运土费	不计取	0
(1)	主要材料费		2 030.58	14	施工队伍调遣费	调遣费定额×调遣人数定额×2	1 410
(2)	辅助材料费	主材费×3%	60.92	15	大型施工机械调遣费	单程运价×调遣距离×总吨位×2	0
3	机械使用费	表三乙－总计	0.00	二	间接费	规费+企业管理费	1 190.18
4	仪表使用费	表三丙－总计	1 049.88	(一)	规费	1 至 4 之和	656.36
(二)	措施项目费	1 至 15 之和	1 669.12	1	工程排污费	不计取	0
1	文明施工费	人工费×0.8%	15.59	2	社会保障费	人工费×28.5%	555.25
2	工地器材搬运费	人工费×1.1%	21.43	3	住房公积金	人工费×4.19%	81.63
3	工程干扰费	人工费×0%	0.00	4	危险作业意外伤害保险费	人工费×1%	19.48
4	工程点交、场地清理费	人工费×2.5%	48.71	(二)	企业管理费	人工费×27.4%	533.82
5	临时设施费	人工费×3.8%	74.03	三	利润	人工费×20%	389.65
				四	销项税额	(人工费+乙供主材费+辅材费+机械使用费+仪表使用费+措施费+规费+企业管理费+利润)×11%+甲供主材费×17%	917.24

设计负责人：×××　　审核：　　编制：×××　　编制日期：2021 年 6 月

表 5-8　工程建设其他费预算表(表五)甲

建设单位名称：

工程名称：××城市××区 OLT 机房设备安装工程　　　　表格编号：-B5A　　　　第全页

序号	费用名称	计算依据和计算方法	金额(元)			备　注
			除税价	增值税	含税价	
Ⅰ	Ⅱ	Ⅲ	Ⅳ	Ⅴ	Ⅵ	Ⅶ
1	建设用地及综合赔补费	不计取				
2	建设单位管理费	工程部概算×2%	539.40	59.33	598.73	
3	可行性研究费	不计取				
4	研究试验费	不计取				
5	勘察设计费	勘察费＋设计费	3 000.00	300.00	3 300.00	
	勘察费	计价格〔2002〕10 号规定				
	设计费	计价格〔2002〕10 号规定：(工程费＋其他费用)×4.5%×1.1	3 000.00		3 000.00	
6	环境影响评价费	不计取				
7	劳动安全卫生评价费	不计取				
8	建设工程监理费	合同约定	8 000.00	800.00	8 800.00	
9	安全生产费	建安费×1.5%	138.84	15.27	154.11	
10	引进技术及引进设备其他费	不计取				
11	工程保险费	合同约定	3 000.00	180.00	3 180.00	
12	工程招标代理费	不计取				
13	专利及专利技术使用费	不计取				
14	其他费用					
	总计		14 678.24	1 354.61	19 032.84	
15	生产准备及开办费(运营费)					

设计负责人：×××　　　　审核：　　　　编制：×××　　　　编制日期：2021 年 6 月

表 5-9　工程预算表(表一)

建设项目名称:××城市××区 OLT 机房设备安装工程　　　　建设单位名称:

项目名称:××城市××区 OLT 机房设备安装工程　　　　表格编号:-B1　　第全页

序号	表格编号	费用名称	小型建筑工程费	需要安装的设备费	不需安装的设备、工器具费	建筑安装工程费	其他费用	预备费	总价值			
			(元)						除税价	增值税	含税价	其中外币()
Ⅰ	Ⅱ	Ⅲ	Ⅳ	Ⅴ	Ⅵ	Ⅶ	Ⅷ	Ⅸ	Ⅹ	Ⅺ	Ⅻ	XIII
1		建筑安装工程费				8 339			8 339	917	9 256	
2		引进工程设备费										
3		国内设备费		8 815					8 815	1 498	10 313	
4		小计(工程费)		8 815		8 339			17 153	2 416	17 775	
5		工程建设其他费					14 678		14 678	1 355	16 033	
6		引进工程其他费										
7		合计		8 815		8 339	14 678		31 831	3 770	35 602	
8		预备费						955	955	105	1 060	
9												
10												
11												
12												
13		总计		8 815		8 339	75 035	955	93 143	3 875	36 662	
14		生产准备及开办费										

设计负责人:×××　　　审核:　　　编制:×××　　　编制日期:2021 年 6 月

5.4　线路整改单项工程一阶段设计施工图预算

1. 已知条件

(1) 工程简介

本工程为××线路整改单项工程,自 P28(见图 5-3)沿新建厂房围墙新敷设一条直埋光缆至 P32,并分别在 P28、P32 处新建接头,对原光缆进行割接,本施工图为一阶段设计施工图。

(2) 设计图纸及说明如下。

① ××线路整改光缆线路施工图如图 5-3 所示,施工位置位于平原地区、非城区、非特殊地区、非干扰地区。

② 拆除一条采用挂钩法架设的 8 芯架空光缆,敷设一条埋式光缆并铺管保护,保护管按

路由长度计算,不再计取损耗。

③ 拆除 P29、P30、P31 这 3 根 7.5 m 电杆及其上 7/2.2 吊线,拆除 P31 处拉线两条,拆除材料不重复利用。

④ 在 P28、P32 电杆处装设拉线,引上钢管、穿放引上光缆,主要材料均新采购。在过马路位置使用横砖保护,在 P28、P32 电杆处新建接头,并进行割接。

⑤ 直埋光缆沟开挖断面图如图 5-3 所示,当地土质为普通土,直埋光缆上铺设防雷线。

⑥ 直埋光缆敷设完成后,松填光缆沟,在线路上埋设 8 块标石。

(3) 施工企业距施工现场 20 km。

(4) 需要说明的问题如下:

① 施工企业距离施工现场 10 km,料运距均为 152 km;

② 本工程不计"工程排污费""建设用地及综合赔补费""可行性研究费""研究试验费""环境影响评价费""劳动安全卫生评价费""引进技术及引进设备其他费""工程招标代理费"和"专利及其他专利技术使用费",合同约定工程保险费为 3 000 元,勘察设计费为 20 000 元,工程监理费为 4 000 元,以上价格为除税价。

(5) 设备材料价格如表 5-10 所示,其中单价为除税价,拆除部分需要清理入库。

(6) 甲方采购税率为 17%,乙方税率为 11%,服务行业税率为 6%。建设用地及综合赔补费、安全生产费和其他费用税率为 11%。

表 5-10 设备材料价格

序号	主材名称	规格型号	单位	单价(元)
1	光缆	GYTS 8 芯	千米	2 700
2	大长半硬塑料管	ϕ40/50	米	9
3	机制红砖	240×115×53 mm(甲级)	千块	170
4	普通标石		个	30
5	油漆		千克	5
6	镀锌铁线	ϕ1.5 mm	公斤	8.9
7	镀锌铁线	ϕ2.0 mm	公斤	8.9
8	镀锌铁线	ϕ3.0 mm	公斤	8.9
9	镀锌铁线	ϕ4.0 mm	公斤	8.9
10	镀锌铁线	ϕ6.0 mm	公斤	8.9
11	地锚铁柄		套	35
12	水泥拉线盘	LP 500×300×150 mm	套	28
13	三眼双槽夹板	7.0 mm	副	11.8
14	拉线抱箍	D164 50×8 mm	套	18.5
15	镀锌钢绞线	7/2.6 或 7/2.2	公斤	9.5
16	拉线衬环	5 股(槽宽 21)	个	1.2
17	镀锌钢管	ϕ80 直	根	60
18	镀锌钢管	ϕ80 弯	根	60
19	光缆接续器材		套	450
20	聚乙烯塑料子管	ϕ28×32 mm	米	2.7

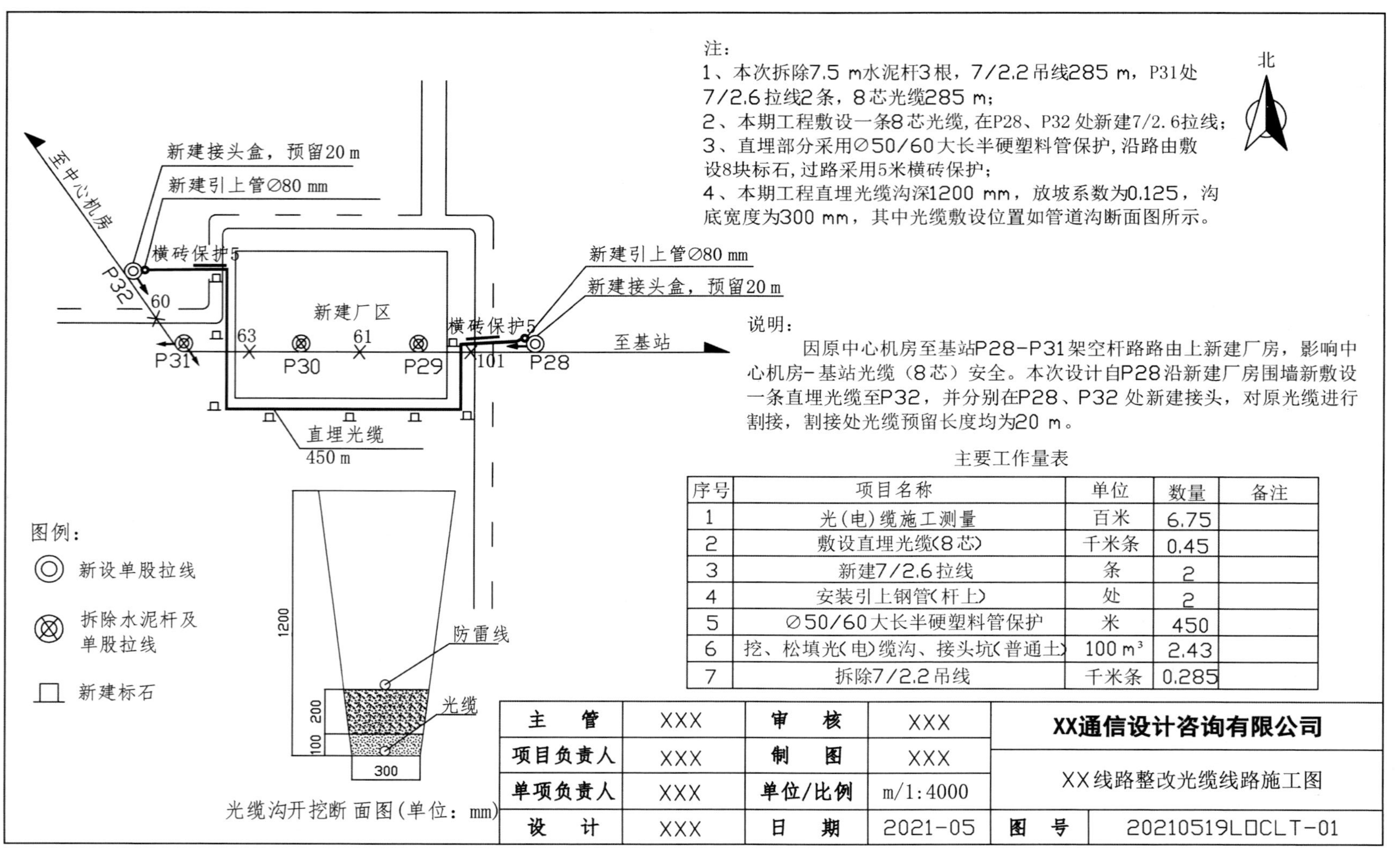

序号	项目名称	单位	数量	备注
1	光（电）缆施工测量	百米	6.75	
2	敷设直埋光缆（8芯）	千米条	0.45	
3	新建7/2.6拉线	条	2	
4	安装引上钢管（杆上）	处	2	
5	∅50/60大长半硬塑料管保护	米	450	
6	挖、松填光（电）缆沟、接头坑（普通土）	100 m³	2.43	
7	拆除7/2.2吊线	千米条	0.285	

主管	XXX	审核	XXX	XX通信设计咨询有限公司	
项目负责人	XXX	制图	XXX		
单项负责人	XXX	单位/比例	m/1:4000	XX线路整改光缆线路施工图	
设计	XXX	日期	2021-05	图号	20210519L□CLT-01

图5-3 ××线路整改光缆线路施工图

2. 主要工程量

本工程主要工程量计算及其说明如下。

(1) 光缆施工测量工程量(百米)。

① 直埋光(电)缆工程施工测量工程量:4.5 百米。

说明:数量等于光缆路由的丈量长度。

② 架空光(电)缆工程施工测量工程量:(60+63+61+101)/100=2.85 百米。

说明:数量等于光缆路由的丈量长度,等于施工设计图中各段长度的和。

(2) 挖、填光缆沟工程量(百立方米):(0.3+0.6)×1.2×450/2/100=2.43 百立方米。

说明:根据第 3 章中光缆沟开挖工程量的计算规则,沟底宽度为 0.3 m,沟口宽度=0.3+1.2×0.125×2=0.6 m,其中 0.125 为放坡系数。

(3) 敷设埋式光缆工程量(千米条):[450×(1+0.7%)+40]/1 000=0.49 千米条。

说明:敷设光缆长度要考虑自然弯曲和设计预留。

(4) 铺保护管工程量(百米):4.5 百米。

说明:保护管按直埋路由长度计算。

(5) 埋设标石工程量(个):8 个。

说明:按图纸统计个数。

(6) 敷设防雷线(单条)工程量(千米):0.45 千米。

说明:防雷线按直埋路由长度计算。

(7) 铺砖保护工程量(千米):(5+5)/1 000=0.01 千米。

说明:两端各铺横砖保护 5 m。

(8) 拆除水泥杆工程量(根):3 根。

说明:按图共拆除 3 根。

(9) 拆除 7/2.6 单股拉线工程量(条):2 条。

说明:拆除拉线按条计量,不论其多长,共拆除 2 条。

(10) 夹板法装 7/2.6 单股拉线工程量(条):2 条。

说明:安装拉线按条计量,不论其多长,共安装 2 条。

(11) 拆除吊线工程量(千米条):(60+63+61+101)/1 000=0.285 千米条。

说明:按图纸上的各段长度求和统计。

(12) 拆除架空光缆工程量(千米条):(60+63+61+101)/1 000=0.285 千米条。

说明:按图纸各段长度求和统计。

(13) 安装引上钢管工程量(条):2 条。

说明:安装引上钢管按条统计,共 2 条。

(14) 穿放引上光缆工程量(条):2 条。

说明:穿放引上光缆统一按条计量,不论其多长,共 2 条。

(15) 光缆接续工程量(头):2 头。

说明:两端各一接头,共 2 头。

(16) 中继段测试工程量(中继段):1 中继段。

说明:按图纸以 1 个中继段计量。

3. 概预算编制

根据工程量统计编制概预算,针对本例编制概预算时需要注意以下事项。

(1) 管线工程施工时,必须进行施工测量。

(2) 填写表三(见表 5-11、表 5-12、表 5-13)时,若人工总工日较小,则需要进行工日调整。

对于拆除部分,需要注意:

① 人工工日需要按照册说明规定的拆除系数调整;本例的拆除部分需要清理入库,因此拆除水泥杆、吊线、拉线部分的人工拆除系数取 60%,架空光缆部分的人工拆除系数按照 70% 计算;

② 机械消耗应当按照册说明规定的拆除系数调整,本例的拆除部分需要清理入库,因此拆除水泥杆、吊线、拉线部分的机械拆除系数取 60%,架空光缆部分的机械拆除系数按照 70% 计算;

③ 由于拆除部分不需要测量,因此仪表消耗不予统计;

④ 由于拆除部分不需采购主材,因此主材消耗不予统计。

(3) 填写表四甲(见表 5-14)时,应当将主材先合并再分类,根据不同的类别计算运杂费:机制砖和标石属于水泥及水泥制品类;光缆接续器材属于塑料制品类;镀锌铁线、油漆属于其他类。

(4) 本工程中项目施工地点为平原地区、普通土、综合土,原架空线路采用挂钩法进行敷设,依此进行定额子目的选择。所以,填写表二(见表 5-15)时应注意:计算措施项目费时,工程干扰费指由城区、高速公路隔离带、铁路路基边缘等施工地带造成的费用,由于此工程处于非干扰地区,因此工程干扰费不计;本工程企业距离施工现场 20 km,临时设施费费率应当为 2.6%;由于施工位置在非城区,因此不计算夜间施工增加费;施工现场位于河北省,属于Ⅲ类地区,冬雨季施工增加费费率应当按照 1.8%计取;施工地区非特殊地区,不计取特殊地区施工增加费;工程不涉及运土工程量,不计取运土费;本工程施工现场距离企业 20 km,小于 35 km,因此不计施工队伍调遣费;本工程机械未用到大型施工机械吨位表中列出的机械,因此不计此项费用;根据工程情况实际,不计工程排污费;计算销项税额时,甲供主材税率为 17%,乙供主材税率为 11%,服务行业税率为 6%,建设用地及综合赔补费、安全生产费和其他费用税率均为 11%。

表五甲(见表 5-16)和表一(见表 5-17)的填写方法与 5.3 节 OLT 机房设备安装工程相同。

表 5-11　建筑安装工程量预算表(表三)甲

建设单位名称:××通信设计咨询公司

工程名称:××线路整改单项工程　　　　表格编号:-B3　　　　第 3 页

序号	定额编号	项目名称	单位	数量	单位定额值(工日)		合计值(工日)	
					技工	普工	技工	普工
Ⅰ	Ⅱ	Ⅲ	Ⅳ	Ⅴ	Ⅵ	Ⅶ	Ⅷ	Ⅸ
1	TXL1—002	光(电)缆工程施工测量架空	百米	2.85	0.46	0.12	1.31	0.34
2	TXL1—001	光(电)缆工程施工测量直埋	百米	4.5	0.56	0.14	2.52	0.63
3	TXL2—001	挖、松填光(电)缆沟及接头坑普通土	百立方米	2.43		39.38		95.69
4	TXL2—015	平原地区敷设埋式光缆 36 芯以下	千米条	0.49	5.88	26.88	2.88	13.17
5	TXL2—110	铺管保护塑料管	m	450	0.01	0.1	4.50	45
6	TXL2—120	埋设标石平原	个	8	0.06	0.12	0.48	0.96
7	TXL2—127	敷设排流线(单条)	km	0.45	2.2	8.25	0.99	3.71
8	TXL2—112	铺砖保护横铺砖	km	0.01	2	15	0.02	0.15
9	TXL3—001	拆除 7.5 m 水泥杆	根	3	0.52	0.56	0.94	1.01
10	TXL3—054	拆除 7/2.6 单股拉线综合土	条	2	0.84	0.6	1.01	0.72
11	TXL3—054	水泥杆夹板法装 7/2.6 单股拉线综合土	条	2	0.84	0.6	1.68	1.2
12	TXL3—168	拆除 7/2.2 吊线平原	千米条	0.285	3	3.25	0.51	0.56
13	TXL3—187	拆除挂钩发架空光缆平原 36 芯以下	千米条	0.285	6.31	5.13	1.26	1.02
14	TXL4—045	安装引上钢管(ϕ50 以上)杆上	根	2	0.25	0.25	0.50	0.5
15	TXL4—050	穿放引上光缆	条	2	0.52	0.52	1.04	1.04
16	TXL6—008	光缆接续 12 芯以下	头	2	1.5		3.00	
17	TXL6—072	40 km 以下中继段光缆测试 12 芯以下	中继段	1	1.84		1.84	
		小计					24.48	165.7
		工日调增 10%					2.448	16.57
		合计					26.93	182.28

设计负责人:×××　　审核:×××　　编制:×××　　编制日期:2021 年 7 月

表 5-12　建筑安装工程机械使用费预算表(表三)乙

建设单位名称:××通信设计咨询公司

工程名称:××线路整改单项工程　　　　表格编号:-B3A　　　第 4 页

序号	定额编号	工程及项目名称	单位	数量	机械名称	单位定额值		合价值	
						消耗量(台班)	单价(元)	消耗量(台班)	合价(元)
Ⅰ	Ⅱ	Ⅲ	Ⅳ	Ⅴ	Ⅵ	Ⅶ	Ⅷ	Ⅸ	Ⅹ
1	TXL3—001	拆除 7.5 m 水泥杆	根	3	汽车式起重机(5 t)	0.024	516	0.072	37.15
2	TXL6—008	光缆接续 12 芯以下	头	2	光纤熔接机	0.2	144	0.4	57.6
3	TXL6—008	光缆接续 12 芯以下	头	2	汽油发电机	0.1	202	0.2	40.4
		合计							135.15

设计负责人:×××　　　审核:　　　编制:×××　　　编制日期:2021 年 7 月

表 5-13　建筑安装工程仪表使用费预算表(表三)丙

建设单位名称：××通信设计咨询公司

工程名称：××线路整改单项工程　　　　表格编号：-B3B　　　　第 5 页

序号	定额编号	工程及项目名称	单位	数量	仪表名称	单位定额值		合价值	
						消耗量（台班）	单价（元）	消耗量（台班）	合价（元）
Ⅰ	Ⅱ	Ⅲ	Ⅳ	Ⅴ	Ⅵ	Ⅶ	Ⅷ	Ⅸ	Ⅹ
1	TXL1—002	光(电)缆工程施工测量架空	百米	2.85	激光测距仪	0.05	119	0.14	16.96
2	TXL1—001	光(电)缆工程施工测量直埋	百米	4.5	地下管线探测仪	0.05	157	0.23	35.33
3	TXL1—001	光(电)缆工程施工测量直埋	百米	4.5	激光测距仪	0.04	119	0.18	21.42
4	TXL6—008	光缆接续 12 芯以下	头	2	光时域反射仪	0.7	153	1.40	214.2
5	TXL6—072	40 km 以下中继段光缆测试 12 芯以下	中继段	1	偏振模色散测试仪	0.3	455	0.30	136.5
6	TXL6—072	40 km 以下中继段光缆测试 12 芯以下	中继段	1	稳定光源	0.3	117	0.30	35.1
7	TXL6—072	40 km 以下中继段光缆测试 12 芯以下	中继段	1	光功率计	0.3	116	0.30	34.8
8	TXL6—072	40 km 以下中继段光缆测试 12 芯以下	中继段	1	光时域反射仪	0.3	153	0.30	45.9
		合计							540.21

设计负责人：×××　　　　审核：　　　　编制：×××　　　　编制日期：2021 年 7 月

表 5-14　国内器材预算表(表四)甲

(国内乙供主要材料)表

建设单位名称:××通信设计咨询公司

工程名称:××线路整改单项工程　　　　表格编号:-B4A-M　　　　第 6 页

序号	名称	规格程式	单位	数量	单价(元)			合计(元)			备注
					除税价	增值税	含税价	除税价	增值税	含税价	
Ⅰ	Ⅱ	Ⅲ	Ⅳ	Ⅴ	Ⅵ	Ⅶ	Ⅷ	Ⅸ	Ⅹ	Ⅺ	Ⅻ
1	管材	直 ϕ80 mm	根	2.02	60	6.6	66.6	121.20	13.33	134.53	
2	管材	弯 ϕ80 mm	根	2.02	60	6.6	66.6	121.20	13.33	134.53	
3	三眼双槽夹板		副	4.04	11.8	1.3	13.1	47.67	5.24	52.92	
4	拉线衬环		个	4.04	1.2	0.13	1.33	4.85	0.53	5.38	
5	拉线抱箍		套	2.02	18.5	2.04	20.54	37.37	4.11	41.48	
6	镀锌铁线	ϕ4.0 mm	kg	2.84	8.9	0.98	9.88	25.28	2.78	28.06	
7	镀锌铁线	ϕ3.0 mm	kg	1.1	8.9	0.98	9.88	9.79	1.08	10.87	
8	镀锌铁线	ϕ1.5 mm	kg	0.28	8.9	0.98	9.88	2.49	0.27	2.77	
9	镀锌钢绞线		kg	7.6	9.5	1.05	10.55	72.20	7.94	80.14	
10	地锚铁柄		套	2.02	35	3.85	38.85	70.70	7.78	78.48	
11	镀锌铁线	ϕ6.0 mm	kg	101.4	8.9	0.98	9.88	902.45	99.27	1 001.72	
12	镀锌铁线	ϕ2.0 mm	kg	0.23	8.9	0.98	9.88	2.04	0.22	2.27	
13	镀锌钢绞线	7/2.2	kg	106.65	9.5	1.05	10.55	1 013.18	111.45	1 124.62	
14	油漆		kg	0.8	5	0.55	5.55	4.00	0.44	4.44	
	小计 1(其他类)							2 434.42			
	运杂费 1							97.38			
15	光缆接续器材		套	2.02	450	49.5	499.5	909.00	99.99	1 008.99	
16	塑料管	ϕ80～100 mm	m	454.5	9	0.99	9.99	4 090.50	449.96	4 540.46	
	小计 2(塑料制品类)							4 999.50			
	运杂费 2							239.98			

续 表

工程名称：××线路整改单项工程　　　　表格编号：-B4A-M　　　第 6 页

序号	名称	规格程式	单位	数量	单价(元)			合计(元)			备注
					除税价	增值税	含税价	除税价	增值税	含税价	
Ⅰ	Ⅱ	Ⅲ	Ⅳ	Ⅴ	Ⅵ	Ⅶ	Ⅷ	Ⅸ	Ⅹ	Ⅺ	Ⅻ
17	光缆		m	492.45	2.7	0.3	3	1 329.62	146.26	1 475.87	
	小计 3(光缆类)							1 329.62			
	运杂费 3							19.94			
18	水泥接线盘		套	2.02	28	3.08	31.08	56.56	6.22	62.78	
19	机制砖		块	81.6	0.17	0.02	0.19	13.87	1.53	15.4	
20	标石		个	8.16	30	3.3	33.3	244.80	26.93	271.73	
	小计 4(水泥及水泥制品类)							315.23			
	运杂费 4							63.05			
	合计(小计 1+小计 2+小计 3+小计 4)							9 078.77			
	运杂费(运杂费1+运杂费 2+运杂费 3+运杂费 4)							420.34			
	运输保险费(合计×0.1%)							9.08			
	采购及保管费(合计×1.1%)							99.87			
	总计							9 608.06			

设计负责人：×××　　　审核：　　　编制：×××　　　编制日期：2021 年 7 月

表 5-15 建筑安装工程费用概预算表(表二)

建设单位名称:××通信设计咨询公司

工程名称:××线路整改单项工程　　表格编号:-B2　　第 2 页

序号	费用名称	依据和计算方法	合计(元)	序号	费用名称	依据和计算方法	合计(元)
Ⅰ	Ⅱ	Ⅲ	Ⅵ	Ⅰ	Ⅱ	Ⅲ	Ⅵ
	建筑安装工程费(含税价)	一+二+三+四	43 365.58	6	工程车辆使用费	人工费×5%	709.46
	建筑安装工程费(除税价)	一+二+三	39 001.18	7	夜间施工增加费	不计取	0
一	直接费	直接工程费+措施项目费	27 495.25	8	冬雨季施工增加费	人工费×1.8%	255.4
(一)	直接工程费	1+2+3+4	24 501.34	9	生产工具用具使用费	人工费×1.5%	212.84
1	人工费	技工费+普工费	14 189.10	10	施工用水电蒸气费	不计取	0
(1)	技工费	技工总计×114	3 070.02	11	特殊地区施工增加费	不计取	0
(2)	普工费	普工总计×61	11 119.08	12	已完工程及设备保护费	人工费×2%	283.78
2	材料费	主要材料费+辅助材料费	9 636.88	13	运土费	不计取	0
(1)	主要材料费	表四甲主材表	9 608.06	14	施工队伍调遣费	调遣费定额×调遣人数定额×2	0
(2)	辅助材料费	主材费×3%	28.82	15	大型施工机械调遣费	单程运价×调遣距离×总吨位×2	0
3	机械使用费	表三乙-总计	135.15	二	间接费	规费+企业管理费	8 668.11
4	仪表使用费	表三丙-总计	540.21	(一)	规费	1 至 4 之和	4 780.3
(二)	措施项目费	1 至 15 之和	2 993.91	1	工程排污费	不计取	0
1	文明施工费	人工费×1.5%	212.84	2	社会保障费	人工费×28.5%	4 043.89
2	工地器材搬运费	人工费×3.4%	482.43	3	住房公积金	人工费×4.19%	594.52
3	工程干扰费	不计取	0.00	4	危险作业意外伤害保险费	人工费×1%	141.89
4	工程点交、场地清理费	人工费×3.3%	468.24	(二)	企业管理费	人工费×27.4%	3 887.81
5	临时设施费	人工费×2.6%	368.92	三	利润	人工费×20%	2 837.82
				四	销项税额	(人工费+乙供主材费+辅材费+机械使用费+仪表使用费+措施费+规费+企业管理费+利润)×11%+甲供主材费×17%	4 364.4

设计负责人:×××　　审核:　　编制:×××　　编制日期:2021 年 7 月

表 5-16　工程建设其他费预算表(表五)甲

建设单位名称:××通信设计咨询公司

工程名称:××线路整改单项工程　　表格编号:-B5A　　第 7 页

序号	费用名称	计算依据和计算方法	金额(元)			备　注
			除税价	增值税	含税价	
Ⅰ	Ⅱ	Ⅲ	Ⅳ	Ⅴ	Ⅵ	Ⅶ
1	建设用地及综合赔补费					
2	建设单位管理费	工程总概算×2%	1 101.00	66.06	1 167.06	
3	可行性研究费					
4	研究试验费					
5	勘察设计费	勘察费+设计费	20 000.00	1 200.00	21 200.00	
	勘察费	计价格〔2002〕10 号规定				
	设计费	计价格〔2002〕10 号规定				
6	环境影响评价费					
7	劳动安全卫生评价费					
8	建设工程监理费	(工程费+其他费用)×3.3%	1 309.32	78.56	1 387.88	
9	安全生产费	建安费×1.5%	585.02	64.35	649.37	
10	引进技术及引进设备其他费					
11	工程保险费		3 000.00	180.00	3 180.00	
12	工程招标代理费					
13	专利及专利技术使用费					
14	其他费用					
	总计		25 995.34	1 588.97	27 584.31	
15	生产准备及开办费(运营费)					

设计负责人:×××　　审核:　　编制:×××　　编制日期:2021 年 7 月

表 5-17　工程预算(表一)

建设项目名称:××线路整改建设项目　　　　建设单位名称:××通信设计咨询公司

项目名称:××线路整改单项工程　　　　表格编号:-B1　　第 1 页

序号	表格编号	费用名称	小型建筑工程费	需要安装的设备费	不需安装的设备、工器具费	建筑安装工程费	其他费用	预备费	总价值			
			(元)						除税价	增值税	含税价	其中外币()
Ⅰ	Ⅱ	Ⅲ	Ⅳ	Ⅴ	Ⅵ	Ⅶ	Ⅷ	Ⅸ	Ⅹ	Ⅺ	Ⅻ	XIII
1		建筑安装工程费				39 001.18			39 001.18	4 364.40	43 365.5	
2		引进工程设备费										
3		国内设备费										
4		小计(工程费)				39 001.18			39 001.18	4 364.00	44 041.00	
5		工程建设其他费					25 995.34		25 995.34	1 588.97	27 584.31	
6		引进工程其他费										
7		合计				39 001.18	25 995.34		64 996.52	5 952.97	71 625.31	
8		预备费						2 599.86	2 599.86	441.98	3 041.84	
9												
10												
11												
12												
13		总计				39 001.18	25 995.34	2 599.86	67 596.38	6 394.95	73 991.33	
14		生产准备及开办费										

设计负责人:×××　　审核:　　编制:×××　　编制日期:2021 年 7 月

5.5　实做项目及教学情境

实做项目:如图 4-14 所示,根据本章线路整改单项工程案例中的材料价格、税率及已知条件,编制图中案例概预算,其余条件自行确定。

目的:掌握概预算编制方法,掌握拆除工程的概预算编制。

本章小结

(1) 通信工程通常包括通信设备安装工程和通信管线工程。

(2) 概预算编写的步骤:

① 根据设计图纸以及设计说明，进行工程量统计；

② 根据统计的工程量填写表三甲、乙、丙，并统计主材消耗；

③ 根据主材统计表填写表四甲；

④ 填写表二时，根据表三计算出的人工、机械和仪表消耗，以及表四甲中的主材消耗计算直接工程费，根据人工费计算措施费、规费、企业管理费和销项税额，并将费用求和得到表二总费用；

⑤ 填写表四；

⑥ 填写表五；

⑦ 填写表一，即将表二中的建筑安装工程费、设备工器具购置费和工程建设其他费列入表一，并利用预备费费率计算预备费，将上述几项求和得到项目工程费。

复习思考题

(1) 简述通信设备安装工程和通信管线工程概预算编制的差别。

(2) 简述概预算的编制步骤。

(3) 简述进行拆除工程概预算编制时，人工、主材、机械和仪表消耗应当如何计算。

第 6 章　概预算软件使用

【本章内容】

- 概预算软件介绍
- 概预算公式编辑
- 概预算软件本地库管理

【本章重点】

- 概预算公式编辑
- 概预算软件本地库管理

【本章难点】

- 软件参数配置
- 主材参数设置

【本章学习目的和要求】

- 熟悉通信概预算软件配置与使用方法
- 熟练使用软件编制通信工程概预算

【本章课程思政】

- 利用信息化手段提升设计工作效率，培养自主知识产权意识，激发学生爱国热情

【本章建议学时】

- 6 学时

6.1 软件介绍

本章所用平台为惠远通服科技有限公司开发的“惠远通信工程概预算软件”，该软件可从该公司网站免费下载，下载网址：www.hysj.cn。

1. 软件功能与特点

惠远通信工程概预算软件是以工业和信息化部发布的《信息通信建设工程费用定额及信息通信建设工程概预算编制规程》为依据，结合了通信工程概预算编制经验开发的概预算编制软件，具有适用范围广、功能齐全的特点，广泛适用于各类通信工程的新建、扩建、改建工程的概算、预算、结算以及决算的编制。

(1) 功能

① 概预算编制；

② 生成概预算报表；

③ 报表的预览、打印；

④ 概预算数据的汇总。

(2) 特点

① XP 人性化操作界面，可视化设计，报表设计简单，一目了然；

② 操作简便，只需 3 步就可完成工作；

③ 输入定额，自动生成相应的主材、机械台班；

④ 工程项目管理功能强大，支持工程数据引用、复制；

⑤ 数据实时保存、自动备份双重安全措施，让数据更加安全；

⑥ 数据导出方便，所有报表均可输出为 Excel 文件，方便与用户交流；

⑦ 提供公式编辑功能，便于批量处理，提高工作效率；

⑧ 支持定额库、主材库、机械库、仪表库、费率库维护及用户补充。

2. 运行环境

表 6-1　运行环境要求

类型	最小需求
计算机	P4/2.4 GHz，2 GB 以上内存，40 GB 以上硬盘
操作系统	Windows 7 或 Windows 10 等，支持 32 位和 64 位操作系统
Office 要求	Office 2007 完整版及以上

6.2　系统主控窗体

1. 主控窗体的构成

主控窗体界面如图 6-1 所示。

2. 快速访问工具栏

快速访问工具栏的对应图标是，可以放在功能区的上方或下方。通过右击鼠标，可以将任意功能添加到快速访问工具栏内。可以将不常用的功能从快速访问工具栏中删除。鼠标停留在某一工具栏下都有相应的功能提示。

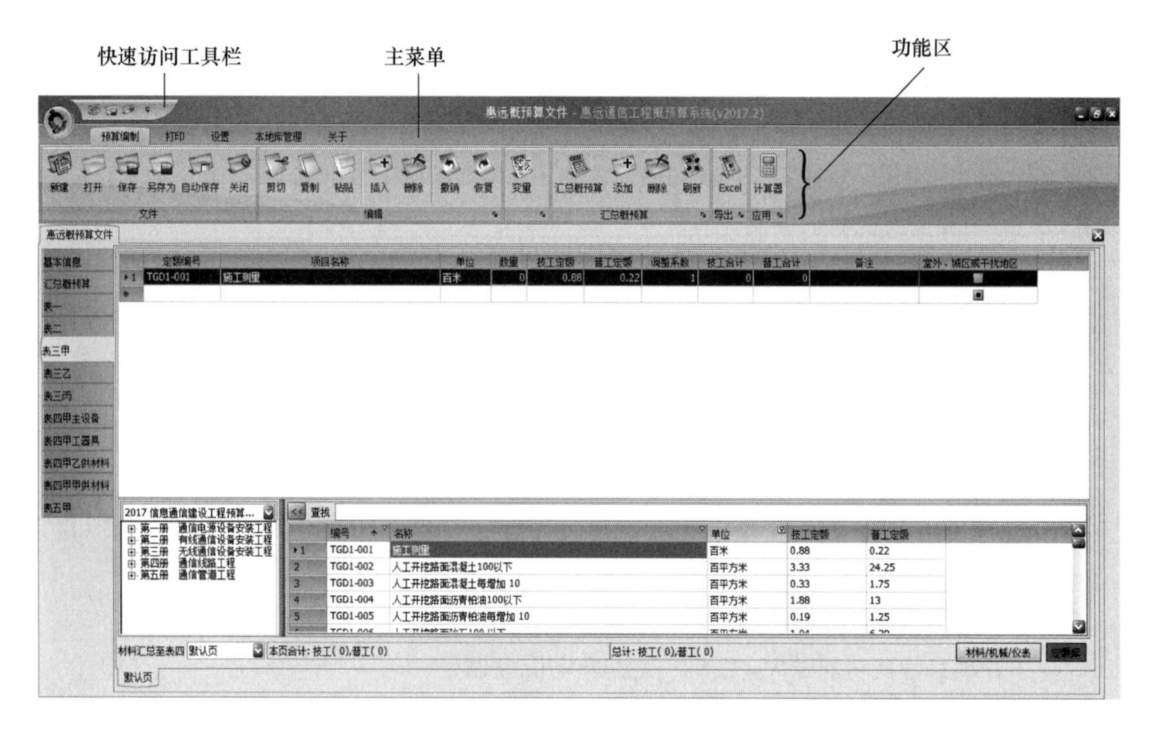

图 6-1 主控窗体

3. 功能区

功能区下包含系统的所有功能，每项功能都有相应的图标与之对应。同时，也可通过右击鼠标将每项功能添加到快速访问工具栏内。

4. 主菜单

主菜单主要包括预算编制、打印、设置、本地库管理。各个主菜单下划分了多页，每页下均包含多项功能。这些功能不仅可以通过“文件”下的子菜单实现，还可以通过工具栏上的快捷按钮实现。

（1）文件

“文件”的对应图标是。“文件”下含有多个子菜单，包括新建、打开、保存、另存为、打印、关闭、退出。用户根据需要可以将任意子菜单添加到快速访问工具栏内，以便于快速操作。

右击快速访问工具栏的任意按钮或文件下的子菜单或功能区的任何位置，都可以弹出图 6-2(a)所示菜单，选择“添加到快速访问工具栏”功能，该子菜单或功能区的图标就会被添加到快速访问工具栏内；如果某个功能不经常使用，可以右击子菜单或者快速访问工具栏内的该按钮，从弹出的图 6-2(b)所示的菜单中选择“从快速访问工具栏删除”，即可将其从工具栏中删除。

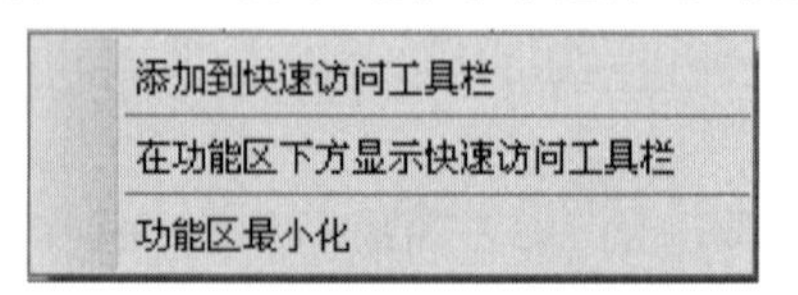

(a) 添加子菜单命令快捷菜单

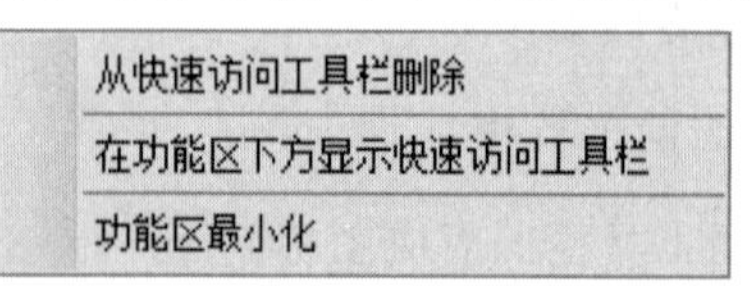

(b) 删除子菜单命令快捷菜单

图 6-2 添加和删除子菜单命令快捷菜单

(2) 预算编制

预算编制主要实现对文件以及表格的操作,具体包括文件、编辑、汇总概预算、导出、应用几部分。

文件:主要是对概预算文件进行新建、打开、保存、另存为、自动保存、关闭的操作。其中,新建包括两项内容,一是新建空白概预算,二是由现有文件创建概预算。

编辑:主要实现对当前表格的数据进行复制、剪切、粘贴、插入、删除、撤销、恢复操作。

汇总概预算:主要对一个及以上的概预算文件进行汇总,可进行添加、移除和刷新。

导出:可将概预算文件导出为 Excel 文件。

(3) 打印

打印主要包括打印报表设置、预览当前、打印当前、预览、打印等功能。

打印报表设置:可根据需要选择打印的表格。

预览当前:可预览当前表格的打印模式。

打印当前:打印当前显示页面。

预览:浏览当前概预算文件所有表格的打印效果。

打印:打印当前概预算文件的所有表格。

(4) 设置

设置主要是对某项的隐藏与显示进行控制,主要划分为对概预算元素和外观的控制。

基本设置:是针对基本表格的设置,如表一、表四、表五中的小数位显示设置。

外观设置:是对系统操作页面进行的外观设置。

小数位设置:是对表格内数据小数点位数的设置。

(5) 本地库管理

本地基础库用于维护本地的基础数据,主要包括对概预算基础数据定额、费用的管理,具体分为定额库、设备库、材料库、变量库和机械库。

定额库管理下包含预算定额。

设备库下包含设备库和材料库。

变量库下包含变量和变量管理。

机械库下包含机械仪表和仪表库。

6.3　预算文件编制

"文件"菜单下主要包括以下功能菜单:新建、打开、保存、另存为、关闭。

1. 新建

单击文件下的"新建"子菜单或者单击快速访问工具栏的工具按钮" "可以进行新建。

新建空白预算生成的所有表格内的信息为空,数据需要全部录入;由现有文件新建概预算,用户可以根据已经有的预算文件创建表格,先复制原文件中的信息,再根据需要进行修改,从而减少用户的工作量。

新建时,在基本信息表窗口(见图 6-3)内,用户可以输入项目的基本信息,包括编制信息、单项设置、大型机械调遣费、设备/材料运费、勘察费、设计费、监理费七类。

在“基本信息”表页，当选中“单项设置”中的“通信线路及管道工程自动应用小工日调整”框时，表三甲中的工日调整会根据工日值自动生成一条数据；否则，不生成数据，由用户自己填写。当选中“计取预备费”框时，表一中列出预备费；否则，表一不列预备费。

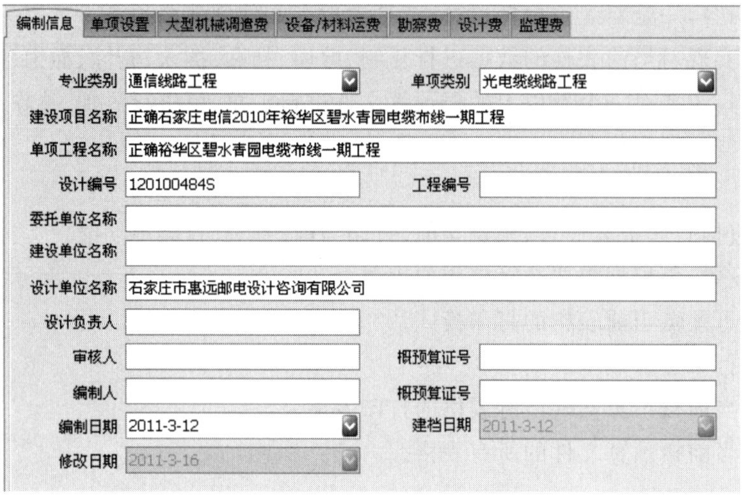

图 6-3　新建空白预算时的基本信息表窗口

2. 打开

单击文件下的“打开”子菜单或者单击快速访问工具栏中的工具按钮“”，可以打开已有的概预算文件，文件类型为 *.TB。“打开”下列出了最近打开过的概预算文件，用户可以快速选择。

3. 保存

单击文件下的“保存”子菜单或者单击快速访问工具栏中的工具按钮“”，将当前的概预算文件进行保存(保存格式为 *.TB)。

4. 另存为

单击文件下的“另存为”子菜单或者单击快速访问工具栏中的工具按钮“”，将当前的概预算文件保存为新的概预算文件。

5. 关闭

单击文件下的“关闭”子菜单或者单击快速访问工具栏中的工具按钮“”，将当前的概预算文件关闭。

6.4　概预算编制

在通信建设工程的概预算中，要完成 5 类 9 张表的编制。下面对这 5 类 9 张表的使用做简要介绍。

1. 表一

表一是费用汇总表，是对通信工程项目中各项主要费用的汇总，见图 6-4。其列出的费用主要包括：建筑安装工程费、需要安装的设备费、不需要安装的设备和工器具费、其他费用、预备费、小型建筑工程费等。

表一中的各项费用不可以进行删除、修改，只可以浏览、打印。新建一个概预算文件时的默认页为表一。

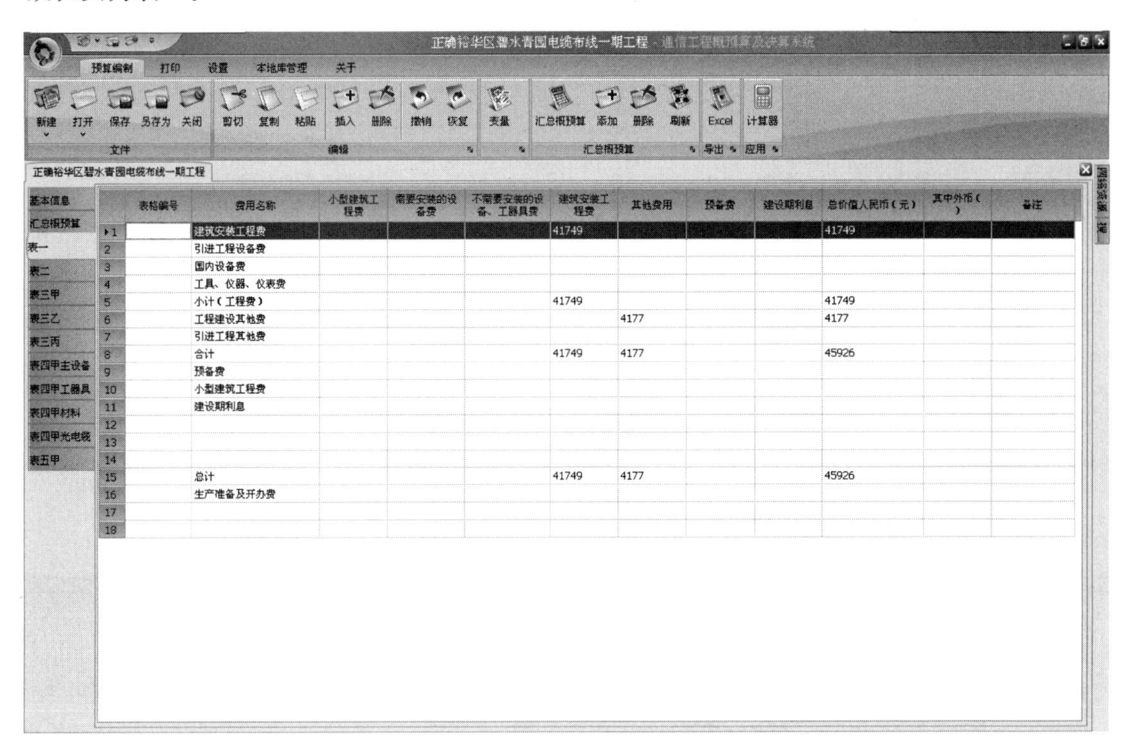

图 6-4　费用汇总表(表一)界面

2. 表二

表二中的数据根据表三、表四自动生成，用户可以根据实际施工情况，修改某些费用的计算方法。表二的界面如图 6-5 所示。

单击合计栏右侧的按钮弹出公式编辑器窗口(详见第 6.5 节)，可根据实际情况对公式进行修改。

3. 表三甲

表三甲主要完成对工程定额的编制，包括定额所需要使用的材料、机械、仪表的费用和对工日进行调整的情况。表三甲的界面见图 6-6。

当单项工程包含多个单位工程、分部工程时，可以进行多个开页。在“默认”页处右击鼠标，在弹出的快捷菜单中有可以实现剪切、复制、粘贴、插入、删除的功能按钮。

(1) 工程定额

工程定额的维护窗口在表三甲的上方，用户可以通过 2 种方法增加新的工程定额：一是通过右击鼠标；二是通过辅助录入功能，打开定额信息窗口进行快速录入。

图 6-5　费用计算与费用修改(表二)界面

图 6-6　工程量录入与工程定额的维护(表三甲)界面

单击图 6-6 所示界面的上半部分，右击鼠标，可以进行以下操作。

① 插入：允许在当前记录中插入一条空记录，用户可以直接输入定额编号，定额库中的一些信息会自动填入，同时定额库中的材料、仪表和机械条目也会自动填写到中间区域的相应页，用户可根据具体情况对数据进行修改。

② 删除：删除当前选中的工程定额。

③ 复制：将当前选中的工程定额复制到粘贴板。

④ 剪切：将当前选中的工程定额剪切到粘贴板。

⑤ 粘贴：将复制的记录插到当前工程定额的下面作为一个新记录。

此外，用户也可以在定额信息窗口中双击某条定额添加一条记录。在定额信息窗口中，用户可以根据定额编号和名称在指定的定额库中进行模糊查询以便快速定位需要的定额。

在各表格的列标题上右击，可以利用弹出的快捷菜单实现以下功能。

① 升序排序。该操作完成对此列进行升值排序功能。

② 降序排序。该操作完成对此列进行降值排序功能。

③ 取消排序。该操作完成取消此列排序功能。

④ 进行分组。该操作完成按当前列进行分组功能。若要取消分组，首先在快捷菜单中选择【分组区】，随即在表格上方出现的空白区域，即分组区，在分组区处右击鼠标，选择【清除所有分组】菜单，即可删除分组。

⑤ 分组区。在表格上方显示/隐藏的空白区域即分组区。拖拽某个列标题到分组区即可按该列进行分组。如果想取消某列的分组，那么将该列从分组区拖拽到列标题的任意位置即可。若拖拽到表格的数据区域，则该字段将自动隐藏。

⑥ 自动宽度。该操作完成将当前列的宽度自动调整为当前列最长数据的宽度功能。

⑦ 清除筛选条件。该操作完成删除设置的过滤条件功能。

⑧ 自动宽度(所有)。该操作完成将所有列的宽度自动调整为各列最长数据的宽度功能。

此外，还有一些其他操作：

① 单击列标题可以按一列进行排序，即按住 Shift 键，同时单击列标题可以按多列进行排序；

② 选中一行的序号，可根据需要将该行拖动到任意位置；

③ 单击定额信息按钮，可以控制表格是否自动隐藏，再次单击时，表格将显示出来；

④ 单击材料/机械/仪表按钮，可以控制表格的隐藏和显示。

(2) 材料/机械/仪表

工程定额需要的材料、机械、仪表的维护相关条目在表三甲的下半部分体现，在填写工程定额时会自动填入该定额所需的材料、机械、仪表，同时用户可以根据实际的情况进行添加、删除、修改。

单击界面下半部分，然后右击鼠标，可以进行添加、删除、复制、粘贴的操作。

单击材料/机械/仪表按钮，会显示相应的辅助录入窗口；双击某条记录，则定额信息自动填写到表格的结尾。

其他操作见本节(1)工程定额节中的相关部分。

(3) 工日调整

切换到工日调整页，右击鼠标可以进行添加、删除、复制、粘贴的操作。

4. 表三乙

表三乙用于实现对表三甲工程定额中使用机械相关条目的汇总，在表三乙中不能进行条

目的增加、删除操作，只能修改其中的单价、数量，见图 6-7。

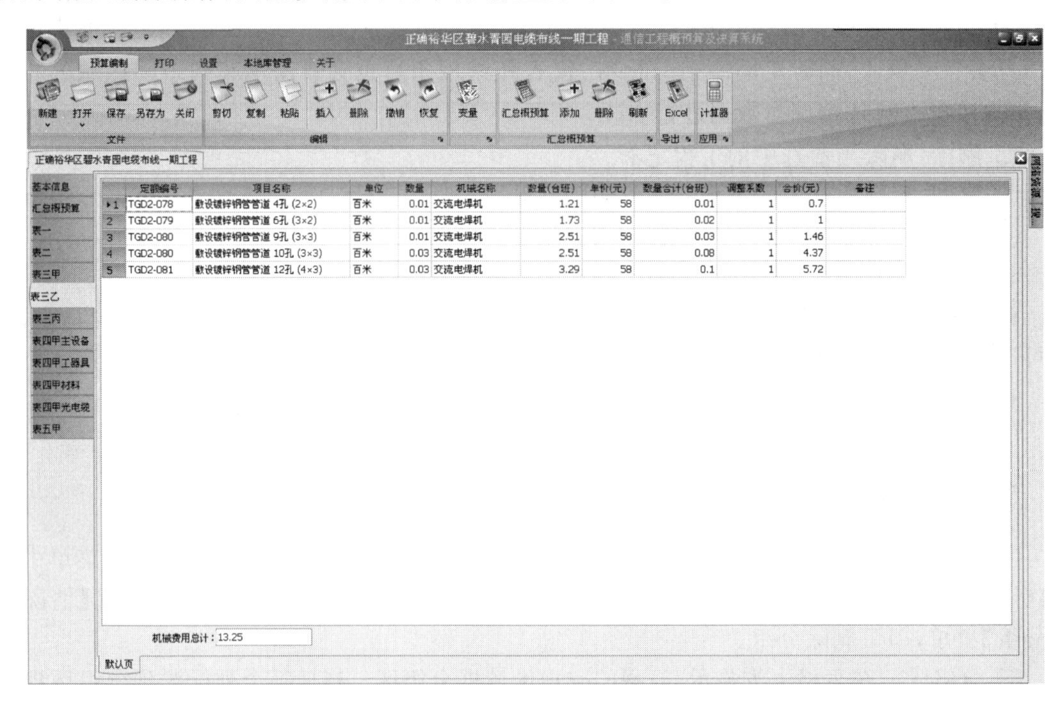

	定额编号	项目名称	单位	数量	机械名称	数量(台班)	单价(元)	数量合计(台班)	调整系数	合价(元)	备注
1	TGD2-078	敷设镀锌钢管管道 4孔 (2×2)	百米	0.01	交流电焊机	1.21	58	0.01	1	0.7	
2	TGD2-079	敷设镀锌钢管管道 6孔 (3×2)	百米	0.01	交流电焊机	1.73	58	0.02	1	1	
3	TGD2-080	敷设镀锌钢管管道 9孔 (3×3)	百米	0.01	交流电焊机	2.51	58	0.03	1	1.46	
4	TGD2-080	敷设镀锌钢管管道 10孔 (3×3)	百米	0.03	交流电焊机	2.51	58	0.08	1	4.37	
5	TGD2-081	敷设镀锌钢管管道 12孔 (4×3)	百米	0.03	交流电焊机	3.29	58	0.1	1	5.72	

机械费用总计：13.25

图 6-7　使用机械相关条目的汇总(表三乙)界面

5. 表三丙

表三丙用于实现对表三甲工程定额中仪表使用情况的汇总，在表三丙中不能进行条目的增加、删除操作，只能修改其中的单价、数量，见图 6-8。

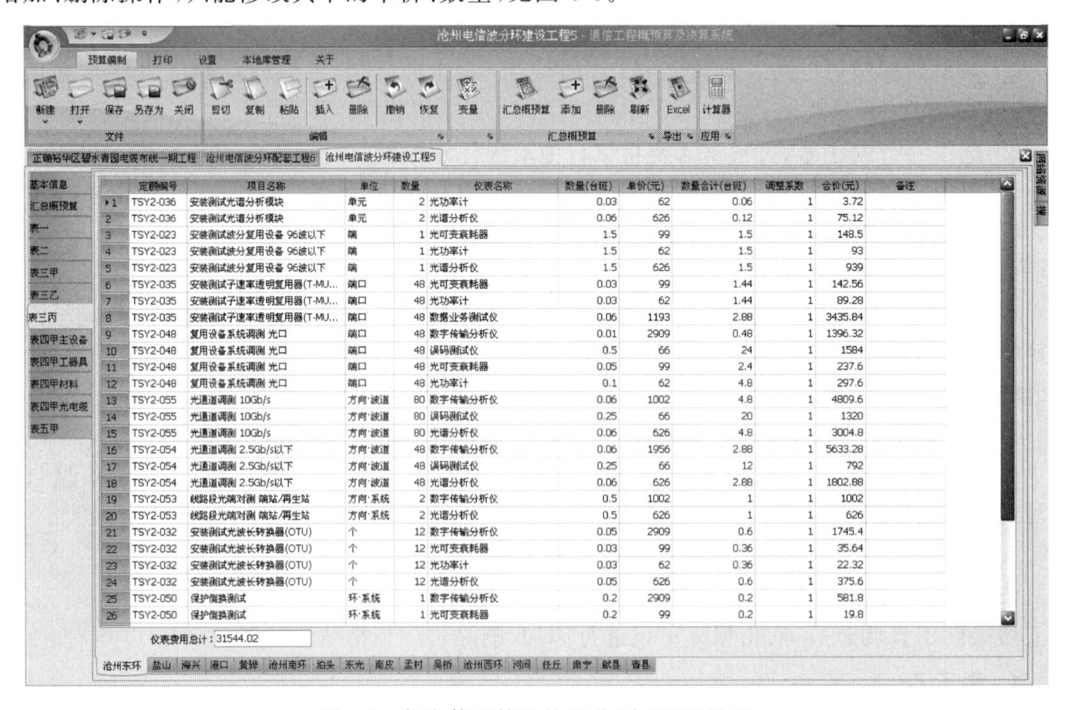

	定额编号	项目名称	单位	数量	仪表名称	数量(台班)	单价(元)	数量合计(台班)	调整系数	合价(元)	备注
1	TSY2-036	安装测试光谱分析模块	单元	2	光功率计	0.03	62	0.06	1	3.72	
2	TSY2-036	安装测试光谱分析模块	单元	2	光谱分析仪	0.06	626	0.12	1	75.12	
3	TSY2-023	安装测试波分复用设备 96波以下	端	1	光可变衰耗器	1.5	99	1.5	1	148.5	
4	TSY2-023	安装测试波分复用设备 96波以下	端	1	光功率计	1.5	62	1.5	1	93	
5	TSY2-023	安装测试波分复用设备 96波以下	端	1	光谱分析仪	1.5	626	1.5	1	939	
6	TSY2-035	安装测试子速率透明复用器(T-MU...	端口	48	光可变衰耗器	0.03	99	1.44	1	142.56	
7	TSY2-035	安装测试子速率透明复用器(T-MU...	端口	48	光功率计	0.03	62	1.44	1	89.28	
8	TSY2-035	安装测试子速率透明复用器(T-MU...	端口	48	数据业务测试仪	0.06	1193	2.88	1	3435.84	
9	TSY2-048	复用设备系统调测 光口	端口	48	数字传输分析仪	0.01	2909	0.48	1	1396.32	
10	TSY2-048	复用设备系统调测 光口	端口	48	误码测试仪	0.5	66	24	1	1584	
11	TSY2-048	复用设备系统调测 光口	端口	48	光可变衰耗器	0.05	99	2.4	1	237.6	
12	TSY2-048	复用设备系统调测 光口	端口	48	光功率计	0.1	62	4.8	1	297.6	
13	TSY2-055	光通道调测 10Gb/s	方向·波道	80	数字传输分析仪	0.06	1002	4.8	1	4809.6	
14	TSY2-055	光通道调测 10Gb/s	方向·波道	80	误码测试仪	0.25	66	20	1	1320	
15	TSY2-055	光通道调测 10Gb/s	方向·波道	80	光谱分析仪	0.06	626	4.8	1	3004.8	
16	TSY2-054	光通道调测 2.5Gb/s以下	方向·波道	48	数字传输分析仪	0.06	1956	2.88	1	5633.28	
17	TSY2-054	光通道调测 2.5Gb/s以下	方向·波道	48	误码测试仪	0.25	66	12	1	792	
18	TSY2-054	光通道调测 2.5Gb/s以下	方向·波道	48	光谱分析仪	0.06	626	2.88	1	1802.88	
19	TSY2-053	线路段光端对测 端站/再生站	方向·系统	2	数字传输分析仪	0.5	1002	1	1	1002	
20	TSY2-053	线路段光端对测 端站/再生站	方向·系统	2	光谱分析仪	0.5	626	1	1	626	
21	TSY2-032	安装测试光波长转换器(OTU)	个	12	数字传输分析仪	0.05	2909	0.6	1	1745.4	
22	TSY2-032	安装测试光波长转换器(OTU)	个	12	光可变衰耗器	0.03	99	0.36	1	35.64	
23	TSY2-032	安装测试光波长转换器(OTU)	个	12	光功率计	0.03	62	0.36	1	22.32	
24	TSY2-032	安装测试光波长转换器(OTU)	个	12	光谱分析仪	0.05	626	0.6	1	375.6	
25	TSY2-050	保护倒换测试	环·系统	1	数字传输分析仪	0.2	2909	0.2	1	581.8	
26	TSY2-050	保护倒换测试	环·系统	1	光可变衰耗器	0.2	99	0.2	1	19.8	

仪表费用总计：31544.02

图 6-8　仪表使用情况的汇总(表三丙)界面

6. 表四甲

表四甲用于实现对国内主要材料费用的录入。主要材料的数据包括两部分：一部分是表三甲的材料汇总；另一部分是由用户根据需要进行添加的。表三甲汇总的材料不能进行删除操作，只能修改其单价，并且底色以灰色显示，见图 6-9。

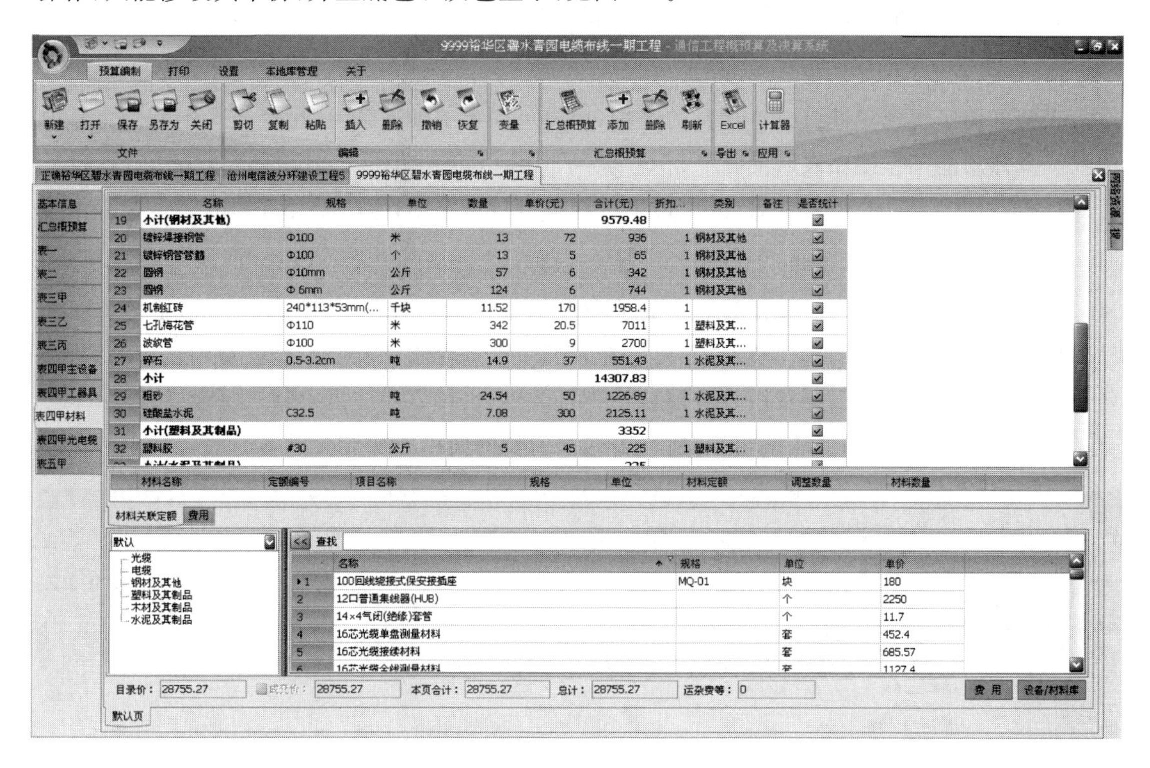

图 6-9　国内主要材料费用的录入(表四甲)界面

表四甲的界面分为上下两部分，界面的上半区域用于维护当前页的设备或材料，下半区域用于维护相应的费用。切换到某页后，在该页上半区域的数据行右击鼠标，即可在弹出的快捷菜单中进行如下操作。

(1) 插入。可以通过该操作在当前行插入一条空白记录，也可以通过在定额信息窗口中双击某材料定额添加一条记录。此时，定额信息窗口中的相关数据将自动填写到材料表中。

(2) 小计。用户可以根据实际情况对任意行进行数据合计，单击【小计】后，“类别”中的数据自动填写，类别相同的进行合计。合计结果添加到每一组的上方。

(3) 剪切。该操作完成剪切当前选中的记录功能。

(4) 复制。该操作完成复制当前选中的记录功能。

(5) 粘贴。该操作完成将复制的记录添加到当前组的最后功能。

(6) 删除。该操作完成删除当前选中的记录功能。

除此之外，在分类小计行右击鼠标，还能够进行删除小计、对小计重命名的操作。表格中的“是否统计”栏用于控制是否将该材料的价格添加到目录价中。各统计数据来源如下：

(1) 每行合计：合计＝数量×单价×折扣率。

(2) 目录价:各行合计之和。

(3) 成交价:输入值。

(4) 合计 :成交价与费用之和。

(5) 总计:本材料各开页合计。

数据的排序功能和窗体的移动操作参照表三甲。

7. 表四乙

表四乙用于实现对进口设备材料的维护,用户可以手工录入条目,也可以从定额信息库中选取。具体功能操作参照表四甲。

在表四乙中录入外币单价后,人民币单价以及合计将自动计算,不允许修改。

8. 表五甲

表五甲主要用于实现对概预算表中其他费用的维护,其界面见图 6-10。在初始化界面自动生成费用设置中设置的其他费用,不可以在表五甲中进行添加、删除、修改费用名称的操作。各项费用的计算方法可以在费用设置窗口中进行设置,也可以在这里重新进行设置。

双击金额,即可弹出公式编辑器窗口,公式编辑器的使用方法详见第 6.5 节。

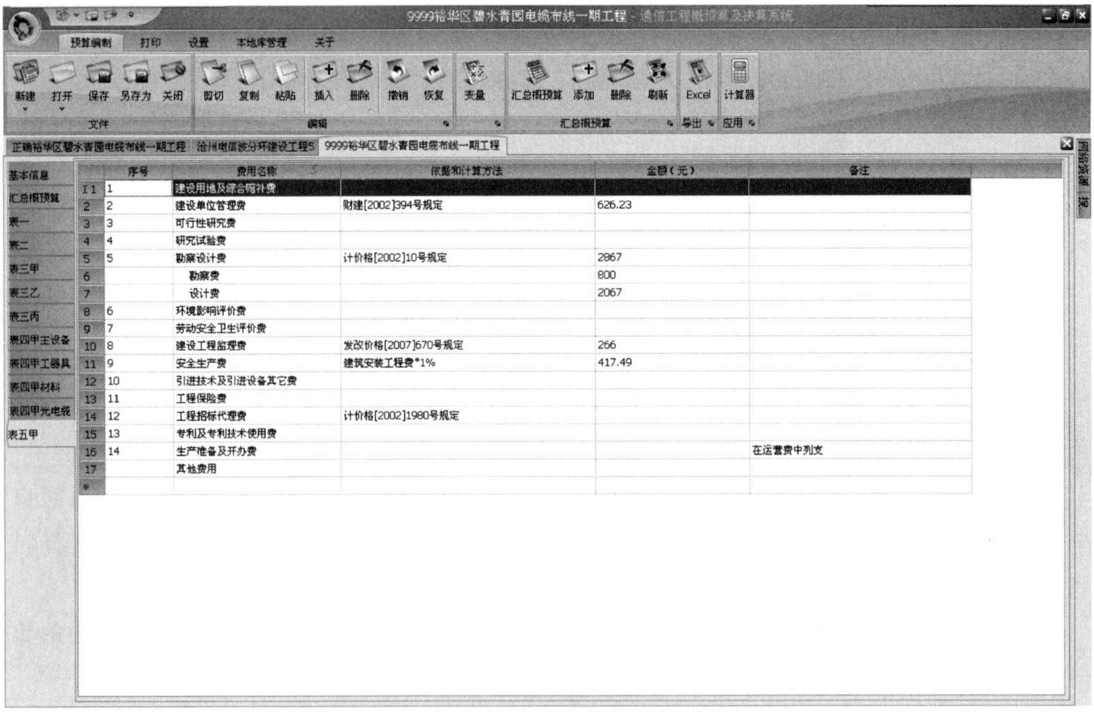

	序号	费用名称	依据和计算方法	金额(元)	备注
1	1	建设用地及综合赔补费			
2	2	建设单位管理费	财建[2002]394号规定	626.23	
3	3	可行性研究费			
4	4	研究试验费			
5	5	勘察设计费	计价格[2002]10号规定	2867	
6		勘察费		800	
7		设计费		2067	
8	6	环境影响评价费			
9	7	劳动安全卫生评价费			
10	8	建设工程监理费	发改价格[2007]670号规定	266	
11	9	安全生产费	建筑安装工程费*1%	417.49	
12	10	引进技术及引进设备其它费			
13	11	工程保险费			
14	12	工程招标代理费	计价格[2002]1980号规定		
15	13	专利及专利技术使用费			
16	14	生产准备及开办费			在运营费中列支
17		其他费用			

图 6-10 其他费用的维护(表五甲)界面

9. 表五乙

表五乙主要用于实现对概预算表中涉外项目其他费用的维护,根据实际发生的费用具体填写。其中,人民币单价不允许修改,人民币单价等于外币单价乘以汇率,在此只能修改外币单价。

需要注意的是,表四乙与表五乙在设置菜单下点击按钮即可显示在列表内,见图 6-10。

6.5　公式编辑

概预算表以及基础库中，需要自动计算的数据在公式窗口中可以简便、快速地定义计算公式。公式定义界面如图 6-11 所示。

图 6-11　公式定义界面

窗口打开时，默认的公式是费用设置中设置的费用公式，用户可以根据需要对公式进行编辑。需要注意的是，窗口上灰色的部分表示不允许用户修改。用户可以直接在公式编辑框中编辑公式，也可以单击【变量库】按钮展开窗口(见图 6-12)，用窗口上的辅助功能进行公式编辑。

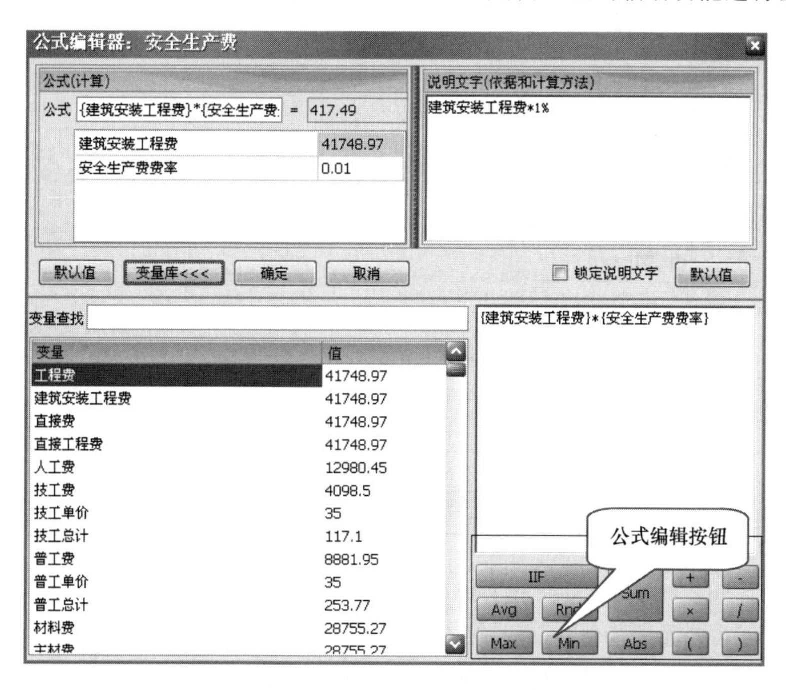

图 6-12　变量库中的公式编辑界面

窗口上的操作如下：

(1) 用户可以单击公式编辑按钮编辑公式，也可以手工输入；

(2) 在变量的下拉列表中双击某一变量，将变量添加到公式编辑框中；

(3) 在变量过滤编辑框中输入变量名，可以按变量进行过滤；

(4) 对输入公式的合法性自动进行校验;

(5) 选择【锁定说明文字】后,将公式中的项用数值替换后填写到表格对应的备注中;

(6) 单击【默认】按钮,公式恢复为费用设置中的公式;

(7) 单击【变量库】按钮,变量和公式编辑按钮部分隐藏;

(8) 单击【确定】按钮,修改公式有效;

(9) 单击【取消】按钮,放弃公式修改。

6.6 本地库管理

1. 预算定额

定额库的主要作用是对通信工程概预算定额进行维护,包括定额库、册、章、节以及工程定额的维护。单击"基础库管理"下的"定额库"工具栏按钮"",即可打开"定额库管理"窗口(见图 6-13)。

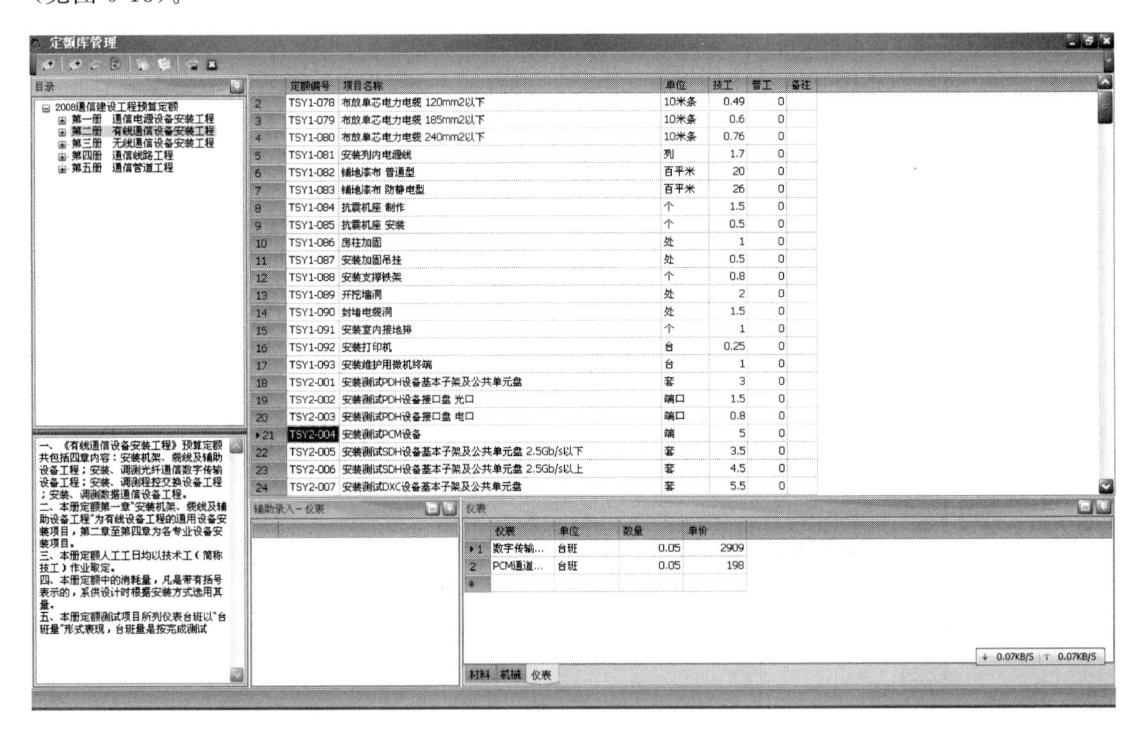

图 6-13　定额库管理窗口

右击鼠标,可实现如下功能。

(1) 新建库:右击鼠标,在快捷菜单中选择"新建库",或者单击快速访问工具栏中的按钮"",可以在左侧树的根下创建一个新的定额库。

(2) 删除库:右击鼠标,在快捷菜单中选择"删除",或者单击快速访问工具栏中的按钮"",可以删除选中的定额库,定额库下所有的定额将同时删除。

(3) 新建册、章、节、小节:在左侧树中选择某一节点,右击鼠标然后选择相应的功能。

(4) 删除册、章、节、小节:选择要删除的节点,右击鼠标,然后选择"删除",或者单击快速访问工具栏中的按钮“ ”，可以删除选中的节点，如果节点位于顶部(即定额库)，则库下所有的定额将同时被删除。

(5) 新建定额：在右边上半部分区域中右击鼠标，选择“新建定额”，或者单击快速访问工具栏中的按钮“ ”，可以在当前选中的节点下增加一条新定额，见图 6-14。

(6) 复制：复制当前选中的数据，可以是库、册、章、节、小节、定额。如果复制的是库、册、章、节、小节，则其下包括的定额将一同被复制。

(7) 粘贴：将复制的数据粘贴到当前选中数据的下方，作为一条新记录。

(8) 保存：单击“ ”按钮可将当前数据进行保存。

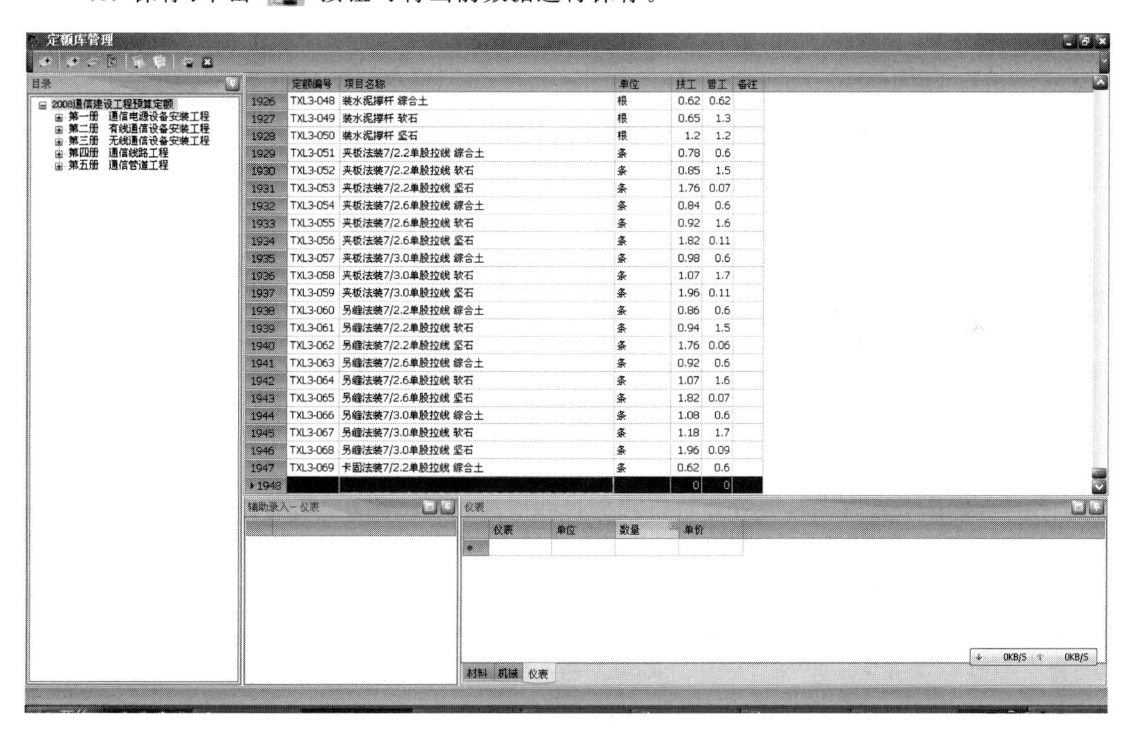

图 6-14　新建定额界面

2. 设备库

设备库管理主要用于实现对设备相关条目的增加、删除、刷新、复制、粘贴、保存的功能。单击“基础库管理”菜单下的“设备库”按钮“ ”，可以打开“设备管理”窗口，其界面见图 6-15。

工具栏上各图标的功能如下。

(1) ：新建一个库或设备类型下的一个设备。

(2) ：删除选中的设备类型或设备类型下的设备。

(3) ：获得最新数据。

(4) ：复制当前选中的设备。

(5) ：将复制的记录粘贴到记录的最后，作为一条新记录。

(6) ：显示或隐藏设备类型。

(7) ：将数据保存到库中。

(8) ：退出设备管理，返回上一页。

设备管理

设备库
标准设备库
程控交换设备
传输设备
无线通信设备
通信电源设备
非话设备
接入网设备
系统设备
终端设备
其他设备

	名称	名称(外文)	规格	单位	设备类型	部标编码	国标编码	单价(元)	备注
1	船用辅机柴油机组		485GC	台	通信电源设备			3350000	
2	EDISWITCH 核心系统软件		(2500个DEI...	套				2557800	
3	程控长市农自动电话交换机		HJ09D(4000门)	套	程控交换设备			2500000	
4	TANDEM硬件		UNIX HANDW...	套				2100000	
5	程控长市农自动电话交换机		HJ09D(3000门)	套	程控交换设备			1900000	
6	卫星通信地球站设备(最大容...		十一米(FDMA/...	套				1800000	
7	数字程控交换机(长、市话、...		S1240 用户线:...	套	程控交换设备			1556480	
8	数字程控交换机(长、市话、...		S1240 用户线:...	套	程控交换设备			1410048	
9	数字程控交换机(长、市话、...		S1240 用户线:...	套	程控交换设备			1373680	
10	程控长市农自动电话交换机		HJ09D(2000门)	套	程控交换设备			1300000	
11	数字程控交换机(长、市话、...		S1240 用户线:...	套	程控交换设备			1205120	
12	柴油发电机组		1250GF1 无刷	台	通信电源设备			1100000	沈阳东北蓄电...
13	数字程控交换机(长、市话、...		S1240 用户线:...	套	程控交换设备			1028160	
14	卫星通信地球站设备(最大容...		六米(四路SCPC...	套				931000	
15	柴油发电机组		1000GF1 无刷	台	通信电源设备			850000	沈阳东北蓄电...
16	数字程控交换机(长、市话、...		S1240 用户线:...	套	程控交换设备			842800	
17	无线拔号电话系统(并装天线...		YDH144(八频...	套	无线通信设备			842000	
18	无线拔号电话系统(并装天线...		YDH144(八频...	套	无线通信设备			842000	
19	程控长市农自动电话端局交换机		HJ10D(2000门)	套	程控交换设备			800000	
20	IDNX90 六机框系统(带机柜...		IDNX 90 6SHE...	套				777982.81	达科设备
21	高频开关电源		DUM63-48/10...	套	通信电源设备			753000	
22	数字程控交换机(长、市话、...		S1240 用户线:...	套	程控交换设备			740400	
23	程控长市农自动电话交换机		HJ09D(1000门)	套	程控交换设备			700000	
24	硬件		HARDWARE(...	套				603592	DACScan-20...
25	数字程控交换机(长、市话、...		S1240 用户线:...	套	程控交换设备			577920	
26	自动化柴油发电机组		800GF2-1	台	通信电源设备			560000	
27	高频开关电源		DUM63-48/10...	套	通信电源设备			519000	
28	柴油发电机组		800GF	台	通信电源设备			510000	德国Hoppeck...
29	自动化柴油发电机组		630GF2-1	台	通信电源设备			485000	德国"银杉"电...
30	柴油发电机组		500GF	台	通信电源设备			450000	
31	柴油发电机组		630GF2	台	通信电源设备			450000	广丰县蓄电池...
32	程控长市农自动电话端局交换机		HJ10D(1000门)	套	程控交换设备			440000	
33	自动化柴油发电机组		500GF2-1	台	通信电源设备			385000	山东宏安集团...
34	IDNX70 三机框系统(带机柜...		IDNX 70 3SHE...	套				369902.41	达科设备

图 6-15　设备管理窗口

3. 材料库

材料库模块主要用于实现对材料相关条目的增加、删除、刷新、复制、粘贴、保存、退出功能。单击"基础库管理"菜单下的"材料库"按钮"![icon]",可以打开"材料管理"窗口(见图 6-16)。

	名称	名称(外文)	规格	单位	设备类型	部标编码	国标编码	单价(元)	备注
1	板方材		厚30	立方米	木材及其制品			1809.15	
2	红白松板方材I 等		5-5.8m 厚25-3...	立方米	木材及其制品			1360.13	
3	方木		60×60×300mm	立方米	木材及其制品			1260	
4	落叶松板方材I 等		5-5.8m 厚25-3...	立方米	木材及其制品			1225.95	
5	红白松板方材III等		3-3.8m 厚25-3...	立方米	木材及其制品			1200	
6	红白松板方材I 等		3-3.8m 厚25-3...	立方米	木材及其制品			1200	
7	红白松板方材III等		2-2.8 厚25-30...	立方米	木材及其制品			1200	
8	红白松板方材I 等		5-3...	立方米	木材及其制品			1194.74	
9	落叶松板方材I 等		3...	立方米	木材及其制品			1087.29	
10	落叶松板方材II 等			立方米	木材及其制品			1087.29	
11	红白松板方材II 等		3...	立方米	木材及其制品			1072.13	
12	落叶松板方材I 等		厚25-3...	立方米	木材及其制品			992.74	
13	落叶松板方材II 等		5-5.8m 厚25-3...	立方米	木材及其制品			973.83	
14	红白松板方材II 等		4-4.8m 厚25-3...	立方米	木材及其制品			946.67	
15	红白松板方材I 等		2-2.8 厚25-30...	立方米	木材及其制品			926.71	
16	红白松板方材III等		5-5.8m 厚25-3...	立方米	木材及其制品			881.08	
17	红白松板方材II 等		3-3.8m 厚25-3...	立方米	木材及其制品			866.84	
18	落叶松板方材II 等		4-4.8m 厚25-3...	立方米	木材及其制品			866.67	
19	落叶松板方材I 等		2-2.8	立方米	木材及其制品			850.92	
20	落叶松板方材III等		5-5.8m 厚25-3...	立方米	木材及其制品			809.95	
21	落叶松板方材II 等		3-3.8m 厚25-3...	立方米	木材及其制品			794.2	
22	杉原木 I 等		8-10mΦ8-12cm	立方米	木材及其制品			786.92	
23	杉原木 II等		5-7m 8-12Cm	立方米	木材及其制品			786.92	
24	红白松板方材III等		4-4.8m 厚25-3...	立方米	木材及其制品			784.15	
25	杉原木 I 等		5-7m 8-12Cm	立方米	木材及其制品			762.34	
26	红白松板方材II 等		2-2.8 厚25-30...	立方米	木材及其制品			741.38	

	定额...	项目名称	单位	技工	普工	备注
1	TXL2-039	砖砌专用塑料管道光...	个	6.40	6.14	
2	TXL2-040	砖砌专用塑料管道光...	个	8.67	8.33	
3	TXL2-041	砖砌专用塑料管道光...	个	5.12	4.91	
4	TXL2-042	砖砌专用塑料管道光...	个	6.94	6.66	

图 6-16　"材料库管理"窗口

工具栏上各图标的功能如下。

（1）:添加一个材料类型或材料的相关条目。

（2）:删除一个材料类型或材料的相关条目。

（3）: 获得最新数据。

（4）:复制当前选中的材料条目。

（5）:将复制的记录插到当前记录的下方,作为一条新记录。

（6）:显示和隐藏设备类型。

（7）:显示和隐藏材料关联的定额。

（8）:保存当前数据。

（9）:退出材料管理,返回上一页。

4. 变量管理模块

变量管理模块主要用于对变量进行添加、删除等操作。单击“基础库管理”菜单下的“变量”按钮“”,可以打开“变量管理”窗口(见图 6-17)。

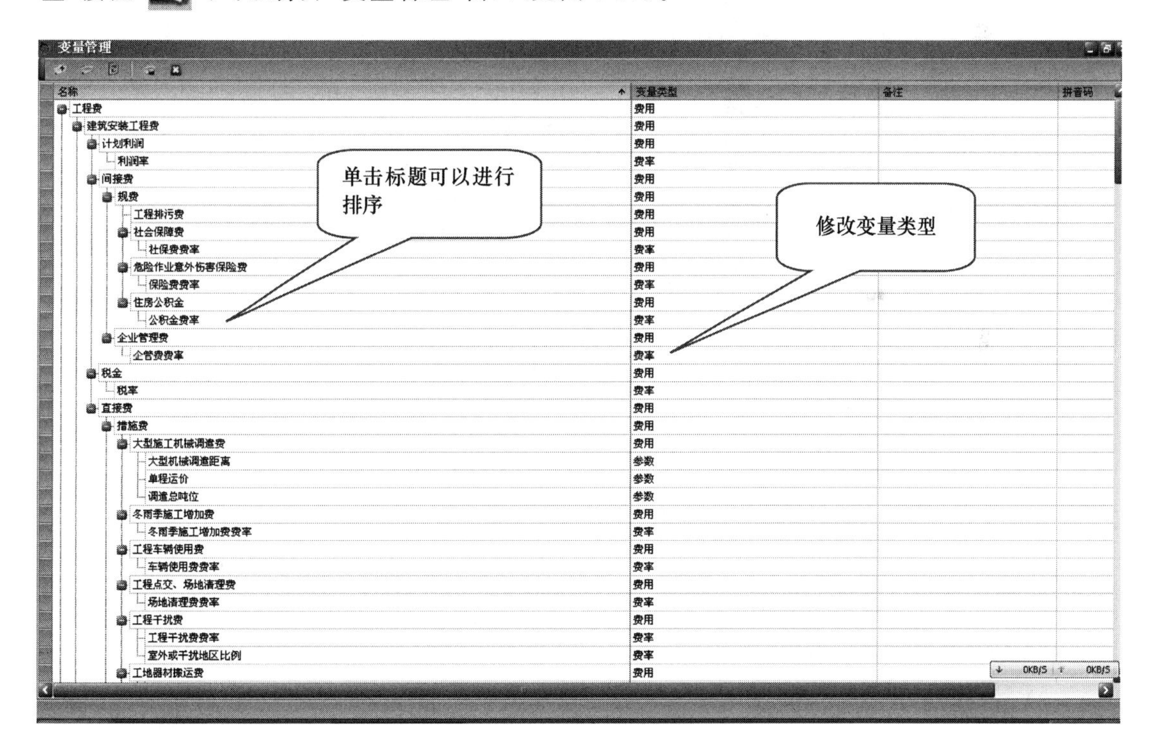

图 6-17　变量管理窗口

工具栏上各图标的功能如下。

（1）:添加一个变量。

（2）:删除一个变量。

（3）: 刷新数据。

（4）:保存当前数据。

(5) ![]:退出变量管理,返回上一页。

5. 变量管理

变量管理是对所有专业下变量的详细分类。单击"基础库管理"菜单下的"变量管理"按钮"![]",即可打开"变量管理"窗口。如图 6-18 所示,可在变量管理窗口中修改变量公式。

图 6-18 在变量管理窗口中修改变量公式

6. 机械库管理模块

机械库管理模块主要用于对机械相关的条目进行添加、关联定额等操作。单击"基础库管理"菜单下的"机械库"按钮"![]",可以打开"机械库管理"窗口(见图 6-19)。

工具栏上各图标的功能如下。

(1) ![]:添加一条机械信息。

(2) ![]:删除一条机械信息。

(3) ![]:刷新数据。

(4) ![]:复制当前选中的机械信息。

(5) ![]:将复制的记录插到当前记录的下方,作为一条新记录。

(6) ![]:关联定额。

(7) ![]:保存当前数据。

(8) ![]:退出机械库管理,返回上一页。

7. 仪表库管理

仪表库管理模块主要用于对仪表相关的条目进行添加、关联定额等操作。单击"基础库管

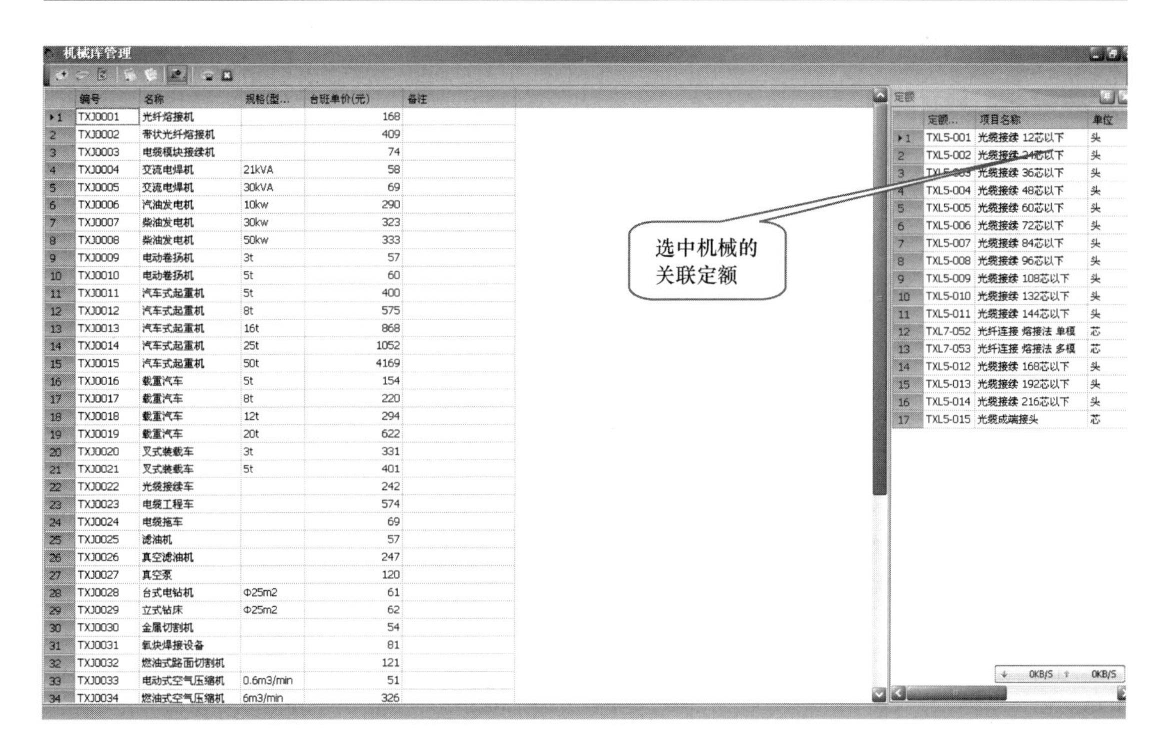

图 6-19　机械库管理窗口

理”菜单下的“仪表库”按钮“ ”，可以打开“仪表库管理”窗口（见图 6-20）。

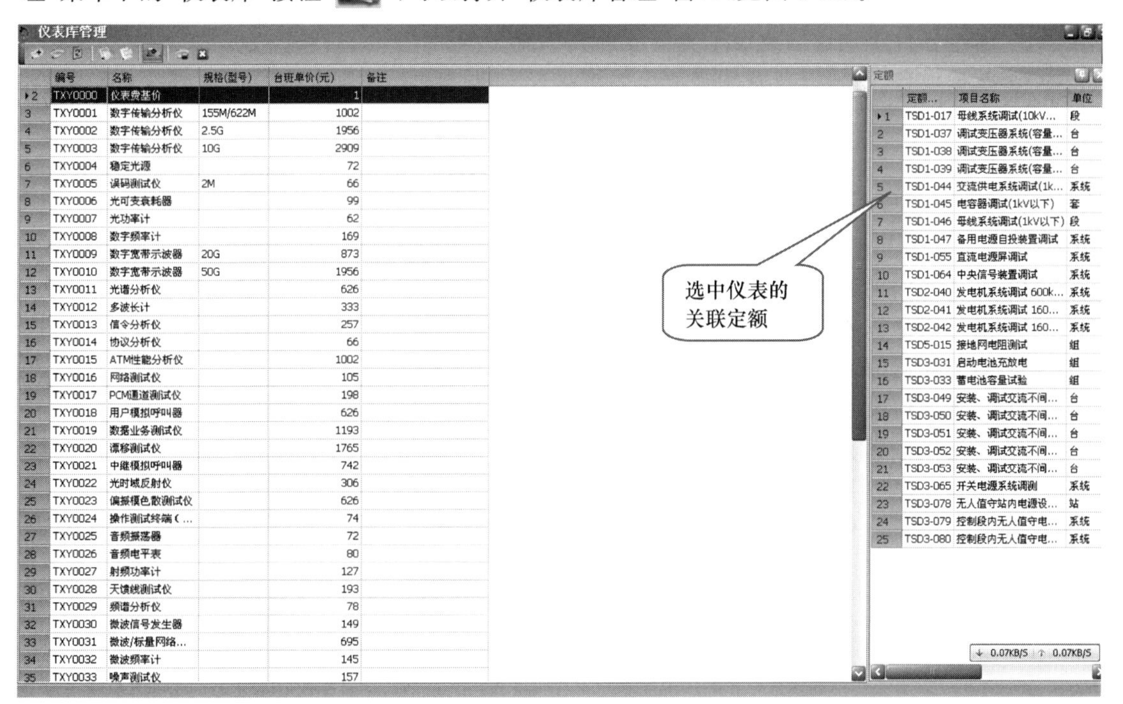

图 6-20　仪表库管理窗口

工具栏上各图标的功能如下。

(1) ：添加一条仪表信息。

(2) :删除一条仪表信息。

(3) :刷新数据。

(4) :复制当前选中的仪表信息。

(5) :将复制的记录插到当前记录的下方,作为一条新记录。

(6) :关联定额。

(7) :保存当前数据。

(8) :退出仪表库管理,返回上一页。

6.7 实做项目及教学情境

实做项目一:根据图 4-14,使用软件进行预算编制。
目的:掌握概预算编制软件的使用与参数的设置方法。

本章小结

(1) 通信工程概预算系统主要实现编制概预算、生成概预算报表、预览和打印、汇总概预算数据等功能。

(2) 通过软件实现通信建设工程的概预算编制。

(3) 掌握设备、材料以及费用定额库的维护。

复习思考题

(1) 试述通信工程概预算软件的功能与特点。

(2) 简述概预算软件的使用流程。

(3) 简述如何编辑变量公式。

(4) 简述如何设定各种费率。

(5) 简述机械库、仪表库的维护方法。

参 考 文 献

[1] 工业和信息化部通信工程定额质监中心. 信息通信建设工程概预算管理与实务[M]. 北京：人民邮电出版社，2017.

[2] 孙青华. 通信工程设计及概预算（上册）——通信工程设计及概预算基础[M]. 北京：高等教育出版社，2011.

[3] 通信司. 工业和信息化部关于印发信息通信建设工程预算定额、工程费用定额及工程概预算编制规程的通知[EB/OL]. (2017-02-10)[2022-02-04]. https://www.miit.gov.cn/jgsj/txs/txjs/glwj/art/2020/art_91e834801824444aa73a16afbbd8339b.html.

[4] 中华人民共和国工业与信息化部. 通信工程制图与图形符号规定：YD/T 5015-2015[S]. 北京：北京邮电大学出版社，2016.

[5] 中国国家标准化管理委员会. 技术制图 图纸幅面和格式：GB/T 14689-2008[S]. 北京：中国标准出版社，2009.

附录　通信建设工程定额及相关费用

1. 通信建设工程费用定额

信息通信建设工程项目总费用由各单项工程项目总费用构成；各单项工程总费用由工程费、工程建设其他费、预备费、建设期利息四部分构成，具体项目构成如附图1所示。

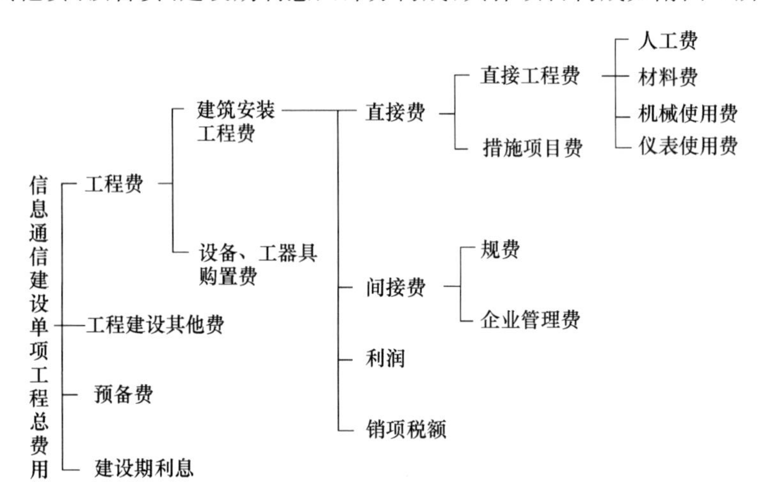

附图1　信息通信建设单项工程总费用构成

其中，工程费包括建筑安装工程费和设备、工器具购置费两部分。

1）建筑安装工程费

建筑安装工程费由直接费、间接费、利润和销项税额组成。

（1）直接费

直接费由直接工程费、措施项目费构成，各项费用均为不包括增值税可抵扣进项税额的税前造价。具体内容如下。

① 直接工程费：指施工过程中耗用的构成工程实体和有助于工程实体形成的各项费用，包括人工费、材料费、机械使用费、仪表使用费。

a. 人工费：指直接从事建筑安装工程施工的生产人员开支的各项费用。

信息通信建设工程不分专业和地区工资类别，综合取定人工费。规定人工费单价：技工为114元/工日；普工为61元/工日。计算规则为

$$概(预)算人工费=技工费+普工费 \tag{附1}$$

$$概(预)算技工费=技工单价\times概(预)算技工总工日 \tag{附2}$$

$$概(预)算普工费=普工单价\times概(预)算普工总工日 \tag{附3}$$

b. 材料费：指施工过程中实体消耗的原材料、辅助材料、构配件、零件、半成品的费用和周转使用材料的摊销，以及采购材料所发生的费用总和。

材料费计算规则为

材料费＝主要材料费＋辅助材料费　　（附 4）

式(附 4)中：

主要材料费＝材料原价＋运杂费＋运输保险费＋采购及保管费＋采购代理服务费　　（附 5）

式(附 5)中：材料原价指供应价或供货地点价。运杂费是指材料(或器材)自来源地运至工地仓库(或指定堆放地点)所发生的费用。计算规则为

运杂费＝材料原价×器材运杂费费率　　（附 6）

其中，器材运杂费费率如附表 1 所示。

附表 1　器材运杂费费率表

运距 L/km	器材名称					
	光缆	电缆	塑料及塑料制品	木材及木制品	水泥及水泥构件	其他
$L \leqslant 100$	1.3%	1.0%	4.3%	8.4%	18.0%	3.6%
$100 < L \leqslant 200$	1.5%	1.1%	4.8%	9.4%	20.0%	4.0%
$200 < L \leqslant 300$	1.7%	1.3%	5.4%	10.5%	23.0%	4.5%
$300 < L \leqslant 400$	1.8%	1.3%	5.8%	11.5%	24.5%	4.8%
$400 < L \leqslant 500$	2.0%	1.5%	6.5%	12.5%	27.0%	5.4%
$500 < L \leqslant 750$	2.1%	1.6%	6.7%	14.7%	—	6.3%
$750 < L \leqslant 1\,000$	2.2%	1.7%	6.9%	16.8%	—	7.2%
$1\,000 < L \leqslant 1\,250$	2.3%	1.8%	7.2%	18.9%	—	8.1%
$1\,250 < L \leqslant 1\,500$	2.4%	1.9%	7.5%	21.0%	—	9.0%
$1\,500 < L \leqslant 1\,750$	2.6%	2.0%	—	22.4%	—	9.6%
$1\,750 < L \leqslant 2\,000$	2.8%	2.3%	—	23.8%	—	10.2%
$L > 2\,000$ 时每增 250 km 增加	0.3%	0.2%	—	1.5%	—	0.6%

注：编制概算时，除水泥及水泥构件的运输距离按 500 km 计算，其他类型的材料运输距离按 1 500 km 计算；编制预算时，器材运杂费费率按主要器材的实际平均距离计算。

运输保险费：指材料(或器材)自来源地运至工地仓库(或指定堆放地点)所发生的保险费用。计算规则为

运输保险费＝材料原价×保险费率(0.1%)　　（附 7）

采购及保管费：指为组织材料(或器材)采购及材料保管过程中所需要的各项费用。计算规则为

采购及保管费＝材料原价×材料采购及保管费费率　　（附 8）

其中，材料采购及保管费费率如附表 2 所示。

附表 2　材料采购及保管费费率表

工程专业	计算基础	费率/%
通信设备安装工程	材料原价	1.0
通信线路工程		1.1
通信管道工程		3.0

采购代理服务费：指委托中介采购代理服务的费用，按实计列。

辅助材料费：指对施工生产起辅助作用的材料所需的费用。计算规则为

辅助材料费=主要材料费×辅助材料费费率　（附9）

其中，辅助材料费费率如附表3所示。

附表3　辅助材料费费率表

工程专业	计算基础	费率/%
有线、无线通信设备安装工程	主要材料费	3.0
电源设备安装工程		5.0
通信线路工程		0.3
通信管道工程		0.5

凡由建设单位提供的利旧材料，其材料费不计入工程成本，但作为计算辅助材料费的基础。

c. 机械使用费：指施工机械作业所发生的机械使用费以及机械安拆费。计算规则为

机械使用费=机械台班单价×概（预）算的机械台班量　（附10）

d. 仪表使用费：是指施工作业所发生的属于固定资产的仪表使用费。计算规则为

仪表使用费=仪表台班单价×概（预）算的仪表台班量　（附11）

② 措施项目费：指为完成工程项目施工，发生于该工程前和施工过程中非工程实体项目的费用。

a. 文明施工费：指施工现场为达到环保要求及文明施工所需要的各项费用。计算规则为

文明施工费=人工费×文明施工费费率　（附12）

其中，文明施工费费率如附表4所示。

附表4　文明施工费费率表

工程专业	计算基础	费率/%
无线通信设备安装工程	人工费	1.1
通信线路工程、通信管道工程		1.5
有线传输设备安装工程、电源设备安装工程		0.8

b. 工地器材搬运费：指由工地仓库至施工现场转运器材而发生的费用。计算规则为

工地器材搬运费=人工费×工地器材搬运费费率　（附13）

其中，工地器材搬运费费率如附表5所示。

附表5　工地器材搬运费费率表

工程专业	计算基础	费率/%
通信设备安装工程	人工费	1.1
通信线路工程		3.4
通信管道工程		1.2

注：因施工场地条件限制造成一次运输不能到达工地仓库时，可按实计列相关费用。

c. 工程干扰费:通信线路工程、通信管道工程由于受市政管理、交通管制、人流密度、输配电设施等因素影响工效而发生的补偿费用。计算规则为

工程干扰费=人工费×工程干扰费费率　　(附 14)

其中,工程干扰费费率如附表 6 所示。

附表 6　工程干扰费费率表

工程专业	计算基础	费率/%
通信线路工程、通信管道工程(干扰地区)	人工费	6.0
无线通信设备安装工程(干扰地区)		4.0

注:干扰地区指城区、高速公路隔离带、铁路路基边缘等施工地带。其中,城区的界定以当地规划部门规划文件为准。

d. 工程点交、场地清理费:指按规定编制竣工图及资料、工程点交、施工场地清理等而发生的费用。计算规则为

工程点交、场地清理费=人工费×工程点交、场地清理费费率　　(附 15)

其中,工程点交、场地清理费费率如附表 7 所示。

附表 7　工程点交、场地清理费费率表

工程专业	计算基础	费率/%
通信设备安装工程	人工费	2.5
通信线路工程		3.3
通信管道工程		1.4

e. 临时设施费:指施工企业为进行工程施工所必须设置的生活和生产用的临时建筑物、构筑物和其他临时设施所产生的费用等。

临时设施费按施工现场与企业的距离划分为 35 km 以内、35 km 以外两档。计算规则为

临时设施费=人工费×临时设施费费率　　(附 16)

其中,临时设施费费率如附表 8 所示。

附表 8　临时设施费费率表

工程专业	计算基础	费率/%	
		距离≤35 km	距离>35 km
通信设备安装工程	人工费	3.8	7.6
通信线路工程		2.6	5
通信管道工程		6.1	7.6

注:如果建设单位无偿提供临时设施,则不计此项费用。

f. 工程车辆使用费:指工程施工中接送施工人员、生活用车等(含过路、过桥)费用。计算规则为

工程车辆使用费=人工费×工程车辆使用费费率　　(附 17)

其中,工程车辆使用费费率如附表 9 所示。

附表 9　工程车辆使用费费率表

工程专业	计算基础	费率/%
无线通信设备安装工程、通信线路工程	人工费	5.0
有线通信设备安装工程、通信电源设备安装工程、通信管道工程		2.2

g. 夜间施工增加费：指因夜间施工所发生的夜间补助、夜间施工降效、夜间施工照明设备摊销及照明用电等费用。计算规则为

夜间施工增加费＝人工费×夜间施工增加费费率　　（附 18）

其中，夜间施工增加费费率如附表 10 所示。

附表 10　夜间施工增加费费率表

工程专业	计算基础	费率/%
通信设备安装工程	人工费	2.1
通信线路工程(城区部分)、通信管道工程		2.5

注：夜间施工增加费不考虑施工时段，均按相应费率计取。

h. 冬雨季施工增加费：指在冬雨季施工时所采取的防冻、保温、防雨等安全措施及工效降低所增加的费用。计算规则为

冬雨季施工增加费＝人工费×冬雨季施工增加费费率　　（附 19）

其中，冬雨季施工增加费费率如附表 11 所示。

附表 11　冬雨季施工增加费费率表

工程专业	计算基础	费率/%		
		Ⅰ	Ⅱ	Ⅲ
通信设备安装工程(室外天线)	人工费	3.6	2.5	1.8
通信线路工程、通信管道工程				

冬雨季施工地区分类如附表 12 所示。

附表 12　冬雨季施工地区分类表

地区分类	省、自治区、直辖市名称
Ⅰ	黑龙江、青海、新疆、西藏自治区、辽宁、内蒙古、吉林、甘肃
Ⅱ	陕西、广东、广西、海南、浙江、福建、四川、宁夏、云南
Ⅲ	其他地区

注：此费用在编制预算时不考虑施工所处季节，均按相应费率计取；如工程跨越多个地区分类，则按分类高档计取该项费用；线路工程室内部分不计取该项费用。

i. 生产工具用具使用费：指施工所需的不属于固定资产的工具用具等的购置、摊销、维修费。计算规则为

生产工具用具使用费＝人工费×生产工具用具使用费费率　　（附 20）

其中，生产工具用具使用费费率如附表 13 所示。

附表 13　生产工具用具使用费费率表

工程专业	计算基础	费率/%
通信设备安装工程	人工费	0.8
通信线路工程、通信管道工程		1.5

j. 施工用水电蒸汽费:指施工生产过程中使用水、电、蒸汽所发生的费用。信息通信建设工程依照施工工艺要求,按实计列施工用水电蒸汽费。

k. 特殊地区施工增加费:指在原始森林地区、海拔 2 000 m 以上高原地区、沙漠地区、山区无人值守站、化工区、核工业区等特殊地区施工所需增加的费用。计算规则为

$$特殊地区施工增加费=特殊地区补贴金额\times 总工日 \quad (附\ 21)$$

其中,特殊地区分类及补贴金额如附表 14 所示。

附表 14　特殊地区分类及补贴金额表

地区分类	高海拔地区		原始森林区、沙漠区、化工区、核工业区、山区无人值守站
	4 000 m 以下	4 000 m 以上	
补贴金额/(元・天$^{-1}$)	8	25	17

注:如工程所在地同时存在上述多种情况,按高档记取该项费用。

l. 已完工程及设备保护费:指竣工验收前,对已完工程及其所用设备进行保护所需的费用。计算规则为

$$已完工程及设备保护费=人工费\times 已完工程及设备保护费费率 \quad (附\ 22)$$

其中,已完工程及设备保护费费率如附表 15 所示。

附表 15　已完工程及设备保护费费率表

工程专业	计算基础	费率/%
通信线路工程	人工费	2
通信管道工程		1.8
无线通信设备安装工程		1.5
有线通信及电源设备安装工程(室外部分)		1.8

m. 运土费:指工程施工中,需从远离施工地点取土或向外倒运土方所发生的费用。计算规则为

$$运土费=工程量(吨・千米)\times 运费单价(元・吨^{-1}・千米^{-1}) \quad (附\ 23)$$

其中,工程量由设计按实计列,运费单价按工程所在地运价计算。

n. 施工队伍调遣费:指因建设工程的需要,应支付施工队伍的调遣费用。内容包括:调遣人员的差旅费、调遣期间的工资、施工工具与用具等所需的运费等。施工现场与企业的距离在 35 km 以内时,不计取此项费用。计算规则为

$$施工队伍调遣费=单程调遣费定额\times 调遣人数定额\times 2 \quad (附\ 24)$$

其中,施工队伍单程调遣费定额如附表 16 所示,调遣人数定额如附表 17 所示。

附表 16　施工队伍单程调遣费定额表

调遣里程 L/km	调遣费/元	调遣里程 L/km	调遣费/元
35<L≤100	141	1 600<L≤1 800	634
100<L≤200	174	1 800<L≤2 000	675
200<L≤400	240	2 000<L≤2 400	746
400<L≤600	295	2 400<L≤2 800	918
600<L≤800	356	2 800<L≤3 200	979
800<L≤1 000	372	3 200<L≤3 600	1 040
1 000<L≤1 200	417	3 600<L≤4 000	1 203
1 200<L≤1 400	565	4 000<L≤4 400	1 271
1 400<L≤1 600	598	L>4 400 km 后，每增加 200 km 增加	48

注：调遣里程依据铁路里程计算，铁路无法到达的里程部分，依据公路、水路里程计算。

附表 17　施工队伍调遣人数定额表

通信设备安装工程			
概（预）算技工总工日	调遣人数/人	概（预）算技工总工日	调遣人数/人
500 工日以下	5	4 000 工日以下	30
1 000 工日以下	10	5 000 工日以下	35
2 000 工日以下	17	5 000 工日以上，每增加 1 000 工日增加调遣人数	3
3 000 工日以下	24		
通信线路、通信管道工程			
概（预）算技工总工日	调遣人数/人	概（预）算技工总工日	调遣人数/人
500 工日以下	5	9 000 工日以下	55
1 000 工日以下	10	10 000 工日以下	60
2 000 工日以下	17	15 000 工日以下	80
3 000 工日以下	24	20 000 工日以下	95
4 000 工日以下	30	25 000 工日以下	105
5 000 工日以下	35	30 000 工日以下	120
6 000 工日以下	40	30 000 工日以上，每增加 5 000 工日增加调遣人数	3
7 000 工日以下	45		
8 000 工日以下	50		

o. 大型施工机械调遣费：指因大型施工机械调遣而发生的运输费用。计算规则为

$$\text{大型施工机械调遣费}=\text{调遣用车运价}\times\text{调遣运距}\times 2 \qquad \text{(附 25)}$$

其中，大型施工机械调遣吨位规定如附表 18 所示，调遣用车吨位及运价规定如附表 19 所示。

附表 18　大型施工机械调遣吨位表

机械名称	吨位	机械名称	吨位
光缆接续车	4	水下光（电）缆沟挖冲机	6
光（电）缆拖车	5	液压顶管机	5
微管微缆气吹设备	6	微控钻孔敷管设备（25 吨以下）	8
气流敷设吹缆设备	8	微控钻孔敷管设备（25 吨以上）	12

附表 19 调遣用车吨位及运价表

名称	吨位	运价/元·千米$^{-1}$	
		单程运距<100 km	单程运距>100 km
工程机械运输车	5	10.8	7.2
	8	13.7	9.1
	15	17.8	12.5

(2) 间接费

间接费由规费、企业管理费构成，各项费用均为不包括增值税、可抵扣进项税额的税前造价。

① 规费：指政府和有关部门规定必须缴纳的费用(简称规费)。

a. 工程排污费：指施工现场按规定缴纳的工程排污费，根据施工所在地政府部门的相关规定计取。

b. 社会保障费：具体包括养老保险费、失业保险费、医疗保险费、生育保险费和工伤保险费。社会保障费综合取定，计算规则为

$$社会保障费=人工费\times相关费率 \tag{附 26}$$

c. 住房公积金：指企业按照规定标准为职工缴纳的住房公积金。住房公积金综合取定，计算规则为

$$住房公积金=人工费\times相关费率 \tag{附 27}$$

d. 危险作业意外伤害保险费：指企业为从事危险作业的建筑安装施工人员支付的意外伤害保险费。危险作业意外伤害保险费综合取定，计算规则为

$$危险作业意外伤害保险费=人工费\times相关费率 \tag{附 28}$$

其中，社会保障费、住房公积金和危险作业意外伤害保险费的相关费率如附表 20 所示。

附表 20 规费费率表

费用名称	工程名称	计算基础	费率/%
社会保障费	各类通信工程	人工费	28.50
住房公积金			4.19
危险作业意外伤害保险费			1.00

② 企业管理费：指施工企业组织施工生产和经营管理所需的费用。

企业管理费综合取定，其计算规则为

$$企业管理费=人工费\times企业管理费费率 \tag{附 29}$$

其中，企业管理费费率如附表 21 所示。

附表 21 企业管理费费率表

工程专业	计算基础	费率/%
各类通信工程	人工费	27.4

(3) 利润

利润是指施工企业完成所承包工程而获得的盈利。利润综合取定,其计算规则为

$$利润=人工费\times利润费率 \tag{附 30}$$

其中,利润费率如附表 22 所示。

附表 22　利润费率表

工程专业	计算基础	费率/%
各类通信工程	人工费	20.0

(4) 销项税额

销项税额指按国家税法规定应计入建筑安装工程造价的增值税销项税额。计算规则为

$$\begin{aligned}销项税额=&(人工费+乙供主材费+辅材费+机械使用费+仪表使用费+\\&措施费+规费+企业管理费+利润)\times 11\%+\\&甲供主材费\times适用税率\end{aligned} \tag{附 31}$$

其中,甲供主材费的适用税率为材料采购税率;乙供主材指建筑服务方提供的材料。

2) 设备、工器具购置费

设备、工器具购置费指根据设计提出的设备(包括必需的备品备件)、仪表、工器具清单,按设备原价、运杂费、采购及保管费、运输保险费和采购代理服务费计算的费用。计算规则为

$$\begin{aligned}设备、工器具购置费=&设备原价+运杂费+运输保险费+\\&采购及保管费+采购代理服务费\end{aligned} \tag{附 32}$$

对式(附 32)中的有关问题说明如下。

(1) 设备原价指供应价或供货地点价。

(2) 运杂费的计算规则为

$$运杂费=设备原价\times设备运杂费费率 \tag{附 33}$$

其中,设备运杂费费率如附表 23 所示。

附表 23　设备运杂费费率表

运输里程 L/km	取费基础	费率/%	运输里程 L/km	取费基础	费率/%
$L\leqslant 100$	设备原价	0.8	$1\,000<L\leqslant 1\,250$	设备原价	2.0
$100<L\leqslant 200$	设备原价	0.9	$1\,250<L\leqslant 1\,500$	设备原价	2.2
$200<L\leqslant 300$	设备原价	1.0	$1\,500<L\leqslant 1\,750$	设备原价	2.4
$300<L\leqslant 400$	设备原价	1.1	$1\,750<L\leqslant 2\,000$	设备原价	2.6
$400<L\leqslant 500$	设备原价	1.2	$L>2\,000$ km 时,每增 250 km 增加	设备原价	0.1
$500<L\leqslant 750$	设备原价	1.5			
$750<L\leqslant 1\,000$	设备原价	1.7	—	—	—

(3) 运输保险费的计算规则为

$$运输保险费=设备原价\times保险费费率(0.4\%) \tag{附 34}$$

(4) 采购及保管费的计算规则为

$$采购及保管费=设备原价\times采购及保管费费率 \tag{附 35}$$

其中,采购及保管费费率如附表 24 所示。

附表 24　采购及保管费费率表

项目名称	计算基础	费率/%
需要安装的设备(仪表、工器具)	设备原价	0.82
不需要安装的设备(仪表、工器具)		0.41

(5) 采购代理服务费按实计列。

(6) 引进设备(材料)的国外运输费、国外运输保险费、关税、增值税、外贸手续费、银行财务费、国内运杂费、国内运输保险费、引进设备(材料)国内检验费、海关监管手续费等,按引进货价计算后计入相应的设备材料费中。单独引进软件不计关税只计增值税。

3) 施工机械台班费用定额

施工机械使用费是根据施工中耗用的机械台班数量和机械台班单价来确定的。施工机械台班耗用量按预算定额规定计算;施工机械台班单价是指一台施工机械在正常运转条件下,一个工作班中所发生的全部费用,每台班按 8 小时工作制计算。

施工机械台班单价由 7 项费用组成,包括折旧费、大修理费、经常修理费、安拆费及场外运费、燃料动力费、人工费、养路费及车船使用税等。

通信工程机械台班单价定额见附表 25。

附表 25　通信工程机械台班单价定额

编号	名称	规格	单价	编号	名称	规格	单价
TXJ001	光纤熔接机		144	TXJ031	立式钻床	Φ25 mm	121
TXJ002	带状光纤熔接机		209	TXJ032	金属切割机		118
TXJ003	电缆模块接续机		125	TXJ033	氧炔焊接设备		144
TXJ004	交流弧焊机		120	TXJ034	燃油式路面切割机		210
TXJ005	汽油发电机	10 kW	202	TXJ035	电动式空气压缩机	0.6 m^3/min	122
TXJ006	柴油发电机	30 kW	333	TXJ036	燃油式空气压缩机	6 m^3/min	368
TXJ007	柴油发电机	50 kW	446	TXJ037	燃油式空气压缩机(含风镐)	6 m^3/min	372
TXJ008	电动卷扬机	3 t	120	TXJ038	污水泵		118
TXJ009	电动卷扬机	5 t	122	TXJ039	抽水机		119
TXJ010	汽车式起重机	5 t	516	TXJ040	夯实机		117
TXJ011	汽车式起重机	8 t	636	TXJ041	气流敷设设备(敷设微管微缆)		814
TXJ012	汽车式起重机	16 t	768	TXJ042	气流敷设设备(敷设光缆)		1 007
TXJ013	汽车式起重机	25 t	947	TXJ043	微控钻孔敷管设备(套)	25 t 以下	1 747
TXJ014	汽车式起重机	50 t	2 015	TXJ044	微控钻孔敷管设备(套)	25 t 以上	2 594
TXJ015	汽车式起重机	75 t	5 279	TXJ045	水泵冲槽设备		645
TXJ016	载重汽车	5 t	372	TXJ046	水下光(电)缆沟挖冲机		677
TXJ017	载重汽车	8 t	456	TXJ047	液压顶管机	5 t	444
TXJ018	载重汽车	12 t	582	TXJ048	缠绕机		137
TXJ019	载重汽车	20 t	800	TXJ049	自动升降机		151

续 表

编号	名称	规格	单价	编号	名称	规格	单价
TXJ020	叉式装载车	3 t	374	TXJ050	机动绞磨		170
TXJ021	叉式装载车	5 t	450	TXJ051	混凝土搅拌机		215
TXJ022	汽车升降机		517	TXJ052	混凝土振捣机		208
TXJ023	挖掘机	0.6 m	3 743	TXJ053	型钢剪断机		320
TXJ024	破碎锤(含机身)		768	TXJ054	管子切断机		168
TXJ025	电缆工程车		373	TXJ055	磨钻机		118
TXJ026	电缆拖车		138	TXJ056	液压钻机		277
TXJ027	滤油机		121	TXJ057	机动钻机		343
TXJ028	真空滤油机		149	TXJ058	回旋钻机		582
TXJ029	真空泵		137	TXJ059	钢筋调直切割机		128
TXJ030	台式电钻机	Φ25 mm	119	TXJ060	钢筋弯曲机		120

4）仪表台班费用定额

施工仪器仪表划分为七个类别：自动化仪表及系统、电工仪器仪表、光学仪器、分析仪表、试验机、电子和通信测量仪器仪表，以及专用仪器仪表。

施工仪器仪表台班单价由四项费用组成，包括折旧费、维护费、校验费、动力费。施工仪器仪表台班单价中的费用组成不包括检测软件的相关费用。

通信工程仪表台班单价定额见附表 26。

附表 26　通信工程仪表台班单价定额

编号	名称	规格	单价	编号	名称	规格	单价
TXY001	数字传输分析仪	155/622 M	350	TXY051	视频信号发生器		164
TXY002	数字传输分析仪	2.5 G	674	TXY052	音频信号发生器		151
TXY003	数字传输分析仪	10 G	1 181	TXY053	绘图仪		140
TXY004	数字传输分析仪	40 G	1 943	TXY054	中频信号发生器		143
TXY005	数字传输分析仪	100 G	2 400	TXY055	中频噪声发生器		138
TXY006	稳定光源		117	TXY056	测试变频器		153
TXY007	误码测试仪	2 M	120	TXY057	移动路测系统		428
TXY008	误码测试仪	155/622 M	278	TXY058	网络优化测试仪		468
TXY009	误码测试仪	2.5 G	420	TXY059	综合布线线路分析仪		156
TXY010	误码测试仪	10 G	524	TXY060	经纬仪		118
TXY011	误码测试仪	40 G	894	TXY061	GPS 定位仪		118
TXY012	误码测试仪	100 G	1 128	TXY062	地下管线探测仪		157
TXY013	光可变衰耗器		129	TXY063	对地绝缘探测仪		153
TXY014	光功率计		116	TXY064	光回损测试仪		135
TXY015	数字频率计		160	TXY065	PON 光功率计		116
TXY016	数字宽带示波器	20 G	428	TXY066	激光测距仪		119
TXY017	数字宽带示波器	100 G	1 288	TXY067	高压绝缘电阻测试仪		120

续 表

编号	名称	规格	单价	编号	名称	规格	单价
TXY018	光谱分析仪		428	TXY068	直流高压发生器	40/60 kV	121
TXY019	多波长计		307	TXY069	高精度电压表		119
TXY020	信令分析仪		227	TXY070	数字式阻抗测试仪(数字电桥)		117
TXY021	协议分析仪		127	TXY071	直流钳形电流表		117
TXY022	ATM 性能分析仪		307	TXY072	手持式多功能数字万用表		117
TXY023	网络测试仪		166	TXY073	红外线温度计		117
TXY024	PCM 通道测试仪		190	TXY074	交/直流低电阻测试仪		118
TXY025	用户模拟呼叫器		268	TXY075	全自动变比组别测试仪		122
TXY026	数据业务测试仪	GE	192	TXY076	接地电阻测试仪		120
TXY027	数据业务测试仪	10 GE	307	TXY077	相序表		117
TXY028	数据业务测试仪	40 GE	832	TXY078	蓄电池特性容量监测仪		122
TXY029	数据业务测试仪	100 GE	1 154	TXY079	智能放电测试仪		154
TXY030	漂移测试仪		381	TXY080	智能放电测试仪(高压)		227
TXY031	中继模拟呼叫器		231	TXY081	相位表		117
TXY032	光时域反射仪		153	TXY082	电缆测试仪		117
TXY033	偏振模色散测试仪 PMD 分析		455	TXY083	振荡器		117
TXY034	操作测试终端(电脑)		125	TXY084	电感电容测试仪		117
TXY035	音频振荡器		122	TXY085	三相精密测试电源		139
TXY036	音频电平表		123	TXY086	线路参数测试仪		125
TXY037	射频功率计		147	TXY087	调压器		117
TXY038	天馈线测试仪		140	TXY088	风冷式交流负载器		117
TXY039	频谱分析仪		138	TXY089	风速计		119
TXY040	微波信号发生器		140	TXY090	移动式充电机		119
TXY041	微波/标量网络分析仪		244	TXY091	放电负荷		122
TXY042	微波频率计		140	TXY092	电视信号发生器		118
TXY043	噪声测试仪		127	TXY093	彩色监视器		117
TXY044	数字微波分析仪	(SDH)	187	TXY094	有毒有害气体检测仪		117
TXY045	射频/微波步进衰耗器		166	TXY095	可燃气体检测仪		117
TXY046	微波传输测试仪		332	TXY096	水准仪		116
TXY047	数字示波器	350 M	130	TXY097	互调测试仪		310
TXY048	数字示波器	500 M	134	TXY098	杂音计		117
TXY049	微波系统分析仪		332	TXY099	色度色散测试仪 CD 分析		442
TXY050	视频、音频测试仪		180				

2. 通信工程建设其他相关费用

1）工程建设其他费

工程建设其他费是指应在建设项目的建设投资中开支的固定资产其他费用、无形资产费用和其他资产费用，主要包括以下内容。

（1）建设用地及综合赔补费

建设用地及综合赔补费，指按照《中华人民共和国土地管理法》等规定，建设项目征用土地或租用土地应支付的费用。

① 根据应征建设用地面积、临时用地面积，按建设项目所在省、市、自治区人民政府制定颁发的土地征用补偿费、安置补助标准和耕地占用税、城镇土地使用税标准计算。

② 建设用地上的建(构)筑物如需迁建，其迁建补偿费应按迁建补偿协议计列或按新建同类工程造价计算。

（2）建设单位管理费

建设单位管理费指项目建设单位从项目筹建之日起至办理竣工财务决算之日止发生的管理性质的支出。其计算方法如附表 27 所示。

附表 27　建设单位管理费费率及算例表

单位：万元

工程总概算	费率/%	算　　例	
		工程总概算	建设单位管理费
1 000 以下	2	1 000	1 000×2%＝20
1 001～5000	1.5	5 000	20＋(5 000－1000)×1.5%＝80
5 001～10 000	1.2	10 000	80＋(10 000－5 000)×1.2%＝140
10 001～50 000	1	50 000	140＋(50 000－10 000)×1%＝540
50 001～100 000	0.8	100 000	540＋(100 000－50 000)×0.8%＝940
100 000 以上	0.4	200 000	940＋(200 000－100 000)×0.4%＝1 340

如果建设项目采用工程总承包方式，则其总包管理费由建设单位与总包单位根据总包工作范围在合同中商定，从项目建设管理费中列支。

（3）可行性研究费

可行性研究费指在建设项目前期工作中，编制和评估项目建议书(或预可行性研究报告)、可行性研究报告所需的费用。

根据《国家发展改革委关于进一步放开建设项目专业服务价格的通知》(发改价格〔2015〕299 号)文件的要求，可行性研究服务收费实行市场调节价。

（4）研究试验费

研究试验费指为本建设项目提供或验证设计数据、资料等进行必要的研究试验及按照设计规定在建设过程中必须进行试验、验证所需的费用。

① 根据建设项目研究试验内容和要求进行编制。

② 研究试验费不包括以下项目：

a. 应由科技三项费用(新产品试制费、中间试验费和重要科学研究补助费)开支的项目；

b. 应在建筑安装费用中列支的施工企业对材料、构件进行一般鉴定、检查所发生的费用及技术革新的研究试验费；

c. 应由勘察设计费或工程费中开支的项目。

(5) 勘察设计费

勘察设计费指委托勘察设计单位进行工程勘察、工程设计所发生的各项费用。

根据《国家发展改革委关于进一步放开建设项目专业服务价格的通知》(发改价格〔2015〕299号)文件的要求,勘察设计服务收费实行市场调节价。

(6) 环境影响评价费

环境影响评价费指按照《中华人民共和国环境保护法》《中华人民共和国环境影响评价法》等的规定,为全面、详细评价本建设项目对环境可能产生的污染或造成的重大影响所需的费用,包括编制环境影响报告书(含大纲)、环境影响报告表和评估环境影响报告书(含大纲)、评估环境影响报告表等所需的费用。

根据《国家发展改革委关于进一步放开建设项目专业服务价格的通知》(发改价格〔2015〕299号)文件的要求,环境影响咨询服务收费实行市场调节价。

(7) 建设工程监理费

建设工程监理费指建设单位委托工程监理单位实施工程监理的费用。

根据《国家发展改革委关于进一步放开建设项目专业服务价格的通知》(发改价格〔2015〕299号)文件的要求,建设工程监理服务收费实行市场调节价。可以把相关标准作为计价基础。

(8) 安全生产费

安全生产费指施工企业按照国家有关规定和建筑施工安全标准,购置施工防护用具、落实安全施工措施以及改善安全生产条件所需要的各项费用。

参照《关于印发〈企业安全生产费用提取和使用管理办法〉的通知》财企〔2012〕16号文件的规定,安全生产费按建筑安装工程费的1.5%计取。

(9) 引进技术及进口设备其他费

引进技术及进口设备其他费包括引进项目图纸资料翻译复制费、备品备件测绘费、出国人员费用、来华人员费用和银行担保及承诺费。

① 引进项目图纸资料翻译复制费:根据引进项目的具体情况计列或按引进设备到岸价的比例估列。

② 出国人员费用:依据合同规定的出国人次、期限和费用标准计算。生活费及制装费按照财政部、外交部规定的现行标准计算,旅费按中国民航公布的国际航线票价计算。

③ 来华人员费用:应依据引进合同有关条款规定计算。引进合同价款中已包括的费用内容不得重复计算。来华人员接待费用可按每人次费用指标计算。

④ 银行担保及承诺费:应按担保或承诺协议计取。

(10) 工程保险费

工程保险费指建设项目在建设期间根据需要对建筑工程、安装工程及机器设备进行投保而发生的保险费用,包括建筑安装工程一切险、引进设备财产和人身意外伤害险等。

不投保的工程不计取工程保险费。不同的建设项目可根据工程特点选择投保险种,根据投保合同计列保险费用。

(11) 工程招标代理费

工程招标代理费指招标人委托代理机构编制招标文件、编制标底、审查投标人资格、组织投标人踏勘现场并答疑,组织开标、评标、定标,以及提供招标前期咨询、协调合同的签订等业务所收取的费用。

根据《国家发展改革委关于进一步放开建设项目专业服务价格的通知》(发改价格〔2015〕

299 号)文件的要求,工程招标代理服务收费实行市场调节价。

(12) 专利及专用技术使用费

专利及专用技术使用费包括国外设计及技术资料费、引进有效专利、专有技术使用费和技术保密费、国内有效专利、专有技术使用费用、商标使用费、特许经营权费等。

① 按专利使用许可协议和专有技术使用合同的规定计列;

② 专有技术的界定应以省、部级鉴定机构的批准为依据;

③ 项目投资中只计取需要在建设期支付的专利及专有技术使用费。协议或合同规定在生产期支付的使用费应在成本中核算。

(13) 其他费用

其他费用指根据建设任务的需要,必须在建设项目中列支的其他费用,根据工程实际计列。

(14) 生产准备及开办费

生产准备及开办费指建设项目为保证正常生产(或营业、使用)而发生的人员培训费、提前进场费以及投产使用初期必备的生产生活用具、工器具等的购置费用。计算方法为

$$生产准备及开办费 = 设计定员 \times 生产准备费指标(元/人) \quad (附 36)$$

新建项目以设计定员为基数计算,改扩建项目以新增设计定员为基数计算,生产准备费指标由投资企业自行测算。此项费用列入运营费。

2) 预备费

预备费是指在初步设计及概算内难以预料的工程费用。预备费包括基本预备费和价差预备费。计算方法为

$$预备费=(工程费+工程建设其他费) \times 预备费费率 \quad (附 37)$$

其中,预备费相关费率如附表 28 所示。

附表 28 预备费费率表

工程名称	计算基础	费率/%
通信设备安装工程	工程费+工程建设其他费	3.0
通信线路工程		4.0
通信管道工程		5.0

3) 建设期利息

建设期利息指建设项目贷款在建设期内发生并应计入固定资产的贷款利息等财务费用,按银行当期利率计算。

3. 通信建设工程预算定额

《信息通信建设工程预算定额》由总说明、册说明、章节说明、定额项目表和附录构成。这里只着重介绍总说明、册说明、章节说明。

1) 总说明

总说明不仅阐述定额的编制原则、指导思想、编制依据和适用范围,同时还说明编制定额时已经考虑和没有考虑的各种因素以及有关规定和使用方法等。在使用定额时要特别注意这部分内容,以便能正确地使用定额。总说明具体内容包括以下几方面。

(1) 通信建设工程预算定额(以下简称预算定额)系通信行业标准。

(2) 预算定额按通信专业工程分册,包括:

① 第一册　通信电源设备安装工程（册名代号为 TSD）；

② 第二册　有线通信设备安装工程（册名代号为 TSY）；

③ 第三册　无线通信设备安装工程（册名代号为 TSW）；

④ 第四册　通信线路工程（册名代号为 TXL）；

⑤ 第五册　通信管道工程（册名代号为 TGD）。

(3) 预算定额是编制通信建设项目投资估算指标、概算、预算和工程量清单的基础，也可作为通信建设项目招标、投标报价的基础。

(4) 预算定额适用于新建、扩建工程，改建工程可参照使用。预算定额用于扩建工程时，其扩建施工降效部分的人工工日按乘以系数 1.1 计取，拆除工程的人工工日计取办法见各专业分册的相关内容。

(5) 预算定额以现行通信工程建设标准、质量评定标准、安全操作规程为编制依据，在 1995 年 9 月 1 日原邮电部发布的《通信建设工程预算定额》及补充定额的基础上（不含邮政设备安装工程），经过对分项工程计价消耗量再次分析、核定后编制，并增补了部分与新业务、新技术有关的工程项目的定额内容。

(6) 预算定额是按符合质量标准的施工工艺、机械（仪表）装备、合理工期及劳动组织的条件制定的。

(7) 预算定额的编制条件如下：

① 设备、材料、成品、半成品、构件符合质量标准和设计要求；

② 通信各专业工程之间、与土建工程之间的交叉作业正常；

③ 施工安装地点、建筑物、设备基础、预留孔洞均符合安装要求；

④ 正常气候、水电供应等应满足正常施工要求。

(8) 预算定额根据量价分离的原则，只反映人工工日、主要材料、机械（仪表）台班的消耗量。

(9) 关于人工的编制说明如下。

① 预算定额人工的分类为技术工和普通工。

② 预算定额的人工消耗量包括基本用工、辅助用工和其他用工。

a. 基本用工——完成分项工程和附属工程定额实体单位产品的加工量。

b. 辅助用工——定额中未说明的工序用工量，包括施工现场某些材料临时加工、排除故障、维持安全生产的用工量。

c. 其他用工——定额中未说明的而在正常施工条件下必然发生的零星用工量，包括工序间搭接、工种间交叉配合、施工现场设备与器材转移、质量检查配合以及不可避免的零星用工量。

(10) 关于材料的编制说明如下。

① 预算定额中的材料长度，凡未注明计量单位者均为毫米（mm）。

② 预算定额中的材料消耗量包括直接用于安装工程中的主要材料使用量和规定的损耗量。规定的损耗量指施工运输、现场堆放和生产过程中不可避免的合理损耗量。

③ 施工措施性消耗部分和周转性材料按不同施工方法、不同材质分别列出一次使用量和一次摊销量。

④ 预算定额仅计列直接构成工程实体的主要材料，辅助材料的计算方法按相关规定计列。定额子目中注明由设计计列的材料，设计时应按实计列。

⑤ 预算定额不含施工用水、电、蒸汽等费用；此类费用在设计概、预算中根据工程实际情况在建筑安装工程费中按实计列。

（11）关于施工机械的编制说明如下。

① 预算定额的机械台班消耗量是按正常合理的机械配备综合取定的。

② 施工机械单位价值在 2 000 元以上，构成固定资产列入预算定额的机械台班。

③ 施工机械台班单价参照有关部门动态发布的《通信建设工程施工机械、仪表台班定额》。

（12）关于施工仪表的编制说明如下。

① 预算定额的仪表台班消耗量是按通信建设标准规定的测试项目及指标要求综合取定的。

② 施工仪表单位价值在 2 000 元以上，构成固定资产的列入预算定额的仪表台班。

③ 施工仪表台班单价参照有关部门动态发布的《通信建设工程施工机械、仪表台班定额》。

（13）定额子目编号由 3 个部分组成：第一部分为册名代号，表示通信行业的各个专业，由汉语拼音（字母）缩写组成；第二部分为定额子目所在的章号，由 1 位阿拉伯数字表示；第三部分为定额子目所在章内的序号，由 3 位阿拉伯数字表示。

（14）预算定额适用于海拔高程 2 000 m 以下，地震烈度七度以下的地区，超过上述情况时，按有关规定处理。

（15）在以下地区施工时，定额按下列规则调整。

① 在高原地区施工时，预算定额人工工日、机械台班量需要乘以附表 29 中列出的系数。

附表 29　高原地区调整系数表

海拔高程/m		2 000 以上	3 000 以上	4 000 以上
调整系数	人工	1.13	1.30	1.37
	机械	1.29	1.54	1.84

② 在原始森林地区（室外）及沼泽地区施工时，人工工日、机械台班消耗量应乘以系数 1.30。

③ 在非固定沙漠地带，进行室外施工时，人工工日应乘以系数 1.10。

④ 在其他类型特殊地区施工时，应按相关部门规定处理。

以上情况若在施工中同时存在两种以上，只能参照较高标准计取一次，不应重复计列。

（16）预算定额中注有“××以内”或“××以下”者均包括“××”本身，注有“××以外”或“××以上”者则不包括“××”本身。

（17）本说明未尽事宜详见各专业分册章节和附注说明。

2）册说明

册说明主要说明该册内容、编制基础和使用该册应该注意的问题及有关规定等，五册的册说明如下。

（1）《通信电源设备安装工程》册说明

《通信电源设备安装工程》册说明内容主要包括以下几个方面。

①《通信电源设备安装工程》预算定额覆盖了通信设备安装工程中所需的全部供电系统配置的安装项目，包括 10 kV 以下的变电设备、配电设备、电力缆线布放、接地装置及供电系统附属设施的安装与调试。

② 通信电源设备安装工程预算定额不包括 10 kV 以上的电气设备安装，不包括电气设备的联合试运转工作。

③ 通信电源设备安装工程预算定额人工工日均以技术工(简称技工)作业取定。

④ 通信电源设备安装工程预算定额中的消耗量，凡带有括号的均表示供设计时根据安装方式选择其用量。

⑤ 通信电源设备安装工程预算定额中用于施工过程调测的仪器仪表属非通信行业常用仪器仪表，因此仪器仪表在定额子目中不以仪表台班的形式表现，而是直接列出仪表费基价。

⑥ 通信电源设备安装工程预算定额用于拆除工程时，其人工按附表 30 所示系数进行计算。

附表 30　通信电源设备安装工程拆除工程系数表

内　容	拆除工程系数
第 1 章 安装与调试高、低压供电设备	变压器 0.55，其他项目 0.40
第 2 章 安装与调试发电机设备	0.40
第 3 章 安装交直流电源设备、不间断电源设备及配套装置	0.40
第 4 章 敷设电源母线、电力电缆及终端制作	室外直埋电缆 1.00，其他项目 0.40
第 5 章 接地装置	接地极、板 1.00，其他项目 0.40
第 6 章 安装附属设施及其他	0.40

(2)《有线通信设备安装工程》册说明

《有线通信设备安装工程》册说明主要包括以下内容。

①《有线通信设备安装工程》预算定额共包括 4 章内容：第 1 章为安装机架、缆线及辅助设备；第 2 章为安装、调测光纤通信数字传输设备；第 3 章为安装、调测程控交换设备；第 4 章为安装、调测数据通信设备。

② 第 1 章主要讲述有线通信设备安装工程的通用设备安装项目，第 2 章至第 4 章主要讲述各专业专用设备安装项目。

③ 有线通信设备安装工程预算定额中的人工工日均以技术工(简称技工)作业取定。

④ 有线通信设备安装工程预算定额中的消耗量，凡带有括号的均表示供设计时根据安装方式选择其用量。

⑤ 有线通信设备安装工程预算定额测试项目所列仪表台班以“台班量”形式表现，台班量按完成测试工序的实际时间综合取定。

⑥ 使用预算定额编制预算时，凡明确由设备生产厂家负责系统调测工作的，仅计列承建单位的“配合调测用工”。

⑦ 有线通信设备安装工程预算定额用于拆除工程时，其人工工日按附表 31 所示系数进行计算。

附表 31　有线通信设备安装工程拆除工程系数表

内　容	拆除工程系数
第 1 章 安装机架、缆线及辅助设备	0.40
第 2 章 安装、调测光纤数字传输设备	0.15
第 3 章 安装、调测程控交换设备	0.40
第 4 章 安装、调测数据通信设备	0.30

(3)《无线通信设备安装工程》册说明

《无线通信设备安装工程》册说明主要包括以下内容。

①《无线通信设备安装工程》预算定额共包括 4 章内容:第 1 章为安装机架、缆线及辅助设备;第 2 章为安装移动通信设备;第 3 章为安装微波通信设备;第 4 章为安装卫星地球站设备。

② 第 1 章主要讲述无线设备安装工程的通用设备安装项目,第 2 章至第 4 章主要讲述各专业专用设备安装项目。

③ 无线通信设备安装工程预算定额中的人工工日均以技术工(简称技工)作业取定。

④ 无线通信设备安装工程预算定额中的测试项目所列仪表台班以"台班量"形式表现,台班量按完成测试工序的实际时间综合取定。

⑤ 无线通信设备安装工程预算定额用于拆除工程时,其人工按附表 32 所示系数进行计算。

附表 32　无线通信设备安装工程拆除工程系数表

内　容	拆除工程人工系数
第 1 章 安装机架、缆线及辅助设备	0.40
第 2 章 安装移动通信设备	天、馈线及室外基站设备 1.00,其他项目 0.40
第 3 章 安装微波通信设备	天、馈线及室外单元 1.00,其他项目 0.40
第 4 章 安装卫星地球站设备	天、馈线及室外单元 1.00,其他项目 0.40

(4)《通信线路工程》册说明

《通信线路工程》册说明主要包括以下内容。

①《通信线路工程》预算定额适用于通信光(电)缆直埋、架空、管道、海底等线路的新建工程。

② 通信线路工程,当工程规模较小时,人工工日以总工日为基数按下列规定系数进行调整:

a. 工程总工日在 100 工日以下时,增加 15%;

b. 工程总工日在 100～250 工日时,增加 10%。

③ 通信线路工程预算定额中带有括号和以分数表示的消耗量,系供设计选用,"*"表示由设计确定其用量。

④ 通信线路工程预算定额拆除工程,不单立子目,发生时按附表 33 所示规定执行。

附表 33　通信线路工程拆除工程系数表

序号	拆除工程内容	占新建工程定额的百分比/%	
		人工工日	机械台班
1	光(电)缆(不需清理入库)	40	40
2	埋式光(电)缆(清理入库)	100	100
3	管道光(电)缆(清理入库)	90	90
4	成端电缆(清理入库)	40	40
5	架空、墙壁、室内、通道、槽道、引上光(电)缆	70	70
6	线路工程各种设备以及除光(电)缆外的其他材料(清理入库)	60	60
7	线路工程各种设备以及除光(电)缆外的其他材料(不需清理入库)	30	30

⑤ 各种光(电)缆工程量计算时,应考虑敷设的长度和设计中规定的各种预留长度。

⑥ 敷设光缆定额中,光时域反射仪(OTDR)台班量是按单窗口测试取定的,进行双窗口测试时,其人工和仪表定额分别乘以系数1.8。

(5)《通信管道工程》册说明

《通信管道工程》册说明主要包括以下内容。

①《通信管道工程》预算定额主要适用于城区通信管道的新建工程。

② 通信管道工程,当工程规模较小时,人工工日以总工日为基数按下列规定系数进行调整。

- 工程总工日在100工日以下时,增加15%。
- 工程总工日在100～250工日时,增加10%。

③ 通信管道工程预算定额中带有括号的材料表示供设计选用;带“*”的材料表示由设计确定其用量。

④ 通信管道工程预算定额的土质、石质分类参照国家有关规定,结合通信工程实际情况,划分标准详见《通信管道工程》预算定额附录一。

⑤ 开挖土(石)方工程量计算见《通信管道工程》预算定额附录二。

⑥ 主要材料损耗率及参考容重表见《通信管道工程》预算定额附录三。

⑦ 水泥管管道每百米管群体积参考表见《通信管道工程》预算定额附录四。

⑧ 通信管道水泥管块组合图见《通信管道工程》预算定额附录五。

⑨ 100 m长管道基础混凝土体积一览表见《通信管道工程》预算定额附录六。

⑩ 定型人孔体积参考表见《通信管道工程》预算定额附录七。

⑪ 开挖管道沟土方体积一览表见《通信管道工程》预算定额附录八。

⑫ 开挖100 m长管道沟上口路面面积见《通信管道工程》预算定额附录九。

⑬ 开挖定型人孔土方及坑上口路面面积见《通信管道工程》预算定额附录十。

⑭ 水泥管通信管道包封用混凝土体积一览表见《通信管道工程》预算定额附录十一。

3) 章节说明

章节说明主要说明分部、分项工程的工作内容,工程量计算方法和本章节有关规定、计量单位、起讫范围、应扣除和应增加的部分等。这部分是工程量计算的基本准则,必须全面掌握。例如,第4册《通信线路工程》第2章〔敷设埋式光(电)缆〕的说明内容如下:

(1) 挖、填光(电)缆沟及接头坑定额中不包括地下、地上障碍物处理的用工、用料,工程中实际发生时由设计按实计列。

(2) 敷设通信全塑电缆按对数划分子目,不论线径大小,定额工日不做调整。

(3) 海缆敷设所用的敷设船仅适用于近海作业。

(4) 安装水底光缆标志牌、信号灯定额中不含引入外部供电线路的工作内容,工程中需要时由设计另行按实计列。